Klaus North/Kai Reinhardt

Kompetenzmanagement in der Praxis

Klaus North/Kai Reinhardt

Kompetenzmanagement in der Praxis

Mitarbeiterkompetenzen systematisch
identifizieren, nutzen und entwickeln

Mit vielen Fallbeispielen

GABLER

Bibliografische Information Der Deutschen Bibliothek
Die Deutsche Bibliothek verzeichnet diese Publikation in der Deutschen Nationalbibliografie;
detaillierte bibliografische Daten sind im Internet über <http://dnb.ddb.de> abrufbar.

1. Auflage 2005

Alle Rechte vorbehalten
© Betriebswirtschaftlicher Verlag Dr. Th. Gabler/GWV Fachverlage GmbH, Wiesbaden 2005

Lektorat: Ulrike M. Vetter

Der Gabler Verlag ist ein Unternehmen von Springer Science+Business Media.
www.gabler.de

Umschlaggestaltung: Nina Faber de.sign, Wiesbaden
Druck und buchbinderische Verarbeitung: Wilhelm & Adam, Heusenstamm
Gedruckt auf säurefreiem und chlorfrei gebleichtem Papier
Printed in Germany

ISBN 3-409-14316-5

Vorwort

Wenige Begriffe werden derzeit so viel in Praxis und Theorie der Unternehmensführung strapaziert wie der Kompetenzbegriff. Fragen Sie einmal Ihre Kollegen, was sie unter Kompetenz verstehen – Sie werden viele unterschiedliche Antworten bekommen.

Im Kern geht es darum, wird man Ihnen antworten, das Richtige im richtigen Moment zu tun. Wissen, Erfahrungen, Intuition treffen auf konkrete Situationen, die ein Handeln erfordern. Kompetenz besteht daher in der Fähigkeit, situationsadäquat zu handeln. Dies beinhaltet die Fähigkeit zur Selbstorganisation. Kompetenz wird wirksam im Zusammenspiel von einzelnen Menschen, Gruppen und Organisationen.

In diesem Buch beschreiben wir, wie Unternehmen die Kompetenzen der Mitarbeiter systematisch identifizieren, nutzen, entwickeln und absichern können. Eine große Anzahl von Fallbeispielen zeigt erprobte Lösungen und Werkzeuge aus der Praxis.

Das Buch ist so aufgebaut, dass Sie unterschiedliche Einstiege finden. Interessieren Sie typische Kompetenzprobleme und Lösungen aus der Praxis, so werden Sie in Kapitel 3 „Praxiserprobte Lösungen für Kompetenzprobleme" fündig. Suchen Sie nach wirksamen Werkzeugen des Kompetenzmanagements, zum Beispiel nach der Kompetenzmatrix mit Anwendungsbeispielen, dann lohnt sich ein Blick in Kapitel 4 „Wirksame Werkzeuge des Kompetenzmanagements". Haben Sie die Aufgabe, ein Skill-Management-Projekt zu konzipieren, kann Ihnen Kapitel 5 „Kompetenzmanagement implementieren" weiterhelfen. Begriffliche Grundlagen finden Sie in Kapitel 2 „Was ist Kompetenz?". Dort halten wir auch Kompetenzkataloge für Methoden- und Sozialkompetenz für Sie bereit.

Dieses Buch hätte nicht entstehen können ohne intensive Dialoge und Beiträge von Praktikern aus einer Vielzahl von Unternehmen, denen wir für Ihre Mitwirkung danken. Dem Gabler-Verlag, insbesondere Ulrike M. Vetter, danken wir für die Unterstützung des Projekts.

Weitere Informationen über das Buch hinaus können Sie auf unserer Internet-Seite www.kompetenzen-managen.de erfahren. Wir wünschen eine anregende Lektüre und freuen uns auf Leserpost unter k.north@gmx.de oder kai.reinhardt@ico-concepts.de.

Wiesbaden, im Juli 2005

Inhalt

1   Kompetent konkurrieren

In diesem Kapital erfahren Sie …

- ▓ Warum Sie Kompetenzen mobilisieren sollten
- ▓ Warum Kompetenzmanagement für den Mittelstand entscheidend ist
- ▓ Welche Ziele mit Kompetenzmanagement verfolgt werden
- ▓ Welche betrieblichen Maßnahmen und Interventionen für ein Kompetenzmanagement beachtet werden müssen

---

1.1   Kompetenzen mobilisieren

Innovations- und Ertragskraft eines Unternehmens hängen in der heutigen Zeit maßgeblich von der Fähigkeit ab, vorhandene Kompetenzen und Fähigkeiten der Mitarbeiter zu nutzen und zielgerichtet zu entwickeln.

In einer Studie der Stanford Universität wurde der Versuch unternommen, die organisationale Intelligenz von 200 Unternehmen in 17 Ländern zu messen [vgl. Mendelson und Ziegler 2001]. Dafür wurde der *Organizational IQ* gemessen. Beschrieben wird damit die Fähigkeit, bis zu welchem Grad ein Unternehmen in der Lage ist, Informationen aufzunehmen, schnell zu verarbeiten, effektive Entscheidungen zu treffen und diese umzusetzen. Die Forschungsergebnisse zeigen, dass Profitabilität und Wachstum eines Unternehmens mit dessen Intelligenz und Kompetenz korrelieren. *Organisationaler IQ*

Diese Erkenntnis scheint plausibel – doch die Konsequenzen daraus, wie Kompetenzen in Geschäftsprozesse oder Projekte eingebunden, *„veredelt"* werden und somit *wertschöpfend* wirken, sind vielen Unternehmen nicht klar. Oft mangelt es nicht an Intelligenz der Strategien, sondern an der Fähigkeit der Unternehmen, auf operativer Ebene relevante Kompetenzen zu identifizieren, zu entwickeln, zu vernetzen und abzusichern. *Wenig wertschöpfende Wirkung*

Tätigkeiten, die noch vor Jahren von einem Mitarbeiter allein bewältigt wurden, werden nun von mehreren Spezialisten ausgeführt. Zum Beispiel nahm die Anzahl der Aufgabenfelder im Finanz- und Bankenbereich im Zuge der Globalisierungsbestrebungen vieler Unternehmen der Finanzbran- *Fragmentierte Kompetenzbasis* che überproportional zu. Nachdem früher eine größere Anzahl Generalisten die Arbeiten erledigten, entstehen immer komplexere Organisationsstrukturen. Eine Folge ist eine *fragmentierte Kompetenzbasis*, in der Mitarbeiter oder Gruppen voneinander losgelöst einzelne Kompetenzfelder bearbeiten wie z. B. Abteilungen für Marktsegmente, Teams von Produktentwicklern, regionale Vertriebsgruppen oder Spezialbereiche wie das Online-Geschäft.

Spezialisierung

Durch *Spezialisierung* gewinnt das Unternehmen als Ganzes eine komplexere Kompetenzbasis; einzelne Wissensbereiche werden nicht in die Breite, sondern in die Tiefe ausgeweitet. Zum einen ein Vorteil für die *Professionalität*, mit der das Unternehmen sein Wissen am Markt veräußern kann. Zum anderen birgt eine fragmentierte und komplexe Kompetenzbasis auch Gefahren: Wird wertvolles Know-how ungleichmäßig auf die Köpfe einzelner Mitarbeiter verteilt, steigt die Gefahr der *Abhängigkeit des Unternehmens* von den Experten. Hier sind Präventivmaßnahmen des Managements gefragt. Das Unternehmen muss erkennen, wo sich wertvolle Kompetenzen befinden, wie diese auf mehrere Köpfe zu verteilen und langfristig für das ganze Unternehmen abzusichern sind.

Fallbeispiel 1-1

Deutsche Bank: Die Stars des Investment-Bankings

„Deutsche Bank verliert in USA größten Kunden" meldete die Süddeutsche Zeitung im Jahr 2000. Die Deutsche Bank verlor damals rund 60 Milliarden Dollar Anlagekapital – ein Drittel des gesamten Investments, das durch die Fusion mit Bankers Trust gewonnen wurde. Der Grund für den Verlust: der Wechsel von Top-Fondmanagern von der Deutschen Bank zu den Wettbewerbern [vgl. Vogelsang 2000]. Versagt die finanzielle Motivation bei den Investmentbankern und kommt es zur Abwerbung ganzer Teams, kann dies existenzbedrohend für eine Investmentbank sein. Entscheidend ist in diesem Geschäft ausschließlich die Zusammensetzung der Teams, d. h. der Kompetenzgehalt der ganzen Gruppe. Verliert ein Unternehmen ein Spezialisten-Team, gehen mit ihm meist ganze Branchensegmente. Dass dies von den Mitarbeitern ausgenutzt wird, liegt am Wertgehalt dieser Übernahmegerüchte. Eine kräftige Gehaltserhöhung ist ihnen sicher – gleichgültig, ob sie den Arbeitgeber wechseln oder bleiben. „Investmentbanker sind hochintelligente, mimosenhafte Stars", sagt ein hochrangiger Kenner der Szene. Die Talente werden von allen Seiten umworben. Passt ihnen etwas nicht, sind sie weg. „Wenn Sie Loyalität wollen", formuliert es ein Investmentbanker kühl, „dann kaufen Sie sich einen Hund."

Quelle: FTD 2004

Dokumentation reicht nicht

Je komplexer das Unternehmen und spezialisierter die Berufsfelder, desto notwendiger ein ausgereiftes Kompetenzmanagement-Konzept. Jeder Mitarbeiter lernt jeden Tag hinzu und wird permanent geübter in den Aufgaben, die er verrichtet. Während des Lernens werden die Ergebnisse des

Lernprozesses an vielen Stellen des Unternehmens dokumentiert. Ob Projekt-dokumentationen, E-Mails oder Präsentationen: Überall werden Resultate und Erkenntnisse in komprimierter Form dauerhaft gespeichert. Mittlerweile ist in fast jedem Unternehmen durch den Einsatz von Technologien wie Dokumentenmanagement-Systemen oder Projektdatenbanken das dokumentierte Know-how problemlos zugänglich geworden. Doch denken wir einen Schritt weiter: Zwar können Dokumente aufgefunden werden, doch wird aus dem Inhalt der Dokumente nicht ersichtlich, welche Lösungsstrategie verfolgt oder mit welcher Qualität ein Problem gelöst wurde. Was wusste oder konnte der Mitarbeiter besonders gut? Was war der Schlüssel zur Problemlösung? Wie qualitativ gut ist das Ergebnis objektiv betrachtet? Unter welchen Rahmenbedingungen wurde die Kompetenz eingesetzt und angewendet?

In der Praxis gibt es einen gravierenden Unterschied zwischen komprimiertem, dokumentiertem Wissen im Gegensatz zu Mitarbeiterkompetenzen. Gespeichertes Wissen in Dokumenten kann das Wissen und die Erfahrung eines Mitarbeiters nur stark limitiert wiedergeben. Problemlösungswege und Lösungsstrategien können nur bedingt in einem anderem als dem ursprünglichen Kontext angewendet und somit reproduziert werden. Dieses Dilemma ist in jedem Unternehmen vorzufinden: Es herrscht ein Überfluss an Informationen und Dokumenten, doch es fehlt die Übersicht, bei welchem Problem welche Lösungswege mit Hilfe welcher Methoden die besten sind. Die benötigten Experten, die bei der Problemlösung aushelfen, sind nur durch mühevolles Suchen nach dem *trial-and-error-Prinzip* auffindbar. Ein intelligenter Zugriff auf die Kompetenzen von Mitarbeitern ist die Ausnahme.

Informations-überfluss versus Kompetenz-transparenz

In einer Studie [vgl. Mertins und Döring-Katerkamp 2004] geben 80 Prozent der befragten Angestellten an, dass die Anforderungen an ihre Fähigkeiten und Fertigkeiten in den letzten Jahren dramatisch gestiegen sind. Rund 69 Prozent sehen jedoch diese Zunahme als positive Herausforderung.

Anforderungen an Mitarbeiter steigen

Doch statt dass deutsche Manager sich die gegenwärtige Eigenmotivation ihrer Mitarbeiter zunutze machen, bleibt alles beim Alten. Lediglich 38 Prozent der Angestellten bekommen von ihren Vorgesetzten ein Feedback hinsichtlich der Kompetenzen, die von ihnen gefordert bzw. erwartet werden. Konkrete Angebote zur *Kompetenzverbesserung* werden lediglich knapp vier Prozent der Befragten unterbreitet. Den Grund für diese unzureichende Situation sehen 63 Prozent aller Befragten im Fehlen systematischer Methoden zur Kompetenznutzung und -verbesserung im Unternehmen.

Fehlende Methoden zur Kompetenz-verbesserung

Ein Blick auf Unternehmensseite bestätigt diese Aussage. Laut einer anderen Untersuchung [vgl. Reinhardt 2004] sind sich über 70 Prozent des oberen Managements der Wichtigkeit und Bedeutung eines Kompetenzmanagements für ihr Unternehmen bewusst. Doch bei allen strategischen Überlegungen herrscht auf operativer Ebene große Unklarheit darüber, wie eine systematische Nutzung und Steuerung der Mitarbeiterkompetenzen erreicht werden kann. Für 31 Prozent der Befragten ist eine mangelhafte Operationalisierung der Hauptgrund für das Scheitern von Kompetenzmanagement-Projekten. Dabei liegen die Gründe in der falschen Modellgestaltung, der fehlenden Methodenkenntnis beim Management oder der Implementierung einer Softwarelösung ohne die Installation unterstützender Prozesse.

Kompetenzmanagement im Mittelstand

Kompetenzmanagement ist nicht nur eine Aufgabe für Großunternehmen. Im aktuellen Mittelstandsbarometer der Unternehmensberatung Ernst & Young [vgl. Müller et al. 2004] werden Mitarbeiterkompetenzen und -qualifikationen von 85 Prozent der Befragten als einer der wichtigsten Standortvorteile in Deutschland angesehen. Dies ist nicht verwunderlich, betrachtet man die besondere volkswirtschaftliche Bedeutung – gemessen an der Wertschöpfungskraft und Beschäftigtenzahl – mittelständischer Unternehmen für den Standort Deutschland.

Stellt man einem Unternehmer eines kleinen oder mittleren Unternehmens (KMU) die Frage, was den Wert seines Unternehmens ausmacht, so kommt oft die Antwort: „das Wissen meiner Mitarbeiter". Im folgenden Satz wird dann aber auch die Abhängigkeit von oft wenigen hochqualifizierten Mitarbeitern angesprochen. Die zitierten Beispiele hören sich dann folgendermaßen an [vgl. North 2004]: Mitarbeiter F&E, 59 Jahre, individueller Arbeitsstil, Tüftler, hat wenig dokumentiert, fällt plötzlich durch Schlaganfall aus. Leiter Konstruktion, begnadeter Konstrukteur, ist bereits in Altersteilzeit, überhaupt keine Systematik der Dokumentation, Einzelkämpfer, hat eine junge Mannschaft, gibt Wissen gerne auf Befragen weiter, aber: Wer fragt gezielt?

In KMU wird sehr schnell klar, dass Mitarbeiter ihre Rollen nur ausfüllen und gestalten können, wenn sie die für die Ausführung ihrer Tätigkeiten geeigneten Kompetenzen entwickeln sowie Mitarbeitereinsatz und -entwicklung so gestaltet werden, dass genügend Mitarbeiter für die derzeitigen und zukünftigen Aufgaben zur Verfügung stehen.

Gerade aber in mittelständischen Unternehmen wird argumentiert, dass vergleichsweise geringe Mitarbeiterzahlen und überschaubare Strukturen sowie Informationswege zu einer automatischen Transparenz führen. „Wir kennen unsere Leute." – ist ein beliebter Satz von Verantwortlichen im Mittelstand. Interessant ist jedoch, dass die Transparenz und Vertrautheit häufig versagt: Leistungsträger verlassen das Unternehmen, es entstehen Know-how-Lücken, neue Mitarbeiter können nicht rechtzeitig rekrutiert werden, Potenziale von Mitarbeitern werden häufig nicht ausgeschöpft, Fehlbesetzungen sind die Folge. Laut Kienbaum betragen die Folgekosten für Fehlbesetzungen oftmals das 1,5fache des Jahresgehaltes [vgl. Bäumer 2002].

Mehr und mehr rückt deshalb der Wertschöpfungsfaktor *Personal* in das Interessenfeld. Aktuelle Studien von Kienbaum [vgl. Bäumer 2002] belegen, dass die Personalverantwortlichen zunehmend in kleineren Unternehmen immer mehr strategische und gestaltende Tätigkeiten wahrnehmen. Mittelständische Unternehmen systematisieren und professionalisieren ihre Personalarbeit in einem größeren Umfang. Personal- und Unternehmensplanung werden weiter miteinander verzahnt, Führungsinstrumente zur Mitarbeiterbeurteilung und Zielvereinbarung kommen zum Einsatz, ansatzweise wird systematisch eine Bestandsaufnahme der Leistungs- und Potenzialträger im Unternehmen gemacht. Ein Kompetenzmanagement soll helfen, die Wertschöpfungskraft im Unternehmen zu erhöhen.

Personal-management professiona-lisieren

1.2 Nutzen des Kompetenzmanagements

Die bessere Steuerung und Nutzung von Kompetenzen ist kein Selbstzweck, sondern verfolgt reale *Nutzenaspekte*. Dies geht auch aus den Ergebnissen einer Untersuchung von Reinhardt im Jahre 2004 hervor.

Mit 41 Prozent sieht der Großteil aller Befragten den Nutzen eines Kompetenzmanagements im Bereich des *Personalmanagements*. 38 Prozent der Befragten votierten für einen besseren und effektiveren Umgang, die Nutzung und Entwicklung von Mitarbeiterkompetenzen durch verbesserte Personalprozesse. Der Nutzen bezieht sich insbesondere auf eine zielgerichtete Entwicklungs- und Nachfolgeplanung und eine verbesserte strategische Ausrichtung des Personalmanagements. Individuelle Kompetenzen und Kernkompetenzen des Unternehmens können systematisch ausgebaut, synchronisiert und entwickelt werden. Der Nutzen des Kompetenzmanagements für die betriebliche Weiterbildung liegt vor allem in der Gestaltung einer effizienteren *Qualifizierungsbedarfsanalyse*, die es ermöglicht, individuelle Entwicklungen der Mitarbeiter an die Unternehmensziele und -strategien aufgabenbezogen anzupassen. Damit wird ein Beitrag zur Erhöhung der *Mitarbeiterzufriedenheit* geleistet, der mit einer erhöhten Identifikation des Mitarbeiters mit dem Unternehmen und einer *Motivationssteigerung* einhergeht.

Personal-management

Organisations-
entwicklung und
strategische
Unternehmens-
führung

38 Prozent aller Befragten sehen den Nutzen auf der Ebene der *Organisationsentwicklung und Unternehmensführung* – und somit im strategischen Feld. Kompetenzmanagement als zentrale Managementaufgabe dient der Nutzung und Entwicklung insbesondere der Unternehmenskompetenzen und ist somit der entscheidende Faktor zur langfristigen Sicherung des Unternehmens. Beim Einsatz von Kompetenzmanagement ergibt sich für das Unternehmen der Vorteil einer *verbesserten Strategieplanung und –umsetzung.* Durch die Ankopplung eines Kompetenzmanagements an die Strategie wird ein Unternehmen dazu befähigt, seine strategischen Anforderungen systematisch bis auf die Ebene der Mitarbeiterkompetenzen herunterzubrechen, Kompetenzlücken zu identifizieren und daraus Entwicklungsmaßnahmen abzuleiten. Im Hinblick auf zukünftig zu entwickelnde Kompetenzfelder kann das Kompetenzmanagement erstens eine Entscheidungsgrundlage liefern und zweitens als geeignetes Steuerungsinstrument eingesetzt werden. Konkret geht es dabei um die nachhaltige Verbesserung der Wirtschaftlichkeit und Rentabilität des Unternehmens.

Praxistipp

Wo sehen die Experten den Nutzen eines Kompetenzmanagements?

- „Wir nutzen Kompetenzmanagement zur gezielten Steuerung erfolgsrelevanter Ressourcen des Unternehmens."

- „Unser Unternehmen kann dank eines Kompetenzmanagements unkompliziert und schnell auf Markt- und Strategie-Änderungen reagieren."

- „Mitarbeiterrentabilität und Marktkapitalisierung sind in unserem Untenehmen fast doppelt so hoch, wie bei unseren Wettbewerbern, die noch kein Kompetenzmanagement einsetzen."

- „Durch ein Kompetenzmanagement konnten wir eine Verbesserung der meisten Teilfunktionen des Human Resource Managements und damit des Gesamtergebnisses der Unternehmung erreichen."

- „Durch individuelles Kompetenzmanagement konnten wir große Erfolge beim Fach- und Führungskräftenachwuchs erzielen, da dieser im eigenen Unternehmen aufgebaut wurde."

- „Wir nutzen ein Kompetenzmanagement, um Zusatzinformationen zur Untermauerung der Business-Pläne mit entsprechenden strategischen Kompetenzfeldern zu erhalten."

- „Durch die Identifikation von Know-how-Trägern für Staffing von Projekten, Personalauswahl intern konnte eine enorme Kosteneinsparung realisiert werden."

- „Durch die durchgängige Verknüpfung von Kompetenzmanagement mit der Weiterbildung, d. h., die Qualifizierungen wurden auf kompetenzbezogene Entwicklungsfelder der Mitarbeiter zugeschnitten."

Quelle: Studie „Betriebliches Kompetenzmanagement"; Reinhardt 2004

Die *Sicherstellung der Prozessfähigkeit* durch Nachweis und Entwicklung der Mitarbeiterkompetenzen wird zunehmend gefordert. Ein Kompetenzmanagement auf Prozessebene macht transparent: „Wer beherrscht welchen Prozessschritt und welche Kompetenzen werden für welchen Prozessschritt benötigt?"

Sicherstellung der Prozessfähigkeit

Es können durch *kompetenzbasiertes Projektmanagement* Teams besser strukturiert und die im Unternehmen vorhandenen Mitarbeiter gezielter auf ihre Projekteinsätze vorbereitet werden. Durch die Schaffung von Transparenz über Mitarbeiter- und Kernkompetenzen des Unternehmens können Führungs- und Entscheidungsprozesse hinsichtlich der Projektbesetzung und -steuerung optimiert werden.

Kompetenzbasiertes Projektmanagement

Potenziale sind ebenfalls in der Verwertung und Nutzung interner Ressourcen zur *Erschließung neuer Märkte* zu erwarten. Der Nutzen des Kompetenzmanagements bezieht sich dabei vor allem in der höheren Verwertbarkeit bisher ungenutzter Potenziale. Durch den effizienteren und effektiveren Umgang mit Kompetenzen wird es möglich, neue *„Kompetenzprodukte"* in das Geschäftsportfolio zu integrieren. Die Verbesserung der Leistungsfähigkeit spiegelt sich in Qualitätsverbesserungen, in der Entstehung neuer Geschäftsfelder, in der Etablierung von neuen Produkt-, Technologie- und Konstruktionsstandards wider sowie in der Verbesserung bei der Erschließung neuer Kundengruppen durch erhöhte Kompetenz.

Erschließung neuer Märkte und Produktsegmente

An der Vielfalt der Möglichkeiten lässt sich erkennen: So individuell Unternehmen sind, so individuell ist auch der Nutzen, der sich durch Kompetenzmanagement erzielen lässt. Kompetenzmanagement kann erst dann einen praktischen Nutzen entfalten, wenn das Konzept, auf den Unternehmensbedarf abgestimmt, auf mehreren Ebenen gleichzeitig aktiviert wird: Es ist sowohl ein strategisches Instrument zur Unternehmensplanung als auch operatives Werkzeug für Geschäftsprozesse.

Individuelle Nutzenebenen im Unternehmen aktivieren

1.3 Ziele des Kompetenzmanagements

Ziel des Kompetenzmanagements im Unternehmen ist es, die Potenziale, die jedes Unternehmen aufgrund vorhandener Mitarbeiterfähigkeiten und -fertigkeiten hat, effektiv zu nutzen und darauf basierend die für eine nachhaltige Wettbewerbsfähigkeit notwenigen Kompetenzen zu entwickeln. Mit Hilfe des Kompetenzmanagements wird es möglich, die immer komplexer und unwägbarer werdenden externen und internen Rahmenbedingungen [vgl. Bach, Oesterle, Vogler 2000] im Unternehmen besser steuer- und kontrollierbar zu machen. Kompetenzmanagement ist folglich eine Manage-

Nachhaltige Wettbewerbsfähigkeit

mentdisziplin, die es Unternehmen ermöglicht, aktiv den eigenen Kompetenzbestand zu steuern und zu lenken.

Definition:
Kompetenz-
management

> Kompetenzmanagement geht als Kernaufgabe wissensorientierter Unternehmensführung über das traditionelle Verständnis von Aus- und Weiterbildung hinaus, indem Lernen, Selbstorganisation, Nutzung und Vermarktung der Kompetenzen integriert werden. Kompetenzmanagement ist eine Managementdisziplin mit der Aufgabe, Kompetenzen zu beschreiben, transparent zu machen sowie den Transfer, die Nutzung und Entwicklung der Kompetenzen, orientiert an den persönlichen Zielen des Mitarbeiters sowie den Zielen der Unternehmung, sicherzustellen.

Mitarbeiter und
Unternehmen
verbinden

Dieses Konzept verbindet die Ebene des *Mitarbeiters* mit der des *Unternehmens*. Es umfasst alle Maßnahmen, Methoden und Werkzeuge zur anwendungsorientierten und unternehmensindividuellen Identifikation, dem Transfer sowie der Entwicklung von Mitarbeiterkompetenzen, mit dem Ziel, nachhaltig die wirtschaftliche Handlungskraft der gesamten Organisation zu erhöhen.

Verankerung in
der Organisation

Kompetenzmanagement ist keine institutionalisierte Disziplin, sondern muss von allen Organisationsmitgliedern gelebt und verstanden werden und in jedem geschäftsrelevanten Unternehmensprozess verankert sein. Ohne diesen integrativen Leitgedanken ist es nicht möglich, ein durchgängiges Kompetenzmanagement zu gestalten.

Aufgaben des
Kompetenz-
managements

Im Kompetenzmanagement stellen sich insbesondere vier Aufgaben:

- **Repräsentation**: Strukturierte und komprimierte Übersicht über Kompetenzen auf Mitarbeiter- und Unternehmensebene. Ergebnis: eine strukturierte Analyse des Kompetenzbestandes.

- **Reflexion**: Kritische Hinterfragung der Kompetenzbestände und Ableitung von betrieblichen Interventionen zur Verbesserung. Ergebnis: eine zielgerichtete Bestandsaufnahme und Bewertung der Kompetenzen.

- **Verteilung**: Verteilung und Verbreitung der Kompetenzen über die verschiedenen Ebenen der Organisation hinweg (Projekt-, Prozess-, Steuerungsebene). Ergebnis: Verbreitung und hohe Verfügbarkeit des Kompetenzbestandes.

- **Entwicklung**: Anpassung des Kompetenzportfolios unter Berücksichtigung des vorhandenen Potenzials und der zukünftigen Anforderungen (Auf- oder Abbau). Ergebnis: Verbesserung der organisationalen und personellen Lernprozesse

---

Verbindung unterschiedlicher Ebenen im Kompetenzmanagement | *Abbildung 1-2*

Mitarbeiterbezogene Sicht	Unternehmensbezogene Sicht
Individuelle Kompetenzen (Skills)	**Ressourcen (Kernkompetenzen)**
→ Psychologische und soziologische Aspekte	→ Organisationale und betriebswirtsch. Aspekte

Ziele
Kompetenzmessung
Kompetenzentwicklung
Kompetenzbeschreibung
Kompetenzklassifizierung

Ziele
Kompetenzreflexion
Kompetenzanpassung
Kompetenzlogistik
Kompetenznutzung

Quelle: Studie „Betriebliches Kompetenzmanagement"; Reinhardt 2004

Theoretische Ansätze

Der Fokus bisheriger Modelle des Kompetenzmanagements lag entweder auf Themen des individuellen und organisationalen Lernens und der Nutzung und des Transfers von Mitarbeiterkompetenzen oder auf organisatorischer Ebene hinsichtlich des Ausbaus und Erhalts unternehmerischer Kernkompetenzen [vgl. Krüger, Homp 1997; Romhardt 1998; Probst et al. 2000; Mildenberger 2002]. Einerseits wird Kompetenzmanagement traditionell aus der Perspektive der *Kognitionswissenschaft* betrachtet; insbesondere aus Sicht der Psychologie und Soziologie [vgl. Gruber, Renkl 1997; Hänggi 1998; Erpenbeck, Heyse 1999a; Erpenbeck, Heyse 1999b]. Andererseits versteht sich das Kompetenzmanagement als Disziplin der *Organisationswissenschaften*, insbesondere der Organisationsentwicklung, strategischen Unternehmensführung und Betriebswirtschaftslehre [vgl. Nonaka, Takeuchi 1997; North 2002; Bach et al. 2000; Probst et al. 2000; Reinhart et al. 2002].

Sichtweisen des Kompetenzmanagements

Soziologische und psychologische Anwendungsmodelle konzentrieren sich in diesem Zusammenhang meist auf die Entwicklung von Kompetenzklassifikationen und die Beschreibung individueller und kollektiver Kompetenzarten [vgl. Hänggi 1998] sowie der Regulierung von Lernprozessen beim Individuum [vgl. Erpenbeck und Heyse 1999a und 1999b]. Organisationswissenschaftliche Modelle hingegen beantworten vorwiegend Fragen zum strategischen Aufbau und zur Aggregation von Kompetenzen [vgl. Prahalad, Hamel 1994; Freimuth et al. 1997] sowie deren Verteilung und Ausrichtung an betrieblichen Prozessen [vgl. Argyris, Schön 1996; Bellmann et al. 2002; Milberg, Schuh 2002].

Sichtweisen zusammenführen

Aus dieser zweigeteilten Sicht heraus ist es kaum verwunderlich, dass das Management beim Ziel, ein Kompetenzmanagement umzusetzen, an die Grenzen der Operationalisierung gerät. Besonders ausgeprägt ist die Begriffs- und Konzeptvielfalt an den Transferstellen von theoretischer Modellentwicklung zur praktischen Implementierung im Unternehmen bzw. der Anwendung in der Managementpraxis [vgl. Mildenberger 2002]. Da Kognitionswissenschaften und Organisationswissenschaften stark voneinander abgegrenzt sind, fehlt das gemeinsame *„Weltbild"* für ein homogenes Verständnis eines Kompetenzmanagements. So weisen die Lernmodelle der Kognitionswissenschaften Schwächen bezüglich unternehmerischer Fragen, wie z. B. kompetenzorientierte Prozess- und Projektgestaltung, auf. Modelle der Organisationswissenschaften übersehen die spezifischen Eigenschaften, Klassifizierungen und Transferprobleme von individuellen Kompetenzen, während die Modelle aus Psychologie und Soziologie geschäfts- und prozessorientierten Belangen nicht genügend Beachtung schenken [vgl. Reinhardt und North 2003].

Integrative Sichtweise

Die Herausforderung für die Praxis besteht in der Entwicklung einer integrierten Sicht, der wir mit diesem Buch etwas näher kommen wollen.

Betriebliche Interventionsfelder

Ob im Prozess der Arbeitshandlung, in der Interaktion mit Kunden, Lieferanten, in der Entwicklung neuer Produkte, in der Anwendung von Technologien oder in Führungsprozessen: Überall wirkt Kompetenz. Soll die Kompetenz einer Person, eines Teams oder einer Organisation effektiv zur Wirkung kommen, müssen entsprechend Rahmenbedingungen geschaffen werden.

Hierzu sind insbesondere die drei folgenden Felder zu gestalten:

Markt und Strategie

■ *Strategische Entscheidungen* determinieren die Kompetenzen, die mit einem Kompetenzmanagement gesteuert werden können. Viele mittelständische Unternehmen verändern aus Gründen des harten Wettbewerbs ihre Strategie in Richtung eines Dienstleistungsunternehmens. Wandelt sich die Kompetenzausrichtung, muss ein Kompetenzmanagement sich den Rahmenbedingungen anpassen können.

Organisation und Strukturen

■ Die *Organisations- und Kompetenzstrukturen* sind in jedem Unternehmen unterschiedlich. Die Ziele, die ein Kompetenzmanagement erfüllen soll, müssen sich an diesen Strukturen ausrichten. Dazu zählen vor allem der hierarchische Aufbau, die Entscheidungsebenen, Entscheidungsinstitutionen (Betriebsrat usw.) sowie die Verteilung und der Bestand der Kompetenzen. Flache Hierarchien erfordern im Gegensatz zu einem stark hierarchischen Unternehmen z. B. ein anderes Rollen- und Rechtesystem.

▧ Ein Kompetenzmanagement muss bei einem Produktionsunternehmen aufgrund *unterschiedlicher Prozesse und technischer Infrastrukturen* anders gestaltet werden als in einem Beratungsunternehmen. Die im Unternehmen schon vorhandene Technologie setzt Maßstäbe an ein Skill-Management und die Verbreitung des Systems. Nicht jeder hat z. B. heute schon einen Internetzugang oder kann per E-Mail kommunizieren. Diese Voraussetzungen müssen in der Prozessgestaltung Beachtung finden.

Prozesse und Technologien

Interventionsfelder im Kompetenzmanagement

Tabelle 1-1

Interventionsfeld	Beschreibung
▧ **Strategische Interventionen**	Formulierung und Einbindung einer Kompetenzstrategie in die Unternehmensstrategie, Unterstützung durch das Top-Management und evtl. Bereitstellung von Budget und Ressourcen
▧ **Operative Interventionen**	Einbindung von Kompetenztransferprozessen in die bestehenden Geschäfts- und Wertschöpfungsprozesse sowie in das Projektmanagement
▧ **Räumliche Interventionen**	Gewährleistung des physischen Zugangs am Arbeitsplatz der Mitarbeiter
▧ **Zeitliche Interventionen**	Mitarbeitern und Management müssen zeitliche Ressourcen zur Pflege, Kontrolle und Aktualisierung des Kompetenzsystems zur Verfügung stehen
▧ **Personale Voraussetzungen**	Vergabe klarer Verantwortlichkeiten zur Klärung von Fragen bei der Anwendung der Methoden des Kompetenzmanagements
▧ **Technische Voraussetzungen**	Geeignete Softwarelösungen und technische Unterstützung zur Speicherung, Verteilung, Visualisierung und Auswertung von Kompetenzen bereitstellen
▧ **Rechtliche Voraussetzungen**	Ausarbeitung einer Betriebsvereinbarung, die Einbindung des Betriebsrates und der Personalabteilung sowie die Entwicklung eines Datenschutzkonzeptes, Gestaltung von Verträgen zur Regulierung der Methodennutzung
▧ **Kulturelle Interventionen**	Schaffung einer Atmosphäre von Akzeptanz unter Mitarbeitern und Management durch Kommunikations- und Motivationskonzepte (evtl. Incentive-Konzept)

Jedes einzelne Feld muss mit den jeweiligen Bedingungen im Unternehmen abgestimmt werden. Dazu gehören Bereiche wie Rollendefinitionen, Strategie- und Reflektionsprozesse, der rechtliche Rahmen, kommunikative Abläufe, Entlohnung und Incentive-Systeme bis hin zum Marketing des Projektes. Die Details zur Implementierung finden Sie in Kapitel 5.

Auswahl von Methoden und Werkzeugen   Zur Etablierung eines Kompetenzmanagements ist es nicht notwendig, ganze Stäbe mit der Entwicklung und Steuerung von Kompetenzen zu beauftragen. Vielmehr muss grundsätzlich darüber nachgedacht werden, mit welchen Methoden und Werkzeugen

◼ eine permanente, immer aktuelle Transparenz der Stärken und Potenziale von Mitarbeitern gewährleistet werden kann,

◼ Kompetenzen an Geschäftsprozesse gekoppelt werden können und

◼ die Entwicklung der Kompetenzen und Kompetenzgebiete sichergestellt wird, so dass die Kompetenzen dem Bedarf entsprechen.

1.4   Kurzdiagnose: Kompetenzmuffel oder Kompetenz-Organisation

In der folgenden Kurzdiagnose können Sie das Kompetenzmanagement Ihres Unternehmens anhand von acht Kriterien beurteilen. Stufen Sie bitte ein, wie Sie die Position Ihres Unternehmens zwischen den beiden Polen *„Kompetenzmuffel"* und *„Kompetenz-Organisation"* einschätzen. Ein guter Ansatz zur Sensibilisierung ist auch das Kopieren und Verteilen dieses Fragebogens im Kollegenkreis, um dann die resultierenden Ergebnisse zu diskutieren:

◼ Wie unterschiedlich sind die Einstufungen ausgefallen?

◼ Wo differieren die Beurteilungen am meisten?

◼ Wo sehen wir die größten Hindernisse auf dem Weg zur Kompetenz-Organisation und welche Maßnahmen können uns mit geringem Aufwand bereits ein erhebliches Stück weiterbringen?

◼ Was kann jeder von uns dazu beitragen, dass die benötigten Kompetenzen entwickelt und die vorhandenen Kompetenzen möglichst gut genutzt werden?

Beurteilen Sie jeden Punkt nach dem Schulnoten-Prinzip: von 1 = sehr gut bis 5 = ungenügend.

Kurzdiagnose: Kompetenz-Organisation oder Kompetenzmuffel

Praxistipp

„Kompetenzmuffel"	5	4	3	2	1	„Kompetenz-Organisation"
1. Kernkompetenzen sind nicht definiert.						Kernkompetenzen sind definiert und werden regelmäßig aktualisiert.
2. Kompetenzprofile der Mitarbeiter existieren nicht.						Kompetenzprofile der Mitarbeiter existieren für Kernprozesse, -funktionen und werden regelmäßig aktualisiert.
3. Kompetenzentwicklung ist nicht mit Personalentwicklung verzahnt.						Kompetenzentwicklung wird in Mitarbeitergesprächen und Entwicklungsplanung systematisch berücksichtigt.
4. Lernen und Weiterbildung müssen im Zweifelsfall hinter operativen Aufgaben zurückstehen.						Lernen und Weiterbildung haben hohe Priorität (Zeit und Budget für jeden Mitarbeiter vorgesehen).
5. Informelles Lernen am Arbeitsplatz wird nicht anerkannt.						Informelles Lernen wird mit entsprechenden Maßnahmen unterstützt (Coaching, Mentoren etc.).
6. Es gibt keine individuellen Weiterbildungspläne.						Individuelle Weiterbildungspläne werden konsequent umgesetzt.
7. Weiterbildung und Anwendung sind nicht miteinander verzahnt.						Weiterbildung ist immer mit Anwendung verbunden.
8. Es existieren keine Anreize zur Kompetenzentwicklung für die Mitarbeiter.						Kompetenzentwicklung wird durch Anreizsysteme konsequent unterstützt.

1.5   Fallbeispiel: Kompetenzmanagement bei Helsana[1]

Management geschäftsrelevanten Fachwissens

Die Idee, durch zielgerichtetes Management von geschäftsrelevantem Fachwissen die Leistungsfähigkeit der Helsana Versicherungen AG (www.helsana.ch) zu erhöhen, war nicht neu, doch wurde sie aufgrund weitgehend staatlicher Regelung der Krankenversicherungsbranche in der Schweiz von der Human-Resource-Führung bisher als nicht vorrangig eingestuft. Frühe Versuche der Erfassung scheiterten an den Kosten für die Erhebung und Pflege der Datenbasis. Lediglich die Linienvorgesetzten waren im Rahmen ihrer Führungsaufgaben für die Entwicklung des Fachwissens der Mitarbeitenden verantwortlich. Die Transparenz über vorhandene Kompetenzen war auf die persönlichen Kenntnisse der Führungskräfte und der sie unterstützenden HR-Mitarbeiter beschränkt. Die fehlende Standardisierung erschwerte die Kommunikation des bestehenden Fachwissens über die Grenzen der Organisationseinheit hinaus. Das Fachwissen der Mitarbeitenden wurde nur indirekt über die Einsatzplanung und das Ausbildungsmanagement beeinflusst. Ein unternehmensweit gültiger Standard für die Strukturierung von Ausbildungsangeboten und Stellenanforderungen und deren Auswirkungen war nicht vorhanden. Die Informationstechnik unterstützte nur einen geringen Teil der HR-Prozesse.

Vertrieb sucht Kompetenzen

Mit der Öffnung des Krankenversicherungsmarktes in der Schweiz und einer Fusion zur Helsana stiegen die Anforderungen der kundenorientierten Bereiche an das Kompetenzmanagement. Vor allem das Management der Bereiche Vertrieb und Service begann, die interne Transparenz über das Fachwissen der Mitarbeitenden mittels manuell gepflegter Kompetenzlisten zu erhöhen. Neben der Explikation der Sprachkenntnisse waren die Linienvorgesetzten besonders an einer Übersicht über das Fachwissen von Mitarbeitern in Bezug auf spezielle Versicherungsprodukte und Vertragsformen interessiert. Neben der Verbesserung des Kompetenzmanagements im eigenen Bereich strebten die Linienmanager zunehmend eine unternehmensweite Transparenz über bestimmte Kompetenzen an. Die Verfügbarkeit dieser Informationen würde die abteilungsübergreifende Lösung von Problemen erleichtern und eine effektivere interne Stellenbesetzung ermöglichen. Der bisher hohe Koordinationsaufwand der Führungskräfte in beiden Bereichen würde durch eine Prozessverbesserung erheblich gemindert werden. Unterstützt wurde dieses Anliegen auch durch die Projektmanager der Helsana,

---

[1] Autoren: Henning Gebert, Institut für Wirtschaftsinformatik Universität St. Gallen; Oliver Kutsch, Information Management Group IMG AG St. Gallen; Pia Jaggi, Helsana Versicherungen AG Zürich; Fallstudie unter: http://www.unisg.ch.

deren unternehmensweite Suche nach Projektmitgliedern ähnliche Anforderungen wie die innerbetriebliche Stellenbesetzung aufweist.

Erst die allgemeine Verfügbarkeit von PCs an allen Arbeitsplätzen und der Einzug der Web-Technologie in die Unternehmen schufen die Voraussetzungen für ein kosteneffizientes, unternehmensweites Kompetenzmanagement. Zielsetzung des Projekts *Personal-Informations-System (PIS)* war die Vereinheitlichung wesentlicher HR-Prozesse auf Basis einer unternehmensweiten Standardsoftwarelösung. Das Teilprojekt *Potenzialbewirtschaftungssystem – Skill Management (PBS)* sollte ein informationstechnisches Instrument zum unternehmensweiten Management relevanter Kompetenzen von Mitarbeitenden der Helsana realisieren.

Vereinheitlichung von HR-Prozessen

Da das Instrument neben den Facheinheiten auch von HR genutzt werden sollte, wurde die Aufnahme von Fachkompetenzen durch die Aufnahme von personenbezogenen Informationen, z. B. Kontaktinformationen, und für das Human Resource Management relevanten Sozialkompetenzen, wie z. B. Teamfähigkeit und Eigeninitiative, ergänzt. Auf die Speicherung von gehaltsbezogenen Informationen wurde bewusst verzichtet.

Anreicherung bestehender Daten

Neben der Ausweitung der Datenbasis legte die Konzernleitung die Freiwilligkeit der Teilnahme an PBS durch individuelle Entscheidungen der Mitarbeiter fest. Die Einverständniserklärung erfolgte schriftlich und wurde Teil der Personalakte. Mit einer Nichtteilnahme waren keine negativen Konsequenzen verbunden. Nichtteilnehmende Mitarbeiter waren jedoch über PBS-gestützte Dienstleistungen nicht identifizierbar und konnten somit evtl. im Falle schneller Entscheidungen, z. B. im Rahmen einer Aufgabenübertragung oder Projektbesetzung, übergangen werden.

Freiwillige Teilnahme am PBS

Die Anforderungen und Ziele bestimmten die für das Kompetenzmanagement benötigte Datenbasis, die im Projekt als *Skill Tree* (Kompetenzbaum) bezeichnet wurde. Aufgrund der beschriebenen erweiterten Anforderungen umfasste der Skill Tree neben Fachkompetenzen auch Informationen zu Qualifikationen, Erfahrungen und Sozialkompetenzen.

Skill Tree

Abbildung 1-3	*Kompetenzstruktur der Helsana Versicherungen*

<table>
<tr><td colspan="2">Master Skill Tree</td></tr>
<tr><td>Ausbildung</td><td>Gesundheit</td></tr>
<tr><td>Interne Qualifikation</td><td>Informatik</td></tr>
<tr><td>Externe Qualifikation</td><td>Recht</td></tr>
<tr><td>Erfahrung / Sprachen</td><td>Versicherungswesen</td></tr>
<tr><td>Kernkompetenzen</td><td>Wirtschaft</td></tr>
</table>

Quelle: angelehnt an Gebert, Kutsch, Jaggi 2003

Kriterien zur Evaluation von Fachkompetenzen

Die Identifikation und Definition der für die Helsana relevanten Fachkompetenzen stellte eine größere Herausforderung dar. Um die Anzahl verwendeter Begriffe zu begrenzen, definierte das PBS-Team drei Kriterien zur Evaluation von Fachkompetenzen:

- **Relevanz**: Eine relevante Kompetenz ist zur Erreichung der Ziele der Helsana, vorgegeben durch die Aufgaben und Dienstleistungen innerhalb der Organisationsbereiche, unverzichtbar. Kenntnisse der Versicherungsmathematik erfüllen dieses Kriterium, während Kenntnisse der Astronomie es nicht erfüllen.

- **Relative Statik**: Das Erlernen und die Erweiterung von relativ statischen Kompetenzen erfordern einen fest definierten Zeitraum intensiver Auseinandersetzung. Die Entwicklung der Kompetenz Chirurgie erfordert beispielsweise Jahre. Die Entwicklung der Kompetenz Javascript-Programmierung erfordert hingegen Wochen.

- **Relative Knappheit**: Knappe Kompetenzen sind nicht für alle Mitarbeiter jederzeit verfügbar. Die Kompetenz „Schweizer Staatsrecht" erfüllt dieses Kriterium. Die Kompetenz „Lesen und Schreiben" erfüllt dieses Kriterium jedoch nicht.

Auf der Basis des Kriterienkatalogs entwickelte das Projektteam eine mehrstufige hierarchische Fachkompetenzstruktur. Als Ordnungskriterium diente die *„Relative Statik"*. Fachkompetenzen mit höherem Lernaufwand stehen in der Skill-Tree-Struktur über Fachkompetenzen mit geringerem Lernaufwand. Dadurch konnte sichergestellt werden, dass später eine Aggregation der Fachkompetenzen in einer Kompetenzlandkarte den „Wert" einer Kompetenz im Bezug auf die Kosten der Ausbildung sinnvoll widerspiegelte.

Neben dem Aufbau des Skill Tree musste das PBS-Team die zulässigen Zuordnungen und Bewertungen von Kompetenzen definieren. Das Projektteam entschied sich, für die Bewertung *ordinale Schemata* zu verwenden. Ordinale Bewertungsmaße bilden eine Hierarchie zwischen einzelnen Bewertungsstufen, ohne deren Abstand zueinander zu definieren. Die Verwendung dieser Bewertungsmethode ermöglichte im Rahmen des Kompetenzmanagements, die Einstufung der Kompetenzen eines Mitarbeiters vorzunehmen, ohne eine umfassende Vergleichbarkeit von Kompetenzprofilen zu ermöglichen. Während Qualifikationen unbewertet (besitzt, besitzt nicht) zugeordnet werden, besitzen die anderen Kompetenzarten mehrstufige Bewertungsraster. Sozialkompetenzen wurden in fünf Stufen von „Übertrifft die Anforderungen in außergewöhnlichem Umfang" bis „Erfüllt die Anforderungen in wesentlichen Punkten nicht" bewertet. Die Bewertung von Fachkompetenzen erfolgte in vier Kompetenzstufen.

Bewertungen von Kompetenzen im Helsana PBS

Skalierungssystematik des Helsana PBS

Tabelle 1-2

Kompetenzstufe	Benennung	Erklärung
1	Ausgebildet	Mitarbeiter hat als Basis der Kompetenzen Wissen formal oder durch Erfahrung erworben und ist in der Lage, Herausforderungen mit Unterstützung zu lösen.
2	Fachmann	Mitarbeiter hat bezüglich der Kompetenzen mindestens sechs Monate Erfahrung gesammelt und ist in der Lage, Herausforderungen selbständig zu lösen.
3	Experte	Mitarbeiter weist umfassendes Wissen auf dem Gebiet auf. Ist in der Lage, aufgrund von Erfahrung auch schwierige Herausforderungen zu lösen, und trägt aktiv zur Wissensweitergabe bei.
4	Mentor	Mitarbeiter weist eine mehrjährige Erfahrung auf und wird außerhalb der Helsana als wesentlicher Wissensträger anerkannt. Entwickelt die Kompetenz im Rahmen seiner Arbeit weiter.

Quelle: Gebert, Kutsch, Jaggi 2003

Nutzungsprozes-
se im Helsana
PBS

Die *Nutzungsprozesse* des PBS lassen sich in Zuordnung, Suche, Reporting und Support differenzieren. Sie setzen auf den Pflege- und Führungsprozessen auf. Nach der Bereitstellung des Skill-Management-Systems und der Einverständniserklärung für den Datenschutz wählen die Mitarbeitenden im Rahmen des Nutzungsprozesses Zuordnung die zutreffenden Fachkompetenzen aus vordefinierten Ansichten aus, schätzen sich anhand des Bewertungsrasters selbst ein und geben ihr Ergebnis frei. In Verbindung mit dem jährlichen Mitarbeitergespräch wird eine Validierung der Mitarbeitereinschätzung der Fachkompetenzen durch den Vorgesetzten vorgenommen. Gleichzeitig erfolgt die Bewertung der Sozialkompetenzen durch den Linienvorgesetzten. Sollten Differenzen bei der Einschätzung auftauchen, die nicht bilateral gelöst werden können, besteht die Möglichkeit, den Skill-Management-Fachspezialisten als Schlichter einzusetzen. Dieser kann anhand von anderen Mitarbeiterprofilen einen Vergleichsmaßstab bereitstellen. Darüber hinaus werden im Mitarbeitergespräch anhand des vorhandenen Kompetenzprofils in Kombination mit den vereinbarten Aufgabenstellungen, Zielen und Entwicklungspfaden die Weiterbildungsmaßnahmen definiert.

Expertensuche im
Helsana PBS

Sobald das Skill-Management-System einen ausreichenden Abdeckungsgrad von Kompetenzen beinhaltet, wird es zur Suche und damit zur eigentlichen Nutzung bereitgestellt. Der Nutzungsprozess Suche deckt alle Aktivitäten von der Eingabe der Suchkriterien, dem Start der Suche über die Auswertung und Verfeinerung der Ergebnisse, bis zur Übermittlung von Kommunikationsdaten geeigneter Mitarbeiter ab. Die Expertensuche bietet allen Mitarbeitenden eine einfache und schnelle Möglichkeit, im Tagesgeschäft Ansprechpartner für Probleme und Nachfragen zu finden. Das Layout der Suchmaske orientiert sich an Internet-Suchmaschinen und der Intranet-Suchfunktion.

Die Expertensuche umfasst neben Fachkompetenzen auch Qualifikationen und Erfahrungen. Sozialkompetenzen sind von der öffentlich zugänglichen Suche ausgenommen. Die Betrachtung des vollständigen Profils eines identifizierten Kompetenz-Trägers ist ebenfalls unterbunden. Werden Kompetenzträger für Projekteinsätze benötigt, kann der Skill-Management-Fachspezialist zusätzlich für die Auswertung erforderliche Sozialkompetenzen und Angaben des Werdegangs einbeziehen. Der Projektmanager muss anschließend die Verfügbarkeit in Frage kommender Projektmitglieder mit den Vorgesetzten besprechen. Erst nach der offiziellen Freigabe für einen Projekteinsatz ist die Kommunikation mit Kandidaten zulässig.

Reporting

Der Nutzungsprozess Reporting dient dem Abruf von vordefinierten Kompetenzprofilen und -landkarten, beispielsweise für Auswertungen von Kompetenzentwicklungen bestimmter Organisationseinheiten im Zeitablauf oder dem Vergleich vorhandener und benötigter Kompetenzen zur Absicherung strategischer Maßnahmen. Der Nutzungsprozess Support unterstützt die anderen Nutzungsprozesse durch Lösungen fachlicher, bedienungsbedingter und technischer Probleme. Der zentrale Help Desk löst bedienungsbedingte Probleme. Fachliche Probleme werden vom Skill-Management-Fachspezialisten und technische Probleme vom IT-Dienstleister bearbeitet.

Die Steuerung und das Controlling des Kompetenzmanagements ist Aufgabe der Führungsprozesse. Basierend auf den Strategie- und Budgetvorgaben, den erhobenen Kompetenzmanagement-Kennzahlen und dem Feedback der Mitarbeiter werden regelmäßig Maßnahmen abgeleitet, die eine kontinuierliche Optimierung des Kompetenzmanagements sicherstellen. Die Erweiterung der für das Projekt PIS geschaffenen informationstechnischen Lösung erfolgte parallel zum konzeptionellen Aufbau des Kompetenzmanagements.

Steuerung und Controlling

Die alle Mitarbeitenden betreffende, sensible Themenstellung erforderte eine umfassende Kommunikation und belastete die Ressourcensituation. Die beteiligten Projektmitglieder mussten zudem feststellen, dass vor Fertigstellung des Prototyps die Ziele und der Umfang von PBS projektexternen Mitarbeitenden nur schwer vermittelbar waren. Die Existenz eines operativen PBS-Prototyps und dessen hohe Akzeptanz ist einer Reihe wesentlicher Erfolgsfaktoren zuzuschreiben:

Umfassende Kommunikation

▪ Die mit der Konzernleitung abgestimmten strategischen Zielsetzungen schufen klare Rahmenbedingungen für das Projekt. Das PBS-Team konnte sich von Beginn an auf die Umsetzung der Lösung konzentrieren.

Konzernleitung

▪ Die Kompetenz und Erfahrung der einzelnen Projektteilnehmer ermöglichte eine weitgehend dezentrale Arbeit. Häufig waren nur zwei Personen an der Erarbeitung eines Teilergebnisses beteiligt, welches dann in der folgenden Projektbesprechung in das Gesamtkonzept eingebunden wurde. Auf diese Weise wurde die Kommunikation bei der Entwicklung von Konzepten und der Softwarelösung auf das Wesentliche reduziert.

Projekt-teilnehmer

▪ Ungeachtet der Komplexität des Themas gelang es dem Projektmarketing, relevante Personen über den gesamten Projektzeitraum mit Informationen über die geplante Kompetenzmanagement-Lösung zu versorgen. Dies erhöhte die Bereitschaft der Kritiker zu einem konstruktiven Dialog.

Relevante Personen

Die existierende Kompetenzmanagement-Lösung bietet jeder der drei im Unternehmensleitbild der Helsana definierten strategischen Ausrichtungen spezifische Unterstützungsdienstleistungen an:

Unterstützungs-dienstleistungen

▪ **Unterstützung kundennaher Prozesse.** Das primäre Ziel der Helsana ist das „Arbeiten für zufriedene Kunden". Die kundennahen Prozesse (Marketing, Vertrieb und Service) des Dienstleisters tragen dabei einen wesentlichen Teil zur Wahrnehmung durch den Kunden bei. Die Möglichkeit, im Tagesgeschäft Mitarbeitende mit benötigten Kompetenzen zeitnah zu identifizieren, erhöht die Flexibilität dieser Prozesse gegenüber Kundenanforderungen. Durch direkte Bereitstellung benötigter Expertise können Leistungen schneller, qualitativ hochwertiger und zielgerichteter erbracht werden. Gleichzeitig reduziert eine effiziente kompetenzorientierte Aufgabenallokation die Gesamtbelastung der Belegschaft.

Unternehmens-
flexibilität

■ **Unterstützung der Unternehmensflexibilität.** Die Liberalisierung des Gesundheitsmarktes der Schweiz setzt die im hohen Maße betroffenen Krankenkassen einem beständigen Veränderungsdruck aus. Die Helsana definiert aus diesem Grund die Transformation zu einem auf Dauer „innovativen und veränderungsbereiten Unternehmen" als strategische Zielsetzung. Diese Flexibilität muss das Unternehmen sowohl marktseitig durch innovative Produkte und kundenorientierte Dienstleistungen als auch ressourcenseitig durch effektives Management der eigenen Kernkompetenzen und der Lernfähigkeit der Unternehmensorganisation beweisen. Im Gegensatz zu marktorientierten Entscheidungen fehlt ressourcenorientierten Strategien häufig eine solide Datenbasis. Durch die Bereitstellung aggregierter und über den Zeitverlauf zu verfolgender Kompetenzlandkarten ermöglicht das Kompetenzmanagement ein intersubjektives Bild auf die Kompetenzstruktur der Helsana und bietet somit ein Instrument, welches die Qualität ressourcenorientierter, strategischer Führungsentscheidungen signifikant verbessern kann.

Kompetenz-Basis

■ **Erhöhung der Kompetenz-Basis.** Die kontinuierliche „Förderung der Mitarbeiter nach Leistung und Potenzial" ist eine eigenständige strategische Zielsetzung der Helsana. Die notwendigen Ausbildungen finden entweder im Rahmen der Ausführung von Geschäftsprozessen („Training on the Job", Ausbildung im Rahmen der Arbeit) oder als Teil des Human-Resources-Prozesses („Training off the Job", Ausbildung außerhalb der Arbeit) statt. Die durch PBS aufgezeichneten Veränderungen der Kompetenzprofile von Mitarbeitern ermöglichen die Kontrolle der Effektivität von Ausbildungsmaßnahmen.

Die nächste
Phase

Die weitere Entwicklung sieht eine zunehmende Integration der PBS-Dienstleistungen in bestehende Helsana-Applikationen vor. So plant das Projektteam die Kopplung der Expertsuche mit der Suche im Intranet. Auf diese Weise können als Ergebnisse auf eine Anfrage nicht nur Dokumente, sondern auch Personen angezeigt werden. Durch Kopplung des Kompetenzmanagements mit dem Ausbildungsmanagement können bestehende Kompetenzlücken direkt mit Kursangeboten verbunden werden.

2 Was ist Kompetenz?

In diesem Kapital erfahren Sie …

- Was Kompetenz und Wissen unterscheidet
- Welche Rahmenbedingungen die Nutzung und Entwicklung von Kompetenzen fördern
- Wie Sie Kompetenzen strukturieren und beurteilen können

2.1 Kompetenzen verstehen

Der Anwendungsbezug des Wortes *Kompetenz* wird bereits aus dem lateinischen Ursprung *competencia* (zu etwas geeignet, fähig oder befugt sein) deutlich. Oftmals werden Begriffe wie Qualifikation, Fähigkeit, Ressource usw. dem Kompetenzbegriff gleichgesetzt bzw. als abgrenzende Begriffe verwendet. Generell gilt dabei die Faustregel, dass erst dann Kompetenzen manifest werden, wenn Wissen in Handlungen umgesetzt wird. Ist z. B. von *Talenten* die Rede, wird damit das Potenzial beschrieben, Kompetenzen zu entwickeln: „Übung macht den Meister." Wird von *Qualifikation* gesprochen, sind fertig ausgeprägte, von dritter Stelle bewertete, bestätigte, beglaubigte oder zertifizierte Fähigkeiten einer Person gemeint.

Begriff und Abgrenzung von Kompetenz

> Kompetenz ist die Fähigkeit, situationsadäquat zu handeln. Kompetenz beschreibt die Relation zwischen den an eine Person oder Gruppe herangetragenen oder selbst gestalteten Anforderungen und ihren Fähigkeiten bzw. Potenzialen, diesen Anforderungen gerecht zu werden [vgl. Reinhardt und North 2003].

Definition: Kompetenz

Auch muss verständlich werden, dass der Begriff *Wissen* sich grundlegend vom Kompetenzbegriff abgrenzt. Kompetenzen konkretisieren sich immer erst im Moment der praktischen Wissensanwendung in einem konkreten Handlungsbezug und werden am erzielten Ergebnis der Handlungen messbar.

Handlungsbezug

Wir wollen im Folgenden anhand der Wissenstreppe [vgl. North 2002] einige Grundbegriffe herausarbeiten, die für die unternehmerischen Aufgaben des Kompetenzmanagements von Bedeutung sind. Insbesondere sollen die Begriffe Wissen und Kompetenz abgegrenzt werden. Beginnen wir auf der Stufe der Informationen.

Informationen *Informationen* sind Daten, die in einem Bedeutungskontext stehen und aus betriebswirtschaftlicher Sicht zur Vorbereitung von Entscheidungen und Handlungen dienen. Diese Informationen sind für Betrachter wertlos, die sie nicht mit anderen aktuellen oder in der Vergangenheit gespeicherten Informationen vernetzen können.

Zweckdienliche *Vernetzung von* *Wissen* Aus dieser Sicht ist Wissen der Prozess der zweckdienlichen Vernetzung von Informationen. Wissen entsteht als Ergebnis der Verarbeitung von Informationen durch das Bewusstsein. Informationen sind sozusagen der Rohstoff, aus dem Wissen generiert wird und die Form, in der Wissen kommuniziert und gespeichert wird.

Abbildung 2-1 | *Die Wissenstreppe*

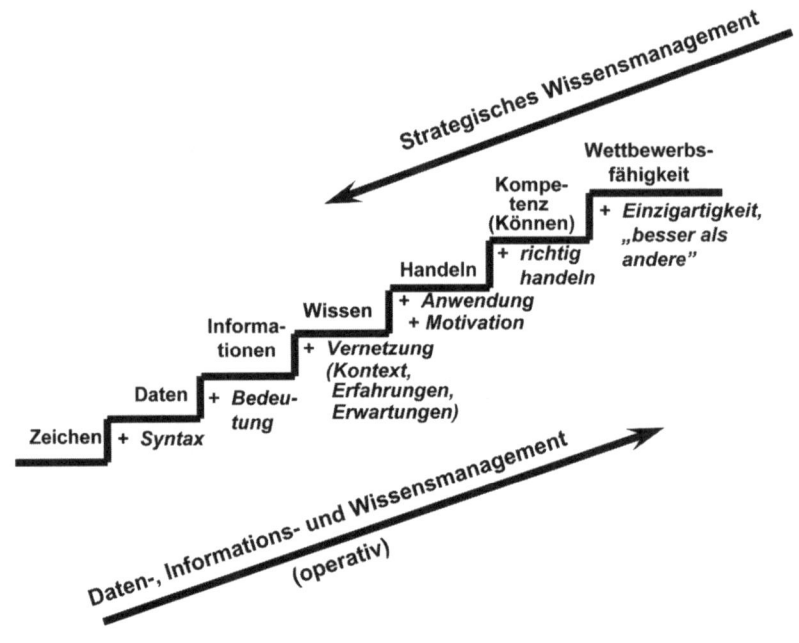

Quelle: North 2002

Die Interpretation von Informationen kann insbesondere in verschiedenen kulturellen Kontexten sehr unterschiedlich ausfallen. Kopfnicken wird bei uns als Zustimmung interpretiert, in Griechenland wird Kopfnicken – in etwas anderer Form – jedoch als „nein" interpretiert. Wissen ist daher geprägt von individuellen Erfahrungen, ist *kontextspezifisch* und an Personen gebunden. Eine „*Wissensdatenbank*" kann es nicht geben. Es gibt aber sehr wohl Datenbanken, die Teilbereiche von Wissen als Informationen ablegen. Technisch geschieht dies durch entsprechende Zeichenfolgen.

Wissen ist kontextabhängig

Mit Probst [vgl. Probst et al. 1997] definieren wir *Wissen* als die Gesamtheit der Kenntnisse und Fähigkeiten, die Personen zur Lösung von Problemen einsetzen. Dies umfasst sowohl theoretische Erkenntnisse als auch praktische Alltagsregeln und Handlungsanweisungen. Wissen stützt sich auf Daten und Informationen, ist im Gegensatz zu diesen jedoch immer an Personen gebunden. Wissen entsteht als individueller Prozess in einem spezifischen Kontext und manifestiert sich in Handlungen.

Definition: Wissen

Im Allgemeinen werden zwei Arten von Wissen unterschieden: explizites Wissen und implizites Wissen. *Implizites Wissen* stellt das persönliche Wissen eines Menschen dar, welches auf Idealen, Werten und Gefühlen der einzelnen Person beruht. Subjektive Einsichten und Intuition verkörpern implizites Wissen, das tief in den Handlungen und Erfahrungen des Einzelnen verankert ist. Diese Form von Wissen ist sehr schwer zu formulieren und weiterzugeben, da sie in den Köpfen einzelner Personen gespeichert ist. Implizites Wissen wird u. a. in der Erziehung vermittelt, indem wir das Verhalten der Eltern übernehmen, ohne uns darüber bewusst zu werden.

Implizites Wissen

Explizites Wissen ist dagegen methodisch, systematisch und liegt in artikulierter Form vor. Es ist außerhalb der Köpfe einzelner Personen in Medien gespeichert und kann u. a. mit Mitteln der Informations- und Kommunikationstechnologie aufgenommen, übertragen und gespeichert werden. Dies trifft z. B. auf detaillierte Prozessbeschreibungen, Patente, Organigramme, Qualitätsdokumente usw. zu.

Explizites Wissen

Der Wert des Wissens wird für ein Unternehmen nur dann sichtbar, wenn das Wissen (Wissen WAS) in ein Können (Wissen WIE) umgesetzt wird, das sich in entsprechenden *Handlungen* manifestiert. Diese Feststellung ist insbesondere relevant für die Konzeption von Aus- und Weiterbildungsmaßnahmen. Es genügt nicht, Wissen in Seminaren zu erwerben, sondern das Umsetzen von Wissen in Fertigkeiten (Können) muss geübt werden. Das duale System der beruflichen Ausbildung basiert auf diesem „Dualismus" zwischen „wissen was" und „gewusst wie".

Handeln

Das Können wird jedoch nur konkret unter Beweis gestellt, d. h. in Handlungen umgesetzt, wenn eine *Motivation*, ein Antrieb dafür besteht. Können und Wollen sind entscheidend für das Ergebnis und führen beide zusammen

Motivation

zur Wertschöpfung. Das Handeln liefert messbare Ergebnisse, wie eine Person, eine Gruppe, eine Organisation aus Informationen Wissen generiert und dieses Wissen für Problemlösungen anwendet.

Zweckorientierte Umsetzung von Wissen

Diese Fähigkeit oder Kapazität wird auch als Kompetenz einer Person oder Organisation bezeichnet. Kompetenzen konkretisieren sich im Moment der Wissensanwendung. Die Kompetenz, Wissen zweckorientiert in Handlungen umzusetzen, unterscheidet den Lehrling vom Meister, den Geigenschüler vom Virtuosen, die erfolgreiche Sportmannschaft vom brillanten Einzelspieler.

Kern-kompetenzen

Als besonders wettbewerbsrelevant werden *Kernkompetenzen* einer Organisation angesehen. Kernkompetenzen sind ein Verbund von Fähigkeiten und Technologien, der auf explizitem und implizitem Wissen beruht und durch zeitliche Stabilität und produktübergreifenden Einfluss gekennzeichnet ist. Zusätzlich generieren Kernkompetenzen einen Wert beim Kunden, sind einzigartig unter Wettbewerbern, verschaffen Zugang zu neuen Märkten und sind nicht leicht imitierbar und transferierbar, sind synergetisch mit anderen Kompetenzen verbunden und machen das Unternehmen einzigartig bzw. besser als andere. In dieser Sichtweise repräsentieren Kernkompetenzen die Grundlage der Wettbewerbsfähigkeit eines Unternehmens.

Wissens-orientierte Unternehmens-führung

Wissensorientierte Unternehmensführung bedeutet, alle Stufen der Wissenstreppe zu gestalten. Ist eine Stufe der Treppe nicht ausgebildet, so „stolpert" man beim Begehen der Wissenstreppe. Die Umsetzung von Geschäftsstrategien oder das operative Geschäft werden behindert.

Handlungsfelder erkennen und gestalten

Aus der Wissenstreppe lassen sich drei Handlungsfelder des Kompetenz- und Wissensmanagements ableiten:

Strategisches Kompetenz-management

1. Das *strategische Kompetenzmanagement* durchläuft die Wissenstreppe von oben nach unten, um die Frage zu beantworten, welche Kompetenzen und, daraus abgeleitet, welches Wissen und Können benötigt wird, um wettbewerbsfähig zu sein. Kompetenzziele sind aus Unternehmenszielen abzuleiten. Das strategische Kompetenzmanagement hat daneben ein Unternehmensmodell zu entwickeln, in dem die motivationalen und organisatorischen Strukturen und Prozesse konzipiert werden, die das Unternehmen fit für den wissensbasierten Wettbewerb machen.

Operatives Kompetenz-management

2. Das *operative Kompetenzmanagement* beinhaltet insbesondere die Vernetzung von Informationen zu Wissen, Können und Handeln, d. h. Kompetenzen manifest werden zu lassen. Für den Erfolg wissensorientierter Unternehmensführung ist entscheidend, wie der Prozess, individuelles

in kollektives Wissen und kollektives in individuelles Wissen zu transferieren, gestaltet wird. Hierbei kommt der Überführung von implizitem in explizites Wissen und umgekehrt große Bedeutung zu. Ohne wirksame Anreize findet dieser Prozess jedoch nicht statt. Operatives Wissens- und Kompetenzmanagement hat daher auch die Aufgabe, Rahmenbedingungen zu schaffen, die Anreize für Wissensaufbau, -teilung und -nutzung bieten.

3. *Informations- und Datenmanagement* ist eine Grundlage des Wissens- und Kompetenzmanagements. Wenn wir uns die Wissenstreppe ansehen, dann ist die Bereitstellung, Speicherung und Verteilung von Informationen Voraussetzung für den Wissensaufbau und -transfer. Wie wir in Untersuchungen feststellen konnten, beginnen viele Unternehmen Initiativen unter dem Namen Wissensmanagement mit Maßnahmen des Informations- und Datenmanagements, stellen aber dann fest, dass die Informations- und Kommunikationstechnologien ohne entsprechende organisatorische und motivationale Rahmenbedingungen nur ungenügend genutzt werden.

*Informations-
und Daten-
management*

Aus dieser Betrachtung wird deutlich, wie eng Informations-, Wissens- und Kompetenzmanagement untereinander verbunden sind. Menschen handeln aufgrund einer Informationsbasis, die sie mit ihrem Wissen interpretieren. Kompetenz baut daher auf den vorangehenden Stufen der Wissenstreppe auf.

Ob und wie Kompetenzen sich in der Anwendung zeigen, hängt von der *konkreten Situation* ab. Jeder Mitarbeiter einer Organisation ist bestimmten Regeln ausgesetzt, die wiederum den Handlungsrahmen einer Situation bestimmen (z. B. die jeweilige Funktion im Unternehmen, die vorhandene Technik, die gewählte Sprache usw.). Dies führt zu einer Abhängigkeit vom Umfeld. Die Kompetenz eines mittelmäßigen Profi-Fußballers wirkt in einem Regionalverein anders als im Umfeld der Bundesliga. Andererseits schneidet ein Top-Spieler aus einem Regional-Verein im Vergleich zu Bundesliga-Spielern nur schlecht ab.

*Situative
Abhängigkeit*

Die Kompetenz eines Menschen ist eine nicht imitierbare Eigenschaft. Sie ist in der *Erfahrungsbiografie* und *Persönlichkeit* einer Person verankert. Das vorhandene Wissen der Person bestimmt das Verhalten in Bezug auf Aufgaben und Situation, die diese Person meistert. Je stärker eine Kompetenz durch spezielle und langjährige Erfahrung personell gebunden ist, desto schwieriger lässt sich diese durch Kompetenzen anderer Personen kompensieren. Lernprozesse finden den größten Teil der Zeit unbewusst statt. Je mehr ähnliche Situationen mit ähnlichen Anforderungen von einer Person gemeistert wurden, desto höher wird im Allgemeinen die Kompetenz. Neu zu erlernende Fähigkeiten werden immer vom bisherigen Wissens- und Erfahrungs-

*Erfahrungs-
biografie und
Persönlichkeit*

stand beeinflusst. Einzelne Kompetenzen sind folglich nicht unabhängig voneinander, sondern beeinflussen sich gegenseitig.

Selbstorganisation und Selbststeuerung

Kompetenz als Ergebnis des Handelns

Kompetenzen als solche sind nicht messbar, sondern das Ergebnis (auch als Performanz bezeichnet) und die Art und Weise des Handelns. Erpenbeck und von Rosenstiel [2003] beschreiben daher Kompetenzen als *Dispositionen selbstorganisierten Handelns*. Genauso wie der Fußballer aufgrund seiner Erfahrungen und seines Könnens in Sekundenschnelle *selbstorganisiert handeln* muss, zeigt sich die Kompetenz eines Kundenberaters in der Fähigkeit, sich auf den Kunden einzustellen und selbstorganisiert das richtige Angebot in der für den Kunden überzeugenden Form zu machen. Beide, der Fußballer und der Berater, benötigen einen *„Handlungs-Spiel-Raum"*: Sie brauchen Raum zum Handeln und die Möglichkeit mit einem Repertoire von Möglichkeiten zu spielen.

Raum zum Selbstmanagement

Gerade in einem komplexen Umfeld heißt Führung, Raum zu schaffen, so dass Mitarbeiter verstärkt selbst entscheiden, wie in einer Situation richtig gehandelt wird. Führung und Management bedeutet in der heutigen Zeit nicht mehr, dogmatisch ein Unternehmen zu leiten, sondern Kreativität und Selbstmanagement bei den Mitarbeitern zu unterstützen.

Ausprägungen der Handlungs-kompetenz

Erpenbeck und Heyse [1999] unterscheiden zwei verschiedene Ausprägungen, wie Mitarbeiter in Arbeitssituationen kompetent handeln. Einerseits müssen Mitarbeiter in der Lage sein, die Lösungswege zur Erreichung fest definierter Ziele zu erreichen. Dieser Kompetenztyp umfasst die Fähigkeit des Mitarbeiters, eigene *Selbststeuerungsstrategien* zu entwickeln. Moderne Unternehmensführungskonzepte erklären diese Fähigkeit zum Zentrum mitarbeiterorientierter Führung. Wird der Mitarbeiter durch ein *Management by Objectives* motiviert, seine Ziele in einem vordefinierten Zeitraum selbstgesteuert zu erreichen, kann dies als *Selbststeuerungsfähigkeit* verstanden werden.

Definition: Management by Objectives

Management by Objectives ist ein Führungskonzept, das auf der klaren Definition von Aufgabenbereichen in Einklang mit den dazu erforderlichen Kompetenzen und der daraus resultierenden Verantwortung beruht [vgl. Stroebe und Stroebe 1996].

Ist ein konkretes Ziel definiert, wie z. B. in vertriebsorientierten Bereichen die Umsatzziele, werden so Freiräume geschaffen. Welcher Lösungsweg die Mitarbeiter zum Ziel führt, wird nicht vorgegeben und bleibt unscharf. Für die Umsetzung einer Selbststeuerungsfähigkeit sind vor allem fachliche und methodische Kompetenzen gefragt, da diese als Rüstzeug zur Zielereichung dienen.

Als zweiter Baustein der Handlungskompetenz nennen Erpenbeck und Heyse *Selbstorganisationsstrategien* der Mitarbeiter. Unter Selbstorganisationsstrategien erfassen die Autoren Kompetenzen, die bei Problemlösungen unter Zieloffenheit dominieren, d. h., das Ziel der Handlung ist gestaltbar. Dazu zählen insbesondere personale, aktivitäts- und umsetzungsorientierte als auch sozial-kommunikative Kompetenzen. In diesem Fall ist das Ziel nicht bekannt, doch der Lösungsweg und Prozess zur Zielereichung. Vor allem zwischenmenschliche und in der Person verankerte Kompetenzen sind wichtig. Ein Beispiel ist die Erzeugung kreativer Produkte, wie z. B. in der Werbebranche üblich. Kreativprozesse laufen in Werbe- und Designagenturen meist nach standardisierten Abläufen ab. Jedoch sind die endgültige Lösung und das Produkt eines Kreativprozesses trotz standardisierter Lösungswege nicht bekannt. Fachliche und methodische Kompetenzen rücken in den Hintergrund. Vielmehr spielt die Persönlichkeit des Experten eine Rolle.

Selbstorganisationsstrategien

Die richtigen Rahmenbedingungen schaffen

Nicht jeder Mitarbeiter kann behaupten, ideale Voraussetzungen für selbstorganisiertes und selbstgesteuertes Handeln zu haben. Daher ist das Management als Treiber zur Etablierung von Rahmenbedingungen für Selbstorganisations- und Selbststeuerungsstrategien bei den Mitarbeitern gefragt. North und Friedrich [vgl. North, Friedrich 2002] beschreiben anhand praktischer Projektergebnisse wichtige Rahmenbedingungen, die ein Unternehmen für die *Etablierung von Handlungsfreiräumen* schaffen muss.

Etablierung von Handlungsfreiräumen

Selbstorganisiertes Handeln kann stattfinden, wenn die Mitglieder des betrachteten Systems sich mit Offenheit begegnen und eine Vertrauensbasis aufgebaut haben. Des Weiteren ist eine gemeinsame Vision von Bedeutung: Was wollen wir gemeinsam erreichen? Wenn eine gemeinsame Vision, Offenheit und Vertrauen existieren, muss der Führungsstil so gestaltet sein, dass Freiräume erhalten und geschaffen werden. Dies steht in engem Zusammenhang mit der Art und Weise, wie Ziele vorgegeben und kontrolliert werden.

Werte und Führung

Wurde *Management by Objectives* in der Vergangenheit als Errungenschaft gefeiert, den Mitarbeitern bei der Zielereichung mehr Freiheitsgrade als beim rein deterministischen Managementprozess einzuräumen, so bedeutet jedoch eine detaillierte Zielvorgabe auch, dass Selbstorganisation nur im Rahmen dieser Ziele stattfinden kann, auch wenn es vielleicht viel sinnvoller wäre, die Ziele zu variieren, um unvorhergesehene Potenziale zu nutzen.

Motivation zur Selbstorganisation

Auf individueller Ebene muss eine Motivation für die Übernahme von Eigenverantwortung geschaffen werden. Anerkennung für das Ergebnis selbstorganisierten Handelns, für das Ergreifen von Initiativen und Anreizsysteme, die sich nicht nur an vorgegebenen Zielen orientieren, sondern auch die Innovationen und Verbesserungen honorieren, sind hier zu empfehlen.

Abbildung 2-2   *Unternehmenskultur und Leitbild bei Koziol*

Vergnügt Zukunft gestalten

fröhlich, offen und an der Kante der Zukunft

wir alle sind
kreativ und mutig
lernbegeistert und initiativ
autonom und zuverlässig

wir alle verhalten uns nach
den unternehmerischen Grundsätzen
Selbst beauftragen
Selbst organisieren
Selbst motivieren
Selbst kontrollieren

unser Umgang miteinander ist
offen, fair und vertrauensvoll.

koziol

Quelle: Koziol

Bestimmend dafür, ob und wie die Kompetenzen eines Mitarbeiters zum Tragen kommen, ist die Wahrnehmung der eigenen Rolle „Was will ich?, Was darf ich?, Was soll ich?". Denn je nachdem, wie die eigene Rolle im System wahrgenommen wird, werden die Handlungen gesteuert. Ob unvorhergesehene Potenziale erkannt, genutzt werden bzw. Probleme einer Lösung zugeführt werden, hängt auch mit der Interaktion unterschiedlicher Persönlichkeiten zusammen. Gerade in Zusammenarbeitsbeziehungen ist die Persönlichkeit („*die Chemie stimmt oder stimmt nicht*") ausschlaggebend, ob einvernehmliche Lösungen für Probleme gefunden werden oder Initiativen ergriffen werden.

Persönliche Disposition und Kompetenz

Die *Transparenz* „Wer weiß was?" und freie *Informationsverfügbarkeit* in der Organisation, so dass alle auf einem ähnlichen Informationsstand sein können, ist eine wichtige Voraussetzung für selbstorganisiertes Handeln. Handlungsspielräume werden nur genutzt, wenn es einen Konsens gibt, dass ein Ergebnis, ob es gut oder unbefriedigend ist, gemeinsam von den Beteiligten getragen wird. Vielfältige Probleme entstehen in einer Zusammenarbeitsbeziehung deswegen, weil keine Möglichkeiten zur Konsensbildung geschaffen werden, was z. B. „gute Qualität" ist oder was kompetente Beratung ausmacht.

Informations- und Wissensfluss (Organisation)

Kurz gesagt: Eine *offene Unternehmenskultur* unterstützt die Nutzung, Entwicklung und Absicherung der Kompetenzen. Dies wird im Leitbild des mittelständischen Unternehmens Koziol, das sich durch eine große Kreativität auszeichnet, prägnant formuliert (siehe Abbildung 2-2).

Offene Unternehmenskultur

In der folgenden Checkliste können Sie selbst beurteilen, ob und wie Sie selbstorganisiert handeln. Eine Stabilität und Akzeptanz der betriebswirtschaftlichen Rahmenbedingungen ist wohl die wichtigste Grundlage überhaupt für die Bereitschaft, Kompetenzen voll zu nutzen und zu entwickeln. Nicht nur eine gewisse Stabilität, sondern auch ein gemeinsames Verständnis, was in den Rahmenbedingungen festgelegt wird und wie sie verändert werden können, ist grundlegend für die Zusammenarbeitsbeziehungen. Hierbei geht es auch um Regeln bezüglich des Zugriffs und der Verfügbarkeit von Informationen. Auch Vereinbarungen zur Sicherung des Arbeitsplatzes gehören zu wichtigen Rahmenbedingungen, die Selbstorganisation zulassen.

Stabilität und Akzeptanz

Kurzdiagnose: Richtige Rahmenbedingungen im Unternehmen

☑	**Welche Rahmenbedingungen sind bei Ihnen vorhanden?**
☐	Freiwillige und situative Wahl des Arbeitsumfeldes (z. B. die Wahl des Arbeitsortes bei Teleworkern)
☐	Eigeninitiative bei Problemlösungsstrategien (z. B. eine Projektinitiative eines Mitarbeiters zur Kosteneinsparung)
☐	Umgang mit Unsicherheiten (z. B. Kritiken zur Selbstreflektion der eigenen Arbeitsweise nutzen)
☐	Aufbau und Zugang zu einem stabilen sozialen Gefüge (z. B. auf Leute zugehen)
☐	Zeitmanagement und Arbeitsorganisation (z. B. Arbeit einteilen können)
☐	Erfahrungen systematisieren und reflektieren (z. B. durch Verfassung eines Erfahrungsberichtes)
☐	Wissensträger und Wissensquellen identifizieren, (d. h. selbständig geeignete Partner für Fragestellungen suchen)
☐	Zieloffen handeln (z. B. ein Projekt ohne klare Ergebnisvorstellung zu kennen)
☐	Überzeugungsarbeit und Selbstmarketing (z. B. Mitstreiter suchen und finden)
☐	Trendprospektion und Zielableitung (z. B. Kundenwünsche vorausahnen und dadurch neue Ziele stecken)
☐	Wahl der Arbeitsmethode (z. B. Wahl eines bestimmten Kalkulationsschemas)
☐	Zeit, zum Nachdenken und Lernen (z. B. kreative Auszeiten, interdisziplinäre Treffen)
☐	Fehlerkultur (d. h. in gewissem Umfang Fehler machen zu dürfen)

2.2   Kompetenzarten

In einer aktuellen Umfrage bei IHK-Betrieben zu Erwartungen der Wirtschaft an ihre neuen Mitarbeiter [vgl. DIHK 2004] gaben 85 Prozent der Unternehmen an, das größte Gewicht bei der Auswahl von Mitarbeitern auf fachliche und methodische Kompetenzen, insbesondere Analyse und Entscheidungsfähigkeit zu legen. Danach ist für 82 Prozent der Unternehmen fundiertes Wissen in der Fachdisziplin sehr wichtig, dicht gefolgt von dem Kriterium sich selbstständig Wissen erschließen zu können – also eine Selbstorganisations- und Steuerungskompetenz aufzuweisen. Eine generelle akademische Grundbildung und Forschungskompetenz wird von den Mitarbeitern nicht unbedingt erwartet.

Wirtschaftliche Relevanz von Kompetenzen

Bedeutung fachlicher und methodischer Kompetenzen in deutschen Unternehmen

Abbildung 2-3

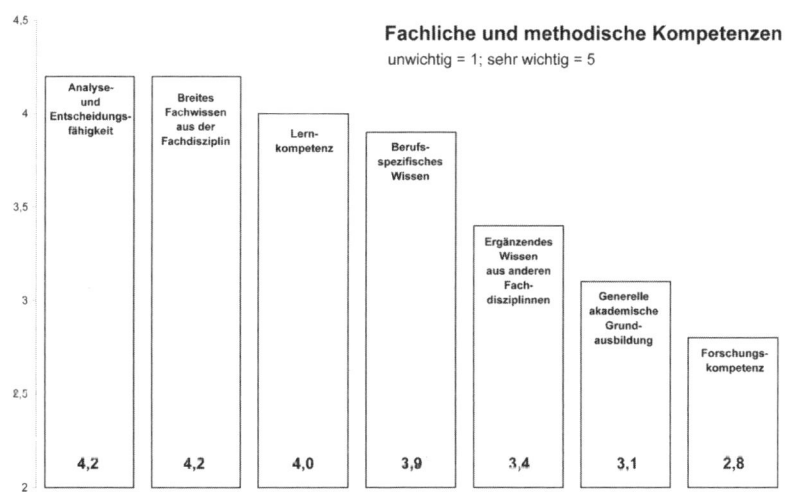

Quelle: DIHK 2004

Hinsichtlich sozialer Kompetenzen zählen bei den Führungskräften vor allem Einsatzbereitschaft und Verantwortungsbewusstsein, direkt gefolgt von Team-, Kommunikations- und Konfliktfähigkeit. Zwar weniger bedeutsam, aber dennoch wichtig, sind Kritikfähigkeit und Führungskompetenz. Schlusslicht bildete die interkulturelle Kompetenz. Generell sehen die deutschen Unternehmen Schwächen bei sozialen (55 Prozent) und persönlichen Kompetenzen (47 Prozent) der Mitarbeiter.

Wichtigkeit sozialer Kompetenzen

Leistungsbereit-
schaft

Ein ähnliches Bild zeichnen die Ergebnisse einer Umfrage des Instituts der Deutschen Wirtschaft [vgl. IWD 2001]. 150 von 200 befragten Unternehmen geben an, dass die Sozialkompetenz das wichtigste Persönlichkeitsmerkmal eines Mitarbeiters darstellt. Für drei von vier Unternehmen sind hohe Leistungsbereitschaft und Engagement wichtigste Persönlichkeitsmerkmale. 60 Prozent der Betriebe stufen die Fähigkeit, sich in neue Themen einzuarbeiten (das so genannte Lernpotenzial), vernetztes Denken sowie die Kompetenz, Probleme zu lösen, als sehr wichtig ein. Zwischen 60 und 75 Prozent der Unternehmen halten es für wichtig bis sehr wichtig, dass Mitarbeiter sich mit Computern auskennen.

Fachübergreifen-
des Wissen

Kaum weniger wichtig als die persönlichen Eigenschaften ist das fachübergreifende Wissen. Den Arbeitgebern geht es vor allem um methodische Kompetenzen, die es den künftigen Führungskräften ermöglichen, im Beruf die richtigen Prioritäten zu setzen sowie schnell und ergebnisorientiert zu arbeiten. Die Defizite, die die Unternehmen am häufigsten beklagen, betreffen Fähigkeiten, die im Arbeitsalltag dringend benötigt werden: Kundenorientierung, Kommunikations- und Teamfähigkeit.

Abbildung 2-4   *Bedeutung sozialer und persönlicher Kompetenzen in deutschen Unternehmen*

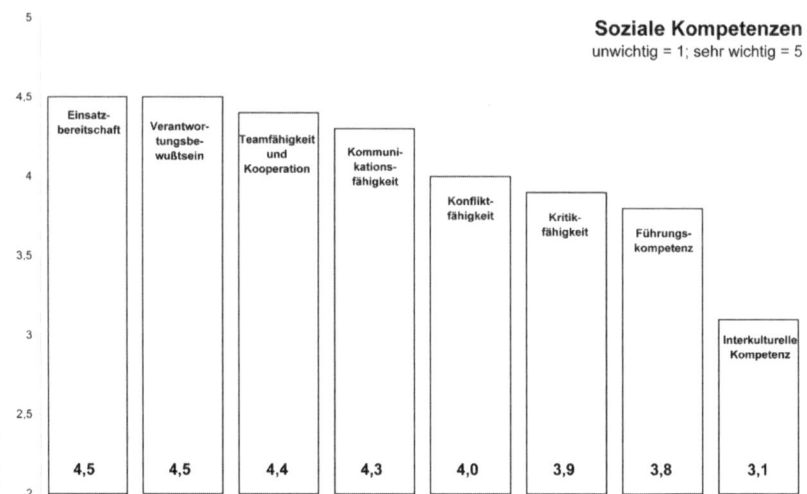

Quelle: DIHK 2004

Diese Anforderungen an die Kompetenz von Mitarbeitern ist ein Indiz dafür, dass verschiedene Kompetenzarten unterschiedliche Wichtigkeiten einnehmen. Dieser einzigartige Mix von Kompetenzen wird als *Kompetenzportfolio* bezeichnet. Aus allen zur Verfügung stehenden Kompetenzen gestaltet sich das individuelle Portfolio einer Person, das einen Menschen einmalig macht. Jede Fähigkeit ist anders ausgeprägt. Derzeit existieren auf der Erde ca. 6,5 Milliarden verschiedene Kompetenzkonstruktionen – so viele, wie es auch Menschen gibt [vgl. United Nations, www.un.org].

Kompetenzportfolio einer Person

Nehmen wir das Beispiel zweier Autoverkäufer. Der erste Verkäufer besitzt eine ausgeprägte technische Kompetenz, die Kunden trotz des etwas schüchternen Auftretens beeindruckt. Dieser Verkäufer verkauft vier Autos pro Tag. Seine Kollegin besitzt anstatt einer technischen Kompetenz eine hohe emotionale Kompetenz. Durch ihre Empathie hat sie einen Spürsinn, wie den Kunden das Auto schmackhaft gemacht wird. Auch sie verkauft vier Autos pro Tag. Die Kompetenzen beider Personen führen, bei unterschiedlichen Ausprägungen der Einzelkompetenzen, zum gleichen Endergebnis: dem Verkauf von vier Autos pro Tag.

Soft-Skills als Unterscheidungsmerkmal

Kurzdiagnose: Wo sehen Sie Ihre persönlichen Stärken?

Praxistipp

Nehmen Sie sich einen Moment Zeit und überlegen Sie, welche zehn Kompetenzen bei Ihnen besonders stark ausgeprägt sind bzw. die Ihren beruflichen und privaten Erfolg ausmachen!

■ ....

■ ....

■ ....

■ ....

■ ....

■ ....

■ ....

Wie Sie in diesem Selbsttest feststellen können, erfordert es einige Überlegung, die eigenen Kompetenzen zu entschlüsseln. Doch halten wir an dieser Stelle fest, dass sich die eigenen Kompetenzen schneller identifizieren lassen als fremde Kompetenzen oder sogar die einer ganzen Unternehmung.

Differenzierung des Kompetenz- portfolios

Um die Kompetenz einer Person oder Gruppe zu beschreiben, verwenden wir für die Beurteilung vereinfachend eine Differenzierung in die Bestand- teile *Fachkompetenz*, *Methodenkompetenz* und *Sozialkompetenz* [vgl. Faix, Buchwald, Wetzler 1991; Hänggi 1998; Reinhardt, North 2003]. Dass eine derartige Verdichtung aller Erfahrungen und Fähigkeiten eines Menschen niemals ein vollständiges Bild der Kompetenz widerspiegeln kann, ist dabei zu berücksichtigen. Spezifische sozialwissenschaftliche und psychologische Kompetenzmerkmale, wie z. B. Aggression oder Empathie, können damit nicht im vollen Umfang abgebildet werden.

Erpenbeck und von Rosenstiel [2004] schlagen daher eine weiter differen- zierte Kompetenzgliederung vor, die stärker die Persönlichkeitsmerkmale berücksichtigt.

Personale Kom- petenzen

■ *Personale Kompetenzen*: Die Dispositionen einer Person, reflexiv selbstor- ganisiert zu handeln, d. h. sich selbst einzuschätzen, produktive Einstel- lungen, Werthaltungen, Motive und Selbstbilder zu entwickeln, eigene Begabungen, Motivationen, Leistungsvorsätze zu entfalten und sich im Rahmen der Arbeit und außerhalb kreativ zu entwickeln und zu lernen.

Aktivitäts- orientierte Kom- petenzen

■ *Aktivitäts- und umsetzungsorientierte Kompetenzen*: Die Dispositionen einer Person, aktiv und gesamtheitlich selbstorganisiert zu handeln und dieses Handeln auf die Umsetzung von Absichten, Vorhaben und Plänen zu richten – entweder für sich selbst oder auch für andere und mit anderen, im Team, im Unternehmen, in der Organisation. Diese Dispositionen er- fassen damit das Vermögen, die eigenen Emotionen, Motivationen, Fä- higkeiten und Erfahrungen und alle anderen Kompetenzen – personale, fachlich-methodische und sozial-kommunikative – in die eigenen Wil- lensantriebe zu integrieren und Handlungen erfolgreich zu realisieren.

Fachlich- methodische Kompetenzen

■ *Fachlich-methodische Kompetenzen*: Die Dispositionen einer Person, bei der Lösung von sachlich-gegenständlichen Problemen geistig und physisch selbstorganisiert zu handeln, d. h. mit fachlichen und instrumentellen Kenntnissen, Fertigkeiten und Fähigkeiten kreativ Probleme zu lösen, Wissen sinnorientiert einzuordnen und zu bewerten; das schließt Dispo- sitionen ein, Tätigkeiten, Aufgaben und Lösungen methodisch selbstor- ganisiert zu gestalten sowie Methoden selbst kreativ weiterzuentwickeln.

Sozial- kommunikative Kompetenzen

■ *Sozial-kommunikative Kompetenzen*: Die Dispositionen, kommunikativ und kooperativ selbstorganisiert zu handeln, d. h. sich mit anderen kreativ auseinander und zusammenzusetzen, sich gruppen- und beziehungsori- entiert zu verhalten, und neue Pläne, Aufgaben und Ziele zu entwickeln.

Im Folgenden wird die in der Praxis etablierte Gliederung nach Fach-, Me- thoden- und Sozialkompetenz weiter vertieft.

Fachkompetenz

Fachkompetenz umfasst alle zur Erfüllung einer konkreten beruflichen Aufgabe notwendigen professionsspezifischen Fähigkeiten, Fertigkeiten und Kenntnisse.

Definition:
Fachkompetenz

Menschen handeln immer dann fachlich kompetent, wenn sie aufgrund ihres beruflichen Erfahrungswissens und ihrer Lernbiografie bestimmte Arbeiten, Projekte oder Aufgaben gut bewältigen können. Sind die fachlichen Kenntnisse von Mitarbeitern transparent, ist dies die Basis für ein *sachgerechtes Handeln* im Unternehmen.

Sachgerechtes
Handeln

Unter Fachwissen können z. B. die Programmierkenntnisse eines Informatikers oder die Sprachkenntnisse eines Übersetzers verstanden werden, sofern sie für die Spezifikation der Expertise von Bedeutung sind.

Beispiele für Fachkompetenzen in IT-Berufen

Tabelle 2-1

▧ **Basiswissen Informatik**	Informatik-Grundlagen, Logik und Algebra, Operationen und Strukturen, Boolesche Algebra-Aussagenlogik, Systementwicklung
▧ **Systementwicklung**	Grundlagen der Programmierung, strukturiertes Lösen von Problemen, Tabellenverarbeitung, Datentypen
▧ **Datenmanagement und Datenmodellierung**	Analyse, Design und Modellierung von Daten, Integrationsmedium von Anwendungen
▧ **Testen von Software**	Testmethoden, Stufenkonzept, Black Box, White Box, Qualitätssicherung, Einbindung des Kunden
▧ **Rechnersysteme, Hardware, Betriebssysteme, Software, Sicherheit**	Wesen und Grundbegriffe, Datenträger, Datenerfassung und -ausgabe, Komponenten, Darstellung der Informationen, Betriebsarten, Datenübertragung
▧ **Basiswissen über Kommunikationssysteme und Netzwerke**	Netzwerke, Übertragungseinrichtungen, Netzwerkplanung und -konzeption, aktuelle Entwicklungen und Trends
▧ **Datensicherheit**	Synchronisation, Recovery, Zugriffskontrollen und Authentisierung, Datenschutz, spezielle Datensicherungs- und Datenschutzprobleme

Methodenkompetenz

Definition:
Methoden-
kompetenz

Unter Methodenkompetenz wird die Fähigkeit verstanden, erworbenes Fachwissen in komplexen Arbeitsprozessen zielorientiert einzusetzen. Methodenkompetenzen werden oft auch als tätigkeitsunabhängige Schlüsselkompetenzen bezeichnet.

Die Beherrschung von Methoden hilft, die für Aufgaben benötigten Informationen zu beschaffen, zu selektieren, Entscheidungen zu treffen und Handlungen auszuführen. Methodenkompetenzen sind von der Fähigkeit zur konkreten Arbeitsverrichtung abgehoben und in unterschiedlichen Situationen einsetzbar. Hat jemand zum Beispiel eine hohe analytische Kompetenz, so kann er diese sowohl zur Analyse eines Prozesse oder zum Finden eines Fehlers in der Haustechnik einsetzen. Man geht davon aus, dass Methodenkompetenzen eine längere Halbwertszeit als Fachkompetenzen haben. In einem sich schnell verändernden Umfeld sind solche Kompetenzen, die unter anderem beinhalten, schnell Informationen zu beschaffen und effektiv zu lernen, lebenswichtig.

Tabelle 2-2

Beispiele für methodische Kompetenzen

Kommunikation und Akquisition	
■ **Präsentation und Moderation**	setzt unterschiedliche Präsentationstechniken und Medien adressatengerecht ein; macht Sachverhalte durch Visualisierung deutlich; moderiert, ohne eigenen Standpunkt einzubringen; steuert und sorgt für Vorwärtskommen
■ **Ergebnisorientierte Gesprächsführung**	hört aktiv zu und setzt in Gesprächen zielführende Fragetechniken ein; führt die Themen auf den Punkt und achtet auf die Einhaltung der Zeitplanung; dokumentiert das Ergebnis unmittelbar und im Konsens mit seinen Gesprächspartnern
■ **Konfliktlösung**	greift Probleme und Konflikte auf; kann mit Emotionen umgehen; kann mit eigenen Fehlern umgehen; kann seinen Standpunkt angemessen durchsetzen und gibt nicht unnötig nach
■ **Know-how-Transfer**	arbeitet Sachinhalte didaktisch gut auf; gibt Wissen adressatengerecht weiter; stellt komplexe Dinge einfach dar
■ **Kundenmanagement**	berät bedarfsorientiert, erscheint dabei authentisch; sorgt für Auftragsklärung; verhandelt erfolgreich; verfolgt das Ziel Geschäftsabschluss unter Beachtung der Regeln der Kommunikation; schätzt Kunden richtig ein, stellt sich auf Kunden ein

	Führung
■ **Partnerschaftlich führen**	wendet gegenseitige Wertschätzung und Respekt als Grundlage der Führungstätigkeit an; wendet Delegation von Aufgaben, Kompetenzen und Verantwortung als Einheit an; legt besonderen Wert auf Selbstverantwortung der MA; erkennt Konflikte und arbeitet auf ihre Lösung hin; führt transparente und nachvollziehbare Entscheidungen herbei
■ **Ziele setzen und vereinbaren**	wendet ergebnisorientierte Zielvereinbarungen und Zielsetzungen an; macht MA eigene Ziele bewusst und Unternehmensziele bekannt
■ **Orientierung geben**	gibt MA Orientierung zu dessen Beitrag zum Unternehmenserfolg und zur Verwirklichung der Unternehmensziele; beurteilt die MA nach den firmenspezifischen Beurteilungsrichtlinien; führt jährlich zum Entwicklungsstand und zu Entwicklungsmöglichkeiten ein MA-Gespräch mit Protokoll
■ **Mitarbeiter fordern und fördern**	fordert und fördert Eigenverantwortung, Selbständigkeit und Eigeninitiative der MA; zeigt entsprechend der Leistung Entwicklungsmöglichkeiten auf; unterstützt die berufliche Entwicklung der MA; fordert und fördert die ständige Verbesserung von Wissen und Fähigkeiten der MA; gibt den MA ausreichend Feedback und spiegelt ihnen ihre Wirkung und ihre Leistung wider
■ **Informationen austauschen**	achtet auf beiderseitigen kommunikativen Austausch von Informationen; kennt und beachtet kommunikative Gesetzmäßigkeiten; kann Informationen richtig beurteilen und zur Problemlösung einsetzen
■ **Rahmenbedingungen schaffen**	schafft Rahmenbedingungen zur Entfaltung von MA-Talenten und Potenzialen; achtet auf die Einheit von Aufgaben; Anspruch und Leistung beim Einsatz der MA
■ **Unternehmerisch planen und steuern**	wendet Methoden und Techniken der unternehmerischen Planung und Steuerung effektiv an; nutzt systematische Techniken und Konzeptionen der Strategieentwicklung und -formulierung; entwickelt Visionen und Strategien zur Verbesserung der Wettbewerbsfähigkeit des Unternehmens und verfolgt diese nachhaltig, gestaltet realistische und anspruchsvolle Zeitpläne; analysiert Entwicklungen sowie deren Ursprünge und zieht daraus folgerichtige Schlüsse; sieht Hindernisse voraus und ergreift entsprechende Maßnahmen; gestaltet selbst Veränderungsprozesse und Wandel aktiv und mutig; fördert das Bewusstsein der MA für Marktveränderungen und den notwendigen Wandel

Projekt- und Qualitätsmanagement	
■ **Auftragsakquisition**	analysiert den Bedarf beim Kunden, auch anhand von Markterfordernissen; entwickelt fachliche und technische Szenarien
■ **Projektvorbereitung**	bestimmt Projektzielsetzung und -definition nach eingehender Auftragsklärung; schätzt den Projektaufwand realistisch ein; sorgt für eine adäquate Projektteambildung unter Einbeziehung externer Angebote; plant Projekte effektiv unter Einsatz entsprechender Tools
■ **Projektdurchführung**	steuert Projekte effektiv unter Einsatz entsprechender Tools; sichert Effizienz und Ordnungsmäßigkeit der Projektdurchführung durch geeignetes Controlling; erarbeitet aussagefähige Test-, Einführungs- und Linienübergabe-Strategien; erkennt Projektrisiken und sucht Gegenmaßnahmen; sichert eine Projektreflexion; sichert und organisiert die Weitervermittlung der Projektabschlusserkenntnisse und anschließende Lernprozesse
■ **Coaching von Projektleitern**	gibt den PL im richtigen Maße Feedback; unterstützt/ermutigt die PL bei/zu frühzeitigen Eskalationen; wendet Führungsmethoden zielgerichtet an und setzt seine Führungserfahrung voll ein
■ **Qualitätsmanagement**	beachtet Qualitätsstandards und entwickelt Ideen zur Optimierung von Qualitätsprozessen; erarbeitet aussagefähige Qualitätssicherungs-Strategien; kennt und nutzt die Instrumente und Methoden des kontinuierlichen Qualitätsverbesserungsprozesses zielgerichtet; sichert die Einhaltung gesetzlicher und interner Bestimmungen; sichert und optimiert Datenqualitäten

Organisation	
■ **Prozessorganisation**	erkennt Prozesszusammenhänge; sieht die Tätigkeit als Teil des Ganzen und handelt entsprechend; nutzt Hilfen zur Planung und Organisation von Aufgaben; stellt Kosten- / Nutzenaspekte von Prozessabläufen dar und bewertet diese
■ **Selbstorganisation**	analysiert die eigenen Arbeitsprozesse und gestaltet sie optimal; steuert eigene Aktivitäten systematisch; plant die Zeit sinnvoll und vorausschauend unter Zuhilfenahme von Techniken des Zeitmanagements; delegiert Aufgaben, wenn möglich

Quelle: entwickelt im Allianz-Projekt „Rollen und Kompetenzen"

Sozialkompetenz

Zur Sozialkompetenz zählen alle sozial-kommunikativen Kompetenzen einer Person oder Gruppe, die sich auf die kreative Gestaltung sozialer Beziehungen und Prozesse in der Gruppe oder Organisation beziehen [vgl. Erpenbeck, Heyse 1999a].

Definition: Sozialkompetenz

Sozialkompetenz als Gegenpol der Methoden- und Fachkompetenz erwirbt der Mensch insbesondere durch seine *Sozialisation* im Umfeld seiner Familie, der Schule und in allen weiteren sozialen Umwelten, die er im Laufe seines Lebens erfährt.

Sozialisation

Sozialkompetenz ist dadurch eng mit *Persönlichkeit* und Erfahrung verbunden. Bei Sozialkompetenz geht es z. B. um die Fähigkeit, Konflikte zu vermeiden oder zu bewältigen, die Möglichkeit, andere Menschen zu motivieren, die Fähigkeit, soziale Bindungen einzugehen, eine Liebesbeziehung aufzunehmen und zu bewahren, die Bereitschaft zur Kooperation, das Geschick bei Verhandlungen, die Fähigkeit, sich selbst in Interaktionsbeziehungen positiv zur Geltung zu bringen [vgl. Fischer, Wiswede 1997].

Persönlichkeit

Soziale Kompetenz ist meist an spezifische Situationen gebunden; ob es eine situationsübergreifende soziale Kompetenz im Sinne einer Persönlichkeitskompetenz gibt, ist bis heute umstritten [vgl. Fischer, Wiswede 1997]. Hofstede [1991] machte als ehemaliger Personaldirektor von IBM in den 80er Jahren auf sich aufmerksam, als er den Versuch unternahm, auf Basis von 116 000 Befragten die Unterschiede im Denken, Fühlen und Handeln der Mitarbeiter in unterschiedlichen kulturellen Kontexten zu erklären. Seine reduzierte Typisierung aller sozialen Merkmale von Kultur in wenige *cultural dimensions* sorgt bis heute für genügend Diskussionsstoff in der Fachwelt.

Kultureller Kontext

Sozialkompetenz im Unternehmenskontext bezieht sich immer auf die Beherrschung der *sozialen Beziehungen und Prozesse* formeller und informeller Art in einer Gruppe oder Organisation. Motivations-, Kommunikations- und Kooperationsfähigkeit, Konfliktfähigkeit und Leistungsbereitschaft sind der Fokus unternehmerischer Interventionen. Die Messbarkeit von Sozialkompetenz kann nur *eingeschränkt* vonstatten gehen, da vorherrschende zwischenmenschliche Beziehungen zwischen Personen, die direkt oder indirekt miteinander in Kontakt stehen, das Ergebnis der Messungen maßgeblich verfälschen können. Beurteilungen sozialer Kompetenzen liefern subjektive Informationen zu verhaltens- und kommunikationsspezifischen Merkmalen eines Mitarbeiters und sind daher in der betrieblichen Praxis sehr sensibel zu handhaben. Im Folgenden geben wir einige Beispiele, wie sich Sozialkompetenzen beschreiben lassen.

Soziale Beziehungen und Prozesse

Tabelle 2-3 | *Beispiele für soziale und Persönlichkeits-Kompetenzen*

Kompetenz	Merkmal
▦ **Kontaktfähigkeit, Wertschätzung und Respekt**	baut schnell Beziehungen zum Gesprächspartner auf; gestaltet sie und hält sie aufrecht; geht aktiv, offen und direkt auf Gesprächspartner zu; schafft Vertrauensbasis und geht kollegial mit Mitarbeitern um; schafft ein tragfähiges und kollegiales Arbeitsklima; kann die Sichtweise und Situation des Gesprächspartners verstehen und angemessen berücksichtigen; ist sensibel für Emotionen des Gesprächspartners und reagiert angemessen darauf; ist loyal und glaubwürdig; sieht gegenseitige Wertschätzung und Respekt als Grundlage der Zusammenarbeit und Kommunikation im Unternehmen; verhandelt partnerschaftlich im Sinne des Gesamtunternehmens
▦ **Kritik- und Konfliktfähigkeit**	nimmt Konflikte wahr und trägt sie sachlich und konstruktiv aus; gibt und sucht Feedback; macht seinen Standpunkt transparent; reflektiert eigenes Verhalten; gibt Fehler zu und lernt daraus; kann mit Kritik an eigener Person sachlich umgehen
▦ **Teamfähigkeit und Zusammenarbeit**	integriert eigene Person ins Team; kann Kompromisse eingehen; ist fähig, Konsensentscheidungen zu treffen und zu tragen; handelt mit Offenheit und Toleranz
▦ **Zuverlässigkeit**	hält Vereinbarungen und Zusagen immer ein; steht zu seinen Aussagen und verfährt dementsprechend
▦ **Durchsetzungs- und Überzeugungskraft**	gewinnt andere für eigene Ideen und Ziele; setzt auch gegen Widerstand Ideen und Ziele um
▦ **Ausdauer und Belastbarkeit**	zeigt einen starken Willen; behält auch bei Widerständen sein Ziel im Auge; besitzt Frustrationstoleranz; zeigt hohe Leistungsbereitschaft; ist krisenfest und resistent gegen Stress
▦ **Veränderungsbereitschaft und -fähigkeit**	sucht und findet neue Wege und geht Neues aktiv an; ist bereit zu Innovationen; erkennt Veränderungsbedarf; zeigt hohe Veränderungsbereitschaft; verfolgt die Chancen, die in Veränderung und Wandel liegen; nimmt neue Entwicklungen positiv auf und treibt sie voran; zeigt Lernbereitschaft und Lernvermögen; zeigt Kreativität
▦ **Flexibilität und Schnelligkeit**	stellt sich schnell auf veränderte Situationen und Rahmenbedingungen ein; entwickelt in Problemsituationen schnell zielführende Lösungen; wendet Lösungen effektiv an

■ **Risikofreude und -bereitschaft**	ist zur Übernahme von Risiken bereit; kann Risiken und Erfolgsaussichten abwägen
■ **Internationalität**	hat ausreichende Sprachkenntnisse; kann mit Kollegen aus anderen fremden Kulturkreisen zusammenarbeiten; hat Verständnis für fremde Gewohnheiten; zeigt Akzeptanz
■ **Entscheidungsfähigkeit**	ist entscheidungsfreudig, trifft auch unpopuläre Entscheidungen; begründet seine Entscheidungen und steht dazu; sorgt für schnelle Entscheidungswege
■ **Eigeninitiative**	sucht aus eigenem Antrieb nach neuen Aufgaben; gestaltet sein Arbeitsumfeld aktiv und bringt kreative Ideen und Vorschläge ein; ist experimentierfreudig, ist begeisterungsfähig; verwirklicht anspruchsvolle Ziele durch eigenes Engagement; denkt in Lösungen, nicht in Problemen; sucht den Erfolg
■ **Eigenverantwortung und Selbständigkeit**	trägt für die von ihm übernommenen Aufgaben stets die volle Verantwortung; arbeitet selbständig; holt sich Unterstützung im richtigen Maße und zum richtigen Zeitpunkt; nimmt seine Befugnisse in vollem Umfang wahr; schöpft seine Fähigkeiten in vollem Umfang aus; nimmt seine Entfaltungs- und Bewährungschancen in der Einheit mit Verantwortungsübernahme wahr; beherrscht das Selbstmanagement und setzt seine Zeit effektiv ein; trägt schöpferische Verantwortung
■ **Strukturiertes, analytisches Denken und Handeln**	geht strukturiert und methodisch vor; konzentriert sich auf das Wesentliche; arbeitet detailliert und geht den Dingen auf den Grund; plant und steuert strukturiert; behält auch bei hoher Komplexität den Überblick
■ **Kundenorientierung**	erkennt Bedürfnisse und Erwartungen von Kunden und handelt danach; gestaltet und pflegt Beziehungen zu Kunden; sichert und verbessert Kundenzufriedenheit; schafft Lösungen im Interesse von Kunden, ohne dabei die Ziele des Unternehmens aus den Augen zu lassen; gewinnt Arbeitszufriedenheit aus dem Erfolg beim Kunden
■ **Unternehmerisches Denken und Handeln**	verfolgt Ziele des Unternehmens; identifiziert sich mit ihnen; stellt übergreifende Interessen über die eigenen; handelt ergebnisorientiert und kostenbewusst; handelt initiativ, engagiert und schöpferisch; steuert den Prozess der ständigen Effektivierung der Wertschöpfungskette

▣ **Ausdrucksvermögen**	informiert adressatengerecht, klar und deutlich; drückt sich gegenüber seinen Gesprächspartnern verständlich aus; ist diplomatisch
▣ **Führungsverhalten und -bereitschaft**	sieht Vertrauen als Grundlage der Führungstätigkeit an; führt die MA teamorientiert; führt nach situativen Notwendigkeiten; lässt MA in der Verantwortung; lässt MA genug Spielraum und Möglichkeiten zur Kreativität; ist im richtigen Maße fehlertolerant und trägt somit zur lernenden Organisation bei; kann selbst loslassen

Quelle: entwickelt im Allianz-Projekt „Rollen und Kompetenzen"

Beurteilung des Kompetenzportfolios

Kompetenzfelder

Wird organisatorisch der Versuch gestartet, Kompetenzen zu erfassen, müssen *Kompetenzfelder* und deren Eigenheiten Beachtung finden. Eine Bestandsaufname macht allerdings nur dann einen Sinn, wenn dies Teil eines Gesamtkonzeptes zum Kompetenzmanagement ist. Da die Entwicklung der Mitarbeiterkompetenzen keine statische Angelegenheit ist, erhebt eine Bestandsaufnahme keinen Anspruch auf Vollständigkeit. Vielmehr handelt es sich um eine erste Identifizierung verfügbarer Stärken der Organisation. Somit sind bei der Erfassung von Kompetenzen auch zeitliche Aspekte zu unterscheiden die sich als *kompetenzbiografisches Moment* [vgl. Erpenbeck und Heyse 1999a] bezeichnen lassen:

Ist- und Soll-Perspektive

▣ Das *Ist-Moment* gibt z. B. über eine Status-quo-Analyse Aufschluss über die gegenwärtig vorhandenen Kompetenzen im Unternehmen.

▣ In der *Soll-Perspektive* werden demgegenüber zukünftige, zu entwickelnde oder zu erweiternde Kompetenzen des Unternehmens betrachtet.

Praktisch ist darauf zu achten, dass bei der Erfassung von Kompetenzen ein Abgleich zwischen Ist und Soll stattfindet. Eine beständige Kompetenz-Referenzstruktur ist durch die reine Erfassung des Ist-Momentes nicht möglich, da diese permanenten Änderungen unterliegen. Vielmehr muss die Soll-Perspektive in eine Beurteilung einbezogen werden. Erst dann ist ersichtlich, was vorhanden ist und bis zu welchem Grad Kompetenzen entwickelt werden können. Die Möglichkeiten einer dynamischen Beurteilung beider Perspektiven bieten sich z. B. durch Einschätzung der Mitarbeiter selbst.

Kurzdiagnose: Kennen Sie Ihr Kompetenzportfolio?

Im letzten Test haben Sie Ihre zehn wichtigsten Kompetenzen notiert. Versuchen Sie nun, Ihr eigenes Kompetenzfortfolio zu strukturieren. Ordnen Sie Ihre Kompetenzen folgenden Kompetenzarten zu:

Fachkompetenz

- ....
- ....
- ....
- ....
- ....
- ....
- ....
- ....
- ....

Methodenkompetenz

- ....
- ....
- ....
- ....
- ....
- ....
- ....
- ....
- ....

Sozialkompetenz

- ....
- ....
- ....
- ....
- ....
- ....
- ....
- ....
- ....

2.3   Kenner – Könner – Experten

Verfahren der Kompetenz-messung

Neben der Strukturierung von Kompetenzen ist es notwendig zu beurteilen, wie kompetent ein Mitarbeiter, eine Gruppe oder Organisation ist. Wir müssen also Kompetenz messen. Hierzu gibt es eine große Anzahl von Verfahren, die Kompetenzen quantitativ oder qualitativ beschreiben, die eine objektive oder subjektive Messung vorsehen, die Augenblicks- oder Entwicklungssicht betonen und die unterschiedlich differenziert beurteilen. Das Handbuch Kompetenzmessung [vgl. Erpenbeck und von Rosenstiel 2004] bietet hierzu eine detaillierte Übersicht.

Im Folgenden soll eine vielfach praxiserprobte und vereinfachte Einstufung von Kompetenzen vorgestellt werden.

Praxiserprobte Expertisemodelle

Praxiserprobte Expertisemodelle tendieren zu einer *dreistufigen Beurteilung* der fachlichen und methodischen Kompetenzen. Diesen Gedanken greifen wir auf und empfehlen für die Anwendung im Kompetenzmanagement die dreistufige Differenzierung von Mitarbeiterkompetenz in die Stufen *Kenner, Könner und Experte*. Durch die Anwendung dieses Expertisemodells zur Beurteilung der Fach- und Methodenkompetenzen besteht die Möglichkeit, jeder Kompetenz eine spezifische *qualitative Ausprägung* zuzuordnen. Die qualitativen Ausprägungen der Stufen werden im Folgenden näher erläutert.

Definition: „Kenner"

Kenner verfügen über theoretisches Wissen mit geringer Anwendungserfahrung und sind in der Lage, vorstrukturierte Problemlösungen aus der Theorie auf praktische Fragestellungen anzuwenden.

Das theoretische Wissen wurde z. B. bereits in einem Weiterbildungs-Kurs erlangt oder erste Erfahrungen in der Durchführung einfacher Arbeiten in dem Fachgebiet gesammelt. Die Fähigkeit, das Wissen auch in Handlungen zu überführen, ist noch auf Standardanwendungen oder -situationen begrenzt. Der Mitarbeiter steht am Anfang seiner fachlichen Entwicklung. Bezieht man das auf einen Klavierspieler, hätte er oder sie erste Versuche im Klavierspiel unternommen. Es sind geringe Kenntnisse der theoretischen Grundlagen zur Notation vorhanden und einfache Stücke können gespielt werden. Ein Kenner beherrscht z. B. die Grundoperationen des Programms Word und kann einfache Formatierungen vornehmen; bei neuen oder komplexeren Aufgaben muss jedoch z. T. noch Rat eingeholt werden.

Expertisemodell „Kenner-Könner-Experte"

Abbildung 2-5

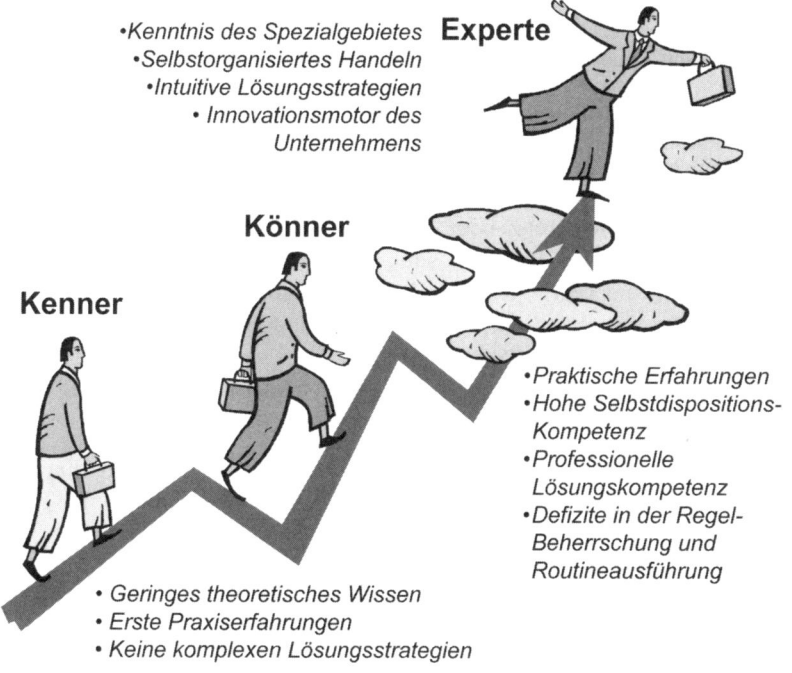

·Kenntnis des Spezialgebietes
·Selbstorganisiertes Handeln
·Intuitive Lösungsstrategien
· Innovationsmotor des
Unternehmens

Experte

Könner

Kenner

·Praktische Erfahrungen
·Hohe Selbstdispositions-
Kompetenz
·Professionelle
Lösungskompetenz
·Defizite in der Regel-
Beherrschung und
Routineausführung

· Geringes theoretisches Wissen
· Erste Praxiserfahrungen
· Keine komplexen Lösungsstrategien

Könner besitzen vielfache Erfahrung in der Anwendung ihres Wissens in konkreten beruflichen Situationen, Projekten oder Prozessen. Sie reagieren auf neue, unvorhergesehene Situationen mit entsprechender Professionalität.

Definition:
„Könner"

Zum Beispiel wurden bereits eigenständig Projekte unterschiedlicher Komplexität durchgeführt. Dies schließt auf sowohl hohe Selbstdispositions-Kompetenz als auch fachliches und methodisches Geschick. Zwar hat sich bei *Könnern* die Handlungskompetenz über die Zeit bereits manifestiert. Aber noch nicht alle Regeln und Details sind bekannt und werden angewendet. Bezogen auf das Klavierspiel heißt das, dass der Spieler bereits seit einiger Zeit Klavier spielt. Stücke mittleren Schwierigkeitsgrades müssen zwar noch vom Blatt gelesen werden, werden aber nahezu fehlerfrei gespielt. Erste praktische Erfahrungen sind in kleineren Konzerten gesammelt worden. Doch fehlt es dem Spieler noch an Kenntnissen hinsichtlich unterschiedlicher Stilformen und einem vielfältigen Repertoire. Ein Könner beherrscht z. B. alle Abläufe und Produktionsstufen einer Produktionsanlage gut. Bei unerwarteten Stillständen oder plötzlichen Änderungen in der Qualität des Endprodukts braucht er Unterstützung und Anweisungen von erfahrenen Experten.

Definition:
„Experte"

Experten sind in der Lage, vollkommen selbstorganisiert und intuitiv Probleme zu antizipieren sowie neue Lösungswege zu finden. Sie zeichnen sich durch eine profunde Kenntnis ihres Spezialgebietes aus. Sie beherrschen das Management komplexer und neuartiger Aufgaben und liefern dabei wertvolle Beiträge zur Weiterentwicklung des Unternehmens.

Wird eine Vorgehensweise oder Zielvorgabe als ineffizient erkannt, wird diese nicht mehr zur Problemlösung eingesetzt. Eine gezielte Selektion, Modifikation und gegebenenfalls die Eliminierung bestimmter Arbeitsweisen und Wissensbestände im Arbeitsumfeld sind das Rüstzeug des Experten, seine Aufgaben kompetent auszuführen. Experten und Meister des Klavierspiels entwickeln weiter. Im Extremfall ist die Virtuosität dieser Meisterspieler unübertroffen.

Expertentum und
Expertise

Nach Bergmann et al. [2000] ist Kompetenz auf hoher Niveaustufe (Expertise) die Motivation und Befähigung einer Person zur selbständigen Weiterentwicklung von Wissen und Können auf einem Gebiet. Nach Hacker [vgl. Hacker 1998] sind Experten als Personen dadurch charakterisiert, dass sie eine Aufgaben- bzw. Problemlösung auch bei neuartigen Aufgaben beherrschen. Zusammenfassend können wir feststellen, dass bei der Definition von hohen Kompetenzstufen auf die Befähigung verwiesen wird, Wissen für neue Aufgaben umzukonstruieren, passfähig zu machen oder neues Wissen zu generieren, also auf die Befähigung zum Transfer oder zur Übertragbarkeit.

Praxistipp

Kurzdiagnose: Sind Sie ein Experte?

◾ **Experten zeichnen sich aus** durch eine profunde Kenntnis ihres Fachgebietes, zu dessen Entwicklung sie aktiv beitragen.

◾ **Experten mögen** komplexe Probleme, Fortschritte in ihrem Berufsfeld, Freiheit in der Suche nach neuen Lösungen, gut ausgestattete Arbeitsplätze/Laboratorien und öffentliche Anerkennung für ihre Leistungen.

◾ **Experten verabscheuen** Regeln, die ihre Freiheiten einengen, Routinearbeiten und Bürokratie.

◾ **Experten fehlen** häufig ausgeprägte Managementfähigkeiten.

◾ **Experten bewundern** Personen, die bessere Fachleute als sie selbst sind.

◾ **Experten verachten** machtorientierte Personen.

Quelle: angelehnt an Sveiby 1997

Das *Kenner-Könner-Experte-Modell* weist durch die Auswahl von drei Expertisestufen einen hohen Verständnis- und Kommunikationsgrad auf. Beim praktischen Einsatz wird sich jeder Mitarbeiter sehr leicht bei einer angemessenen Beschreibung der Kompetenzen für ein Niveau entscheiden können. Dazu muss für jede Kompetenz und jeweils für jeden Kompetenzgrad eine Beschreibung entwickelt werden, die dem im Unternehmen vorhandenen Verständnis der Kompetenzausprägung entspricht.

Kenner-Könner-Experte-Modell

Sollen sich Mitarbeiter selbst einschätzen, tendieren diese häufig dazu, sich im ungefährlichen Neutralpunkt zu beurteilen. Das gesamte Kompetenzprofil erfährt durch übermäßig neutrale Einschätzung eine Indifferenz. Durch die Wahl eines *Skalierungsmodells* ohne Zentrum kann eine gewisse Objektivität erreicht werden. Die Person wird dazu bewegt, durch Selbsteinschätzung zu reflektieren, ob der eigene Kenntnisstand auf einem Wissensgebiet, ausgehend von der Mitte, eher positiv oder negativ ist. Je mehr Skalenstufen gewählt werden, desto differenzierter sind die Ergebnisse.

Skalierungsmodell

Je nach den Rahmenbedingungen im Unternehmen können weitere Abstufungen gewählt werden. Z. B. kann jede Klasse „Kenner, Könner, Experte" in drei weitere Stufen aufgeteilt werden, was eine differenziertere Kompetenzbeurteilung möglich macht. Der Bezeichnung der *Kompetenzstufen* sind bei einer praktischen Anwendung keine Grenzen gesetzt. Bei der Wahl der Formulierungen sollte darauf geachtet werden, dass keine negativen Assoziationen mit den Termini entstehen. Neben der plastischen Formulierung „Kenner – Könner – Experte" können ebenso reine *numerische Werte* (Schulnoten 1 bis 6), wie auch grafische Darstellungen (↑↗→↘) für die Expertisegrade verwendet werden. Zusätzlich zur Skalierung können bestimmte Kompetenzen nach ihrer Relevanz für die zukünftige Ausrichtung des Unternehmens gewichtet werden.

Qualitative und quantitative Skalen

2.4 Selbstbeurteilung oder Fremdeinschätzung?

Jeder Mensch schätzt an sich bestimmte Fähigkeiten als besonders wichtig und zentral ein. Meist geschieht das in einem Gebiet, wo man selbst seine Stärken sieht. Ein Mikrobiologe sieht seine Stärken vermutlich im spezifisch theoretischen Forschungsfeld, während ein Handwerker in praktischen Fähigkeiten besonders erfahren zu sein glaubt. Menschen selektieren für sich in der Regel die Kompetenzen, die sie selbst als positiv wahrnehmen. Man schätzt eigene Stärken mehr als eigene Schwächen. Die Selbstwahrnehmung der eigenen Person geschieht nach besonderen psychologischen Gesetzmä-

Selbstwahrnehmung von Schwächen und Stärken

ßigkeiten. Menschen tendieren dazu, besonders sozial erwünschte Eigenschaften wie Auffassungsgabe, Kooperationsfähigkeit, Lernfähigkeit, Kreativität oder Humor als überdurchschnittlich bei sich selbst zu beurteilen. Das Selbstbild eines Menschen wird davon geprägt, wie er sich *gern selbst sehen würde* – in diesem Sinne eine Art Wunschreflexion seiner Person. Kein Mensch möchte als mittelmäßig betrachtet werden. Demnach meiden Menschen die Eigencharakterisierung „durchschnittlich" und schätzen sich lieber höher als der Durchschnitt ein. In der Sozialpsychologie geht man davon aus, dass die meisten Menschen ein Bedürfnis nach einer *positiven Selbsteinschätzung* haben. Dieses verstärkt das positive Selbstwertgefühl der Menschen. Die Welt wird so interpretiert, dass das Selbstwertgefühl dadurch geschützt wird. Das bedeutet, dass eigene Leistungen anders als die der Kollegen gesehen werden [vgl. Fischer, Wiswede 1997].

Beurteilung von Schwächen und Lücken

Zum Management des Kompetenzbestandes ist es allerdings erforderlich, nicht nur die gewünschten Stärken eines Mitarbeiters zu beurteilen, sondern auch die *Schwächen und Lücken*, die der oder diejenige aufweist. Nur wenn Potenziale erkannt sind, können diese auch einer Verbesserung zugeführt und im Unternehmenssinne nutzbar gemacht werden. Methoden zur Beurteilung müssen folglich so gestaltet werden, dass eine objektivere Beurteilung möglich ist, die verschiedene Beurteilungssichten miteinander verbindet.

Einschätzbarkeit der Kompetenz

Validität der Kompetenzinformationen

Im praktischen Kontext ergibt sich aufgrund dessen die Schwierigkeit der *Validität der Kompetenzinformationen*. Subjektiv geprägt ist die Beurteilung des eigenen Kompetenzportfolios. Einschätzungen dieser Art können durch *Fremdeinschätzung* dritter Personen überprüft und auf diese Weise die Ergebnisse relativiert werden. Günstigenfalls treffen Selbst- und Fremdeinschätzung aufeinander.

Fremdeinschätzung

Fremdeinschätzung ist eine Reflexion der Kompetenz des Beurteilers über die Kompetenzen des Beurteilten.

Beurteilung fachlicher Kompetenzen

Ebenso wie die Selbsteinschätzung wird auch die Beurteilung durch eine andere Person von subjektiven Motiven geleitet. Beurteiler und Beurteilte sollten sich stets der Subjektivität ihrer Urteile bewusst sein, insbesondere solange diese sich nicht auf *„harten Fakten"* begründen lassen. Fast alle *fachlichen Kompetenzen* lassen sich anhand von Fakten beurteilen. Die Erfüllung einer fachlichen Kompetenz lässt sich z. B. durch die konkrete Arbeitsleistung schnell beurteilen und beschreiben. Wenn sich Kompetenz z. B. dadurch äußert, dass von einer Person – oder Mitarbeitergruppe – ein Problem gelöst wurde, so kann man die Kompetenzen daran messen, wie gut dieses Problem gelöst wurde. *Performanzkriterien* wie Umsatz, Stückzahlen, Gewinn und Verlust, Projektanzahl, oder Jahre der Berufserfahrung können exakt gemessen werden.

Der Bereich der *methodischen Kompetenzen* ist ebenfalls relativ problemlos einschätzbar. Während zum Beispiel Präsentationskompetenzen relativ einfach beurteilt werden können, ist dies bei anderen methodischen Kompetenzen schwierig, da sie zusammen mit fachlichen Kompetenzen manifest werden. Somit kann nicht für jede methodische Kompetenz ein isoliertes Performanzkriterium gefunden werden. Es muss versucht werden, die Beschreibung einer methodischen Kompetenz (z. B. Vertriebskompetenz) an ganz konkreten Firmensituationen festzumachen. So weist z. B. ein Vertriebsmitarbeiter eine hohe „Vertriebskompetenz" auf, wenn seine Akquisitionsbemühungen eine hohe Trefferquote haben.

Beurteilung methodischer Kompetenzen

Kritisch ist die Beurteilung der *sozialen Kompetenzen* zu betrachten. Soziale Kompetenzen unterliegen der subjektiven Einschätzung anderer Personen und begründen sich somit auf eher *weichen Fakten*. Weiche Performanzkriterien wie Zielorientierung oder Flexibilität sind nur schwer zu quantifizierende Kompetenzen. Für soziale Kompetenzen bietet sich deshalb eine Skalierung mit den Stufen *„gering ausgeprägt"*, *„ausgeprägt"*, *„stark ausgeprägt"* an. Das Für und Wider in der Diskussion, ob soziale Kompetenzen messbar sind oder nicht, möchten wir an dieser Stelle nicht weiter ausführen. Wir gehen davon aus, dass soziale Kompetenzen schwer erfassbar und noch schwerer beurteilbar sind. Die Performanz dieser Kompetenzen sollte durch sachliche Indikatoren nachweisbar sein. Eine hohe Telefonfrequenz kann z. B. ein klares Indiz für eine hohe kommunikative Kompetenz sein, jedoch nicht für erfolgreiches und zielorientiertes Arbeiten. Die schnelle Beantwortungszeit für E Mails lässt Rückschlüsse auf die Kooperationsbereitschaft eines Mitarbeiters zu. Doch kann man bezweifeln, dass z. B. Pünktlichkeit am Arbeitsplatz ein eindeutiger Indikator für Zuverlässigkeit ist oder z. B. eine kollegiale Freundlichkeit ein Zeichen für ein hohes Einfühlungsvermögen des Mitarbeiters. Dass man bei einer solchen Befragung in die Intimsphäre der Mitarbeiter eingreift, sollte in die Entscheidung für oder gegen die Messung sozialer Kompetenzen einfließen.

Beurteilung sozialer Kompetenzen

Verzerrungen in der Kompetenzbeurteilung

Die Ursachen für die Abweichung zwischen vorhandenen und wahrgenommenen Kompetenzen kann man grob in die Bereiche *Beurteilungstäuschungen*, *Beurteilungsverschiebungen* und *strategisches Beurteilen* unterteilen [vgl. Dulisch 2004].

Verschiedene Arten von Verzerrungen

Ausgangspunkt für *Beurteilungstäuschungen* ist das Phänomen der interpersonellen Wahrnehmung. Dabei wird der Beurteiler von seiner eigenen Wahrnehmung überlistet und sieht die Welt „mit anderen Augen". Aus sozialpsychologischer Sicht lassen sich die folgenden Phänomene diesem Bereich zuordnen:

- **Erster Eindruck:** Menschen treffen in der Regel innerhalb weniger Sekunden eine Einschätzung über Sympathie oder Antipathie zu einer anderen Person. Gemeinsame Eigenschaften wie Herkunft, Alter usw. wirken sich verstärkend aus.

- **Milde-Effekt:** Der Vorgesetzte will seinen Mitarbeitern nicht schaden; er befürchtet Motivationseinbußen durch realistische Beurteilung. Der Vorgesetzte setzt unbewusst in einer Beurteilung die „rosarote Brille" auf. Kompetenzen werden somit nicht mehr realistisch eingeschätzt. Dies kann dazu führen, dass eine Kompetenz eher günstig für den Beurteilten eingeschätzt wird. Das gesamte Kompetenzportfolio erscheint besser, als es in Wirklichkeit ist.

- **Selbstbezug:** Bei jeder Kompetenzeinschätzung geht der Beurteiler von sich selbst aus. Diese Wertmaßstäbe fließen mit in die Beurteilung ein. Der Beurteiler spiegelt sich sozusagen selbst in der Person wider. Ein Vorgesetzter, der z. B. sehr viel Wert auf ein genaues Arbeiten legt und der diesen Anspruch auch an sich selbst stellt, neigt dazu, auch an seine Mitarbeiter diesen Maßstab anzulegen. Eine Einstellung wie: „Ich lege Wert auf Fleiß" kann schnell zum Schluss führen: „Fleißiger als ich kann keiner sein."

- **Goldene Mitte:** Die schon erwähnte Tendenz der Einschätzung in der Mitte ist auch ein Effekt, der bei der Fremdeinschätzung Beachtung findet. Dort, wo eine Person eine andere einschätzen muss, kann Unsicherheit aufkommen, sobald der Beurteiler für sich eine Gefahr sieht. Das Motto „so kann es mir auch ergehen" kann zum Beispiel eine solche Gefahr darstellen. Er wird versuchen, den Aspiranten eher in der Mitte einzustufen, also dort, „wo er am wenigsten falsch machen kann."

- **Kontrast-Effekt:** Die Umgebung prägt die Wahrnehmung des Beurteilers. Kompetenzen, die für ein Unternehmen selbstverständlich sind, werden in einer Einschätzung schlechter beurteilt. Dagegen werden Kompetenzen überbetont beurteilt, die etwas Besonderes im Unternehmen darstellen. In dieser Beurteilung fehlt der realistische Bezug zu objektiveren Reflexionspunkten. Ein z. B. unternehmensübergreifendes Benchmarking wird dadurch verfälscht.

- **Zeit-Effekt:** Die letzten Eindrücke sind besser im Gedächtnis verfügbar und bestimmen das Beurteilungsergebnis. Das Leistungsniveau eines

Mitarbeiters ist immer eine Zeitpunktbetrachtung. Diesem verfälschten Ergebnis kann durch eine Zeitraumbetrachtung – z. B. durch permanentes Monitoring der veränderten Kompetenzgrade – entgegengewirkt werden.

▪ **Teilzeit-Effekt:** Werden Mitarbeiter in Vollzeit- und Teilzeitbeschäftigung beurteilt, kann dies beim Beurteiler den Eindruck erwecken, dass Teilzeit ein geringeres Kompetenzniveau erfordert. „Enttäuschungen" durch Fehltermine im Büro oder weniger Einsatzzeit im Projekt erwecken beim Beurteiler den Eindruck einer minderen Leistung des Beurteilten.

Während bei den Beurteilungstäuschungen der Beurteiler quasi von seinen Sinnen betrogen wird, zieht der Beurteiler bei den Verzerrungen im gewissem Rahmen bewusst bei der Bewertung der Leistung von Mitarbeiter Brillen mit verschiedenen Farben an – bei dem einen eine hellere und bei dem anderen eine etwas dunklere Brille. Folgende *Beurteilungsverzerrungen* lassen sich herausheben:

Arten von Beurteilungsverzerrungen

▪ **Hierarchie-Effekt:** Je höher der Rang des Mitarbeiters ist, umso besser die Beurteilung. Expertenstatus wird oftmals mit der Position in der Hierarchie assoziiert. Es entstehen die so genannten „Hierarchie-Experten". Zudem ist denkbar, dass Personen mit Führungsaufgaben besser beurteilt werden als die ohne Führungsaufgaben. Die Auffassung: „Ein Mitarbeiter kann nicht besser beurteilt werden als sein Vorgesetzter" unterstützt den Hierarchie-Effekt.

▪ **Nähe-Effekt:** Je näher der Kontakt des Beurteilten zum Beurteiler ist, umso besser fällt die Beurteilung aus. Der Nähe-Effekt findet in dem inneren Gedanken „Ich kann doch meinem Freund nichts Böses tun" seinen Ausdruck. Personen, die eng miteinander zusammenarbeiten, haben zudem mehr Gelegenheiten, ihre Leistungserwartungen aufeinander abzustimmen und ihre Zusammenarbeit zu optimieren.

▪ **Gönner-Effekt:** Je kürzer die Personen dem Unternehmen angehören, umso kritischer die Beurteilung. Es wird angenommen, dass durch die Kürze der Zugehörigkeit im Unternehmen noch gewisse Erfahrungen fehlen, die im Endeffekt die Beurteilung negativer werden lassen. Vorgesetzte neigen ebenfalls gern dazu, als „Gönner" aufzutreten und dem Mitarbeiter die Chance zu geben, sich in der Beurteilung noch zu verbessern.

Im Gegensatz zu Beurteilungsverschiebungen, die eher auf unbewussten Effekten beruhen, gibt es auch *strategische Beurteilungen*. Diese Beurteilungen werden aus dem Kalkül heraus getroffen, zu einem späteren Zeitpunkt einen Vorteil zu erreichen bzw. Nachteile zu vermeiden.

■ **Dünkel-Effekt:** Ein Vorgesetzter, der einem Kompetenzmanagement sehr skeptisch gegenübersteht, wird seine Mitarbeiter so beurteilen, dass das Ergebnis ihm zum eigenen Vorteil gereicht. Seine besten Mitarbeiter werden dann z. B. schlechter beurteilt, wenn er befürchtet, dass sie in andere Abteilungen abgeworben werden könnten. Sobald ein Benchmarking aller Abteilungen das Ziel ist oder finanzielle Anreize ins Spiel kommen, wird er versuchen, die Kompetenzen seiner Mitarbeiter positiver zu beurteilen, als sie sind.

■ **Rückenwind-Effekt:** Werden die Kompetenzprofile zu Beförderungszwecken eingesetzt, werden die Kompetenzen der Mitarbeiter je nach Situation absichtlich verfälscht. Im Kopf des Beurteilers wird die Frage: „Wer ist leistungsfähiger?" durch die Frage: „Wer braucht eine gute Beurteilung?" verdrängt. Besonders im Beamtenleben ist dies ein nicht zu unterschätzender Punkt. Das Streben nach dem „Lebensziel" – der Pensionierung mit einer möglichst hohen Gehaltsstufe – trägt zu besonderen Verzerrungen der Kompetenzprofile bei. Während in der freien Wirtschaft die Auswahl und die besondere Förderung der „high potentials" als eine Herausforderung angesehen wird, schreckt der öffentliche Dienst – um das Senioritätsprinzip nicht zu gefährden – z. T. vor einer angemessenen Wertung der Leistungen junger Spitzenkräfte zurück. Das Motto „Alter zählt vorrangig, Leistung ist nachrangig" wird gerade, wenn es um Besoldung und Pensionierung geht, in eine strategische Leistungsbeurteilung einfließen.

Fallbeispiel 2-6   IBM: Die „Hidden Skill Manager"

IBM besitzt ein weltweit führendes hochmodernes Planungssystem für Mitarbeiterressourcen. Jeder Mitarbeiter aktualisiert selbständig sein eigenes Kompetenzprofil sowie seine verfügbare Zeit. Projektmanager können auf Basis dieser Daten weltweit Anfragen an das System stellen, welche Personen mit welchen Fähigkeiten zur Besetzung von Projekten benötigt werden. David Snowden erklärt, wie dieses System in der Praxis wirklich funktioniert: Muss ein Projekt besetzt werden, ruft der Manager üblicherweise einige gute Bekannte, zu denen er Vertrauen hat, innerhalb des Unternehmens an und diskutiert mit ihnen, welche Mitarbeiter für das neue Projekt am besten zum Einsatz kommen. Ist die Diskussion beendet und stimmen beide Seiten den Vorschlägen zu, schickt eine Seite der anderen Details zu dem ausgewählten Mitarbeiter zu, inklusive seiner beruflichen Laufbahn sowie der verfügbaren Zeit des Mitarbeiters. Erst danach stellt der Projektmanager seine Anfrage an das System, wo alle Mitarbeiterprofile gespeichert sind. Natürlich spuckt das System bei entsprechend genauer Anfrage und Beschreibung der Mitarbeiterdetails haargenau die Personen als Ergebnis aus, über die im gegenseitigen Gespräch bereits im Voraus entschieden wurde. Das Resultat wurde zwar über das System generiert, die Entscheidung, welcher Mitarbeiter am Projekt teilnimmt, aber nicht aufgrund objektiver Daten, sondern subjektiver Entscheidungen getroffen. Die Manager bekommen die Leute, die sie haben wollen, und das System scheint aufgrund eines positiven Ratings perfekt zu funktionieren.

Quelle: Dingsøyr, Røyrvik 2002

Beurteilungsmethoden für die Praxis

Sobald die Gefahren der subjektiven Beurteilung von Mitarbeitern bewusst sind, kann nach geeigneten Maßnahmen gesucht werden, diesen entgegenzuwirken. Die einfachste, aber ungenaueste Methode ist die *Selbsteinschätzung* der Mitarbeiter. Wird das Beurteilungsergebnis der Mitarbeiter ohne weitere Fremdeinschätzung so belassen, entstehen sehr viele Ungenauigkeiten, da lediglich der Mitarbeiter selbst sein Handeln und Arbeiten beurteilt. Trotz Mängel bei der Validität der Einschätzung ist diese Methode nach wirtschaftlichen Gesichtspunkten die effektivste.

Selbsteinschätzung der Mitarbeiter

Ungeachtet aller angesprochenen Schwächen sollte die *Fremdbeurteilung* in Betracht gezogen werden. Mit diesem Werkzeug kann bis zu einem gewissen Grad die Selbsteinschätzung eines Mitarbeiters *interobjektiviert* werden – d. h. eine quasi Objektivierung durch Einbeziehung mehrerer subjektiver Urteile erreicht werden. Die Methoden der Fremdeinschätzung sind dabei sehr variabel und reichen von einer offenen und direkten Fremdbeurteilung bis hin zu *gruppenbezogenen Feedbackprozessen*. Das *Zielvereinbarungsgespräch* ist die wohl bekannteste Methode der Fremdeinschätzung. Ebenfalls die Auswahl einer leistungsfähigen Software bietet Unterstützung. Ändert der Mitarbeiter z. B. sein Kompetenzprofil, werden die Änderungen automatisch an eine *Beurteilungsinstanz* weitergeleitet. Die Änderungen werden solange nicht freigegeben, bis sie von einem autorisierten *Fremdbeurteiler* eingeschätzt und validiert wurden.

Fremdbeurteilung der Mitarbeiter

Kompetenzbeurteilung in einem Vertriebsunternehmen

Fallbeispiel 2-7

Das folgende Beispiel zeigt Auszüge einer Selbst- und Fremdeinschätzung für einen Mitarbeiter aus dem Außendienst. Neben fachlichen und methodischen Kriterien werden auch soziale Kompetenzen beurteilt. Zunächst schätzt sich der Mitarbeiter anhand einer Bewertungsskala zwischen Null und sechs selbst ein. Dieses Ergebnis wird anschließend durch die Fremdbewertung eines Regionalleiters abgeglichen.

Selbst- und Fremdeinschätzung eines Mitarbeiters

Ergebnisorientierung	Kompetenzgrad							Selbst	Fremd
	0	1	2	3	4	5	6	4	5

- Kennt relevante Ziele und setzt diese konsequent im eigenen Arbeitsbereich um.
- Priorisiert Aktionen nach Wichtigkeit.
- Entwickelt alternative Lösungsansätze zur Zielerreichung.
- Nimmt bewusst Verkaufssignale wahr und schließt ergebnisorientiert ab.
- Reagiert auch in schwierigen Situationen und bei Widerständen adäquat, ohne das Ziel aus den Augen zu verlieren.

Kundenorientierung	Kompetenzgrad							Selbst	Fremd
	0	1	2	3	4	5	6	5	4

- Setzt situativ Fähigkeiten und Mittel ein, um Kundenbedarf zu erkennen bzw. zu wecken.
- Differenziert Kundentypen und nutzt diese Kenntnisse zum Aufbau einer dauerhaften Geschäftsbeziehung.
- Beantwortet Kundenanfragen schnell und umfassend.
- Kennt das Umfeld seines Kunden genau.

Selbstvertrauen	Kompetenzgrad							Selbst	Fremd
	0	1	2	3	4	5	6	3	3

- Tritt gegenüber internen und externen Gesprächspartnern angemessen und sicher auf.
- Vertritt die firmen- und produktspezifischen Standpunkte auch in kritischen Situationen und gegen Widerstände.
- Kann mit Rückschlägen und Kritik angemessen umgehen und geht gestärkt daraus hervor.

Initiative	Kompetenzgrad							Selbst	Fremd
	0	1	2	3	4	5	6	3	2

- Reflektiert eigenes Verhalten (Stärke und Schwächen) und sucht aktiv nach Verbesserungspotenzial.
- Nutzt Kommunikations- und Informationswege vorausschauend.
- Identifiziert eigenständig Problemsituationen, sucht aktiv nach Lösungswegen und setzt diese konsequent um.
- Bringt innovative Ideen ein und setzt diese um.

Kommunikation u. Information	Kompetenzgrad							Selbst	Fremd
	0	1	2	3	4	5	6	5	3

- Führt ergebnisorientierte Verkaufsgespräche und setzt dabei rhetorische Mittel angemessen ein.
- Wendet Gesprächstechniken situationsgerecht und effizient an.
- Gibt intern und extern sowie zeitnah und vollständig relevante Informationen weiter.
- Beherrscht Präsentations- und Moderationstechniken.

Team- u. Zusammenarbeit	Kompetenzgrad							Selbst	Fremd
	0	1	2	3	4	5	6	4	4

- Übernimmt aktive Rolle und Verantwortung im Gebietsteam.
- Kooperiert mit Kollegen /Vorgesetzten im Regionalteam/Co-Promotion-Partnern/Innendienst.
- Integriert sich in Teamstrukturen.

Durch das Raster können Vergleiche gezogen werden, wie sich der Mitarbeiter selbst sieht und wie sein Vorgesetzter seine Leistungen und Potenziale wahrnimmt.

Auch Methoden der *Gruppenbewertung* können Anwendung finden. Das Grundprinzip lautet dabei immer: *Gruppe beurteilt Einzelne.* Diese Vorgehensweise eignet sich allerdings nur eingeschränkt. Voraussetzung muss sein, dass sich die Mitarbeiter gegenseitig kennen und einschätzen können. Am besten funktioniert dieses Prinzip in einer kleinen Gruppe oder einem Team, wobei die Fluktuation relativ gering sein muss. Die Selbsteinschätzung eines Mitarbeiters wird durch die Fremdeinschätzung vieler Mitarbeiter relativiert. Bei Unterstützung durch Software-Programme können z. B. die Änderungen an einem Kompetenzprofil einer bestimmten Anzahl Fremdeinschätzern zur Verfügung gestellt werden. Je mehr Personen einen einzelnen Mitarbeiter beurteilen, desto *„objektiver"* wird die Kompetenzeinschätzung ausfallen, da mehrere Sichten zusammengefügt werden.

*Gruppen-
bewertung*

Gerade bei der Nutzung elektronischer Hilfsmittel gibt es zahlreiche vereinfachende Möglichkeiten verteilter Beurteilung. Eine weitere interessante Möglichkeit ist die Gestaltung eines *Kompetenzmarktplatzes*. Personen bieten ihre Kompetenzen auf einem elektronischen Marktplatz an. Kompetenznachfrager können auf diese Kompetenzen zugreifen und diese mit Hilfe entsprechender Transaktionsfunktionen „erwerben". Eine Unterstützung durch flankierende Marktplatzfunktionen (z. B. Kompetenzwährung, Transaktionsmechanismen usw.) unterstützt die Etablierung solcher Werkzeuge [vgl. Schmidt 2000].

*Kompetenz-
marktplatz*

Nachdem eine Kompetenz nachgefragt wurde und von dem Kompetenznachfrager zur Problemlösung eingesetzt wurde, beurteilt der Kompetenznachfrager die Kompetenz des Kompetenzanbieters.

*Beurteilung durch
Kompetenznach-
frager*

Diese qualitative Einschätzung hat den Vorteil, dass sie nicht (wie die anderen Fremdeinschätzungen) vergangenheitsbezogen ist, sondern die Anwendbarkeit der Kompetenz in einem konkreten und aktuellen Problemfall beurteilt wird. Wurde zum Beispiel ein Experte zu einem Kundenproblem angefragt, kann seine Antwort bzw. Hilfestellung nach der Relevanz für eine schnelle Lösung beurteilt werden. Der Anfrager beurteilt, ob er mit der Kompetenz des Experten zufrieden war bzw. nicht. Über einen längeren Zeitraum entsteht so ein ausgeglichener Beurteilungsmechanismus, der das Kompetenzniveau einer Person widerspiegelt.

Kurzdiagnose: Wie beurteilen Sie Ihre Kompetenzen?

Nehmen Sie nun die Notizen aus dem Test im letzten Kapitel zur Hand. Tragen Sie die dort notierten Kompetenzen in die folgende Tabelle ein. Diese kleine Übung gewährt Ihnen einen strukturierten Einblick in Ihr eigenes Kompetenzprofil. Sie können leicht feststellen, wo Ihre Stärken und Schwächen liegen und diese gezielt weiterbearbeiten. Bei wiederholter Anwendung dieses Rasters (z. B. halbjährlich) können die eigenen Kompetenzen evaluiert und aktiv verbessert werden. Machen Sie sich den Spaß und lassen Sie dieses Profil von Kollegen oder Freunden überprüfen. Differieren die Einschätzungen?

	▪ Kenner	▪ Könner	▪ Experte
▪ **Fachlich**			
▪ **Methodisch**			
▪ **Sozial**			

3 Praxiserprobte Lösungen für Kompetenzprobleme

In diesem Kapital lesen Sie über ...

- Typische Probleme der Kompetenzidentifikation, Kompetenzvernetzung, Kompetenzentwicklung und Kompetenzsicherung
- Praktische Erfahrungsberichte aus Unternehmen
- Lösungsstrategien und Checklisten

Jeder wird im Arbeitsalltag mit *Kompetenzproblemen* konfrontiert, ohne dass dies sofort offensichtlich ist. Dabei können die Schnittstellen mannigfaltig sein. Berührt werden dabei sowohl persönliche Sachverhalte, wie z. B. die Kompetenz, die eine Person aufweist oder die Potenziale, die sie hinsichtlich ihrer Entwicklung hat. Aber auch gruppenspezifische Aspekte sind davon betroffen, wie z. B. die Art der Zusammenarbeit im Team, die Suche nach bestimmten Experten oder die Problemlösungskompetenz ganzer Abteilungen. Im Folgenden werden Situationen des Unternehmensalltags dargestellt, die eines gemeinsam haben: In allen Fällen stehen Menschen vor einem Problem, das im Kern den Umgang mit Fähigkeiten und Fertigkeiten betrifft. Daran anschließend finden Sie Lösungen für die anhand von kurzen Fällen dargestellten Fragestellungen.

Kompetenzprobleme im Arbeitsalltag

Kurzdiagnose: Kennen Sie die Kompetenzen Ihrer Kollegen?

Praxistipp

In welchen Situationen haben Sie sich gewünscht, dass Sie die Kompetenzen von Kollegen oder Mitarbeitern kennen und schnell darauf zugreifen können?

- ....
- ....
- ....
- ....
- ....
- ....

3.1 Kompetente Ansprechpartner finden

Das Problem

Hohe Komplexität im Arbeitsumfeld

In einer stark vernetzten Unternehmenswelt werden Beziehungen innerhalb und außerhalb von Unternehmen immer vielfältiger. Einerseits sind Unternehmen mit einer gestiegenen Komplexität in den externen Verbindungen zur Umwelt konfrontiert, z. B. mit Lieferanten, Kunden, Aktionären, Gewerkschaften usw. Andererseits werden interne Arbeitsabläufe, Abstimmungen und Prozesse durch dezentrale und zeitlich verteilte Projektarbeit, internationale Standorte, eine Zunahme der Spezialisierungen im Beruf immer komplexer. Beide Entwicklungen führen dazu, dass die Arbeit eines einzelnen Mitarbeiters nur noch einen geringen Bruchteil am gesamten Erzeugungsprozess eines Produktes oder einer Dienstleistung ausmacht.

Dezentral und zeitlich verteilt arbeiten

Aus der Kompetenzperspektive entsteht Wertschöpfung aus einem komplexen Geflecht verschiedenster Einzelkompetenzen. Z. B. wird im Prozess der Softwarefertigung weltweit verteilt gearbeitet. Zunehmend werden dabei Teile wissensintensiver Wertschöpfung aufgrund hoch qualifizierter Software-Spezialisten sowie günstiger Kapazitätskosten ins Ausland verlagert. Die Folge: Mitarbeiter, die gemeinsam an einer Problemlösung bzw. innerhalb einer Leistungskette arbeiten, stehen nicht mehr im direkten Kontakt, da sie international dezentral und zeitlich verteilt arbeiten. Kompetenzen schnell und treffsicher zu identifizieren wird dabei zum Problem.

Erschwerter Zugriff auf Kompetenzen

Zunehmend wird dieses Problem Unternehmen bewusst. Vor allem Unternehmen, die einem schnellen Wachstum unterworfen sind, ist dieses Problem bekannt. Dringend benötigtes Spezialwissen ist schwer zu beschaffen. Der benötigte Experte befindet sich in einem anderen Werk oder Land. Dieses Problem erweist sich besonders in Produktionsprozessen als gefährlich. Sobald das für Produktionsprozesse benötigte Expertenwissen organisatorisch soweit vom eigentlichen Prozess abgespalten ist, kann nicht mehr darauf zugegriffen werden.

Fallbeispiel 3-1 | *Carla Competent: Marketingexperten im Konzern identifizieren*

Zu einem weltweit agierenden Pharmaunternehmen gehören zwölf Tochterunternehmen, auf acht Länder verteilt. Bisher war es üblich, dass jede Landeseinheit Werbe- und Marketingaktionen selbst plante und gestaltete. Die neue Kommunikationsstrategie dieses Unternehmens sieht vor, dass Marketingaktionen von nun ab aus der Zentrale gesteuert werden. Carla Competent steht vor einem Problem. Sie hat die Aufgabe, den Prozess für eine weltweite Mailingaktion für Geschäftskunden zur Produkteinführung eines neuen Mittels zur Rheumaprophylaxe zu koordinieren. Für die Planung dieser Aktion stehen ihr vier Wochen zur Verfügung. In der Zentrale existiert keine Übersicht darüber, welche Personen in den verschiedenen Dependancen bisher für Mailingaktionen verantwortlich waren oder wer welche Marketingprojekte in den Tochterunternehmen durchführte. Die Zeit wird knapp. Sie muss alle Länderverantwortlichen bis zur nächsten Woche über die Schritte der Werbekampagne informieren. Wie soll Carla Competent dieses Problem lösen?

Die Lösung

Das Problem, vor dem unsere Produktmanagerin Carla Competent im ersten Beispiel steht, ist bezeichnend. Ausgangspunkt ist die *Intransparenz* und eine *hohe Fragmentierung* des Kompetenzbestandes im Unternehmen. Sollen Experten aufgespürt werden, scheitert dies an der Tatsache, dass nicht bekannt ist, wer wo über welche Kompetenz verfügt.

Intransparenz und Fragmentierung

Eine einfache, aber effektive Lösung kann die Etablierung von Methoden zur *Transparentmachung von Expertenkompetenzen* sein, wie z. B. Gelbe Seiten, Kompetenzmatrizen, Kompetenzprofile oder Kompetenzlandkarten. Mitarbeiter müssen die Möglichkeit haben, auf Informationen über Kompetenzen anderer Mitarbeiter zuzugreifen und diese einzusehen. Durch den Zugriff auf Basisinformationen wie Projekte, Kunden, Fachkompetenzen in einem dafür geeigneten *„Kompetenzspeicher"* werden Mitarbeiter in die Lage versetzt, Expertise schnell zu lokalisieren und darauf zuzugreifen. Im Beispiel könnte dies über das Werkzeug der Gelben Seiten realisiert werden. Für jeden Mitarbeiter wird die Möglichkeit geschaffen, ein persönliches Kompetenzprofil zu erstellen, in dem Kompetenzen und Projekte expliziert werden. Für die Pflege des Profils ist der Mitarbeiter selbst zuständig – dies kann bereits im Arbeitsvertrag oder im halbjährlichen Zielvereinbarungsgespräch verankert werden. So wird eine permanente Aktualität der hinterlegten Informationen gewährt.

Kompetenzen transparent machen

Das Filtern nach einzelnen Kompetenzgebieten oder Projekten kann über intelligente Suchfunktionen ermöglicht werden. Carla Competent müsste in einem solchen Fall nichts weiter tun, als auf die Kompetenz-Datenbank zuzugreifen und ihre Suchanfrage zu starten. Eine Liste aller Ansprechpartner im Produktmarketing mit dem Schwerpunkt Rheumaprophylaxe wäre das Ergebnis. Eine einzige E-Mail an alle identifizierten Kontakte würde ausreichen, um das Projekt innerhalb weniger Tage zu starten. Eine enorme Zeiteinsparung bei der weltweiten Kompetenzsuche.

Intelligente Suche nach Kompetenzen

| *Softlab: Experten mit dem Skill-Information-System identifizieren*

Mit dem Ziel der unternehmensweiten Erfassung vorhandener und Planung benötigter Mitarbeiter-Skills hat das Münchener Unternehmen Softlab ein Skill-Informations-System als wesentlichen Baustein ihrer Wissensplattform eingeführt. Zum Projektgeschäft des Münchener IT-Dienstleisters Softlab gehört das Aufstellen großer Projektteams mit einer Vielfalt unterschiedlicher Skills. Daher lag für Softlab die Realisierung eines Skill-Informations-Systems (SIS) nahe, das einen entscheidenden Schritt beim Aufbau einer Wissensmanagement-Plattform darstellte. Die Herausforderung bestand darin, das Wissen über das Wissen aller 1500 Mitarbeiter unternehmensweit zugänglich zu machen – und somit die unmittelbare Kommunikation sowie den Austausch und Transfer von Wissen über Bereichs-, Standort- und Ländergrenzen hinweg zu fördern.

Die benötigte Skill-Management-Lösung musste weit über den Leistungsumfang eines üblichen Systems zum Management der Personaldaten hinausgehen: Die Datenerfassung und -haltung hatte nicht ausschließlich personenbezogene Informationen einzubeziehen. Anstelle starrer Profilschablonen waren verschiedene Kombinationsmöglichkeiten bei der Erfassung und Suche nach Skills erforderlich. Außerdem sollte das System nicht ausschließlich in der Personalabteilung, sondern unternehmensweit zum Einsatz kommen. Ausgangspunkt sämtlicher Überlegungen bei der Systementwicklung waren die Unternehmensprozesse, die das neue Skill-Informations-System über folgende Funktionen unterstützt und optimiert:

- *Erfassung und Einstufung:* Jeder Mitarbeiter erfasst und aktualisiert seine Skills selbst, stuft deren Qualifikationsgrad ein und erstellt sein Mitarbeiterprofil.

- *Zentrale Ablage für Mitarbeiterprofile:* Einheitlich gestaltete Mitarbeiterprofile werden zentral abgelegt, um sie beispielsweise zur Angebotserstellung oder zum Projekt-Staffing heranzuziehen. Die Profile werden vom System generiert und durch den Mitarbeiter mit seinen Projekterfahrungen vervollständigt.

- *Review der Skills:* Im Rahmen eines Geschäftsprozesses prüft der Vorgesetzte die vom Mitarbeiter erfassten Daten. Mit einer expliziten Freigabefunktionalität werden diese dann veröffentlicht. Die Anonymität des Mitarbeiters bleibt dabei gewahrt.

- *Suche zur Personalrekrutierung:* Über komfortable Suche-Funktionen können – unabhängig vom Standort der einzelnen Mitarbeiter – bestimmte Know-how-Träger im Unternehmen schnell und zielsicher ausfindig gemacht werden, um eine Stelle bzw. Funktion zu besetzen oder ein Projektteam zusammenzustellen. Die Suche nach bestimmten Skills erfolgt nach additiven Kriterien: Suchanfragen, welche die Kombination mehrerer Skills und deren Einstufung beinhalten, ergeben datengeschützte Trefferlisten. Mit den gewünschten Mitarbeitern und deren Vorgesetzten kann per E-Mail Kontakt aufgenommen werden.

- *Suche nach Expertenwissen:* Jeder Mitarbeiter kann das System für sich nutzen, um Expertenwissen im Unternehmen aufzuspüren. So ist es zum Beispiel möglich, gezielt einen Kollegen mit Erfahrung in der Programmiersprache Java oder mit Japanischkenntnissen zu identifizieren.

- *Mitarbeiterbeurteilung:* Das Skill-Informations-System ist in den Prozess der jährlichen Mitarbeiterbeurteilung und -förderung eingebunden. Per Mausklick kann der Vorgesetzte die Skill-Profile seiner Mitarbeiter aufrufen und im Mitarbeitergespräch als Grundlage für die weitere Personalentwicklung verwenden.

■ *Skill-Auswertung*: Wechselnde Anforderungen an die Skills der Mitarbeiter charakterisieren den heutigen Markt. Die Skills-Anzeige bietet stets einen aktuellen Überblick über den Stand der im Unternehmen vorhandenen Kenntnisse und Fähigkeiten und ermöglicht damit sowohl strategische Portfolio-Planungen als auch den gezielten Ausbau des Know-hows bei den Mitarbeitern.

Seit der Einführung des Skill-Informations-System (SIS) wurde der Einsatz bei allen Mitarbeitern unternehmensweit realisiert. Rund sechs Monate nach Systemeinführung arbeiteten bereits ca. 90 Prozent aller Mitarbeiter mit diesem System. Die Suchfunktion des SIS versetzt das Projektmanagement in die Lage, schneller auf Kundenanforderungen zu reagieren. Die Reaktionszeiten und der Aufwand für das Projekt-Staffing ließen sich damit wesentlich reduzieren.

Für den Erfolg des Systems schaffte das Management die nötigen kulturellen, organisatorischen, rechtlichen und personellen Rahmenbedingungen. Die Kultur zum Teilen von Wissen war bei den Mitarbeitern vorhanden bzw. wurde sensibilisiert, indem diese bereits in der Konzeptionsphase informiert und eingebunden wurden. Die Geschäftsführung war von der Einführung eines Skill-Informations-Systems überzeugt und unterstützte in allen Phasen das Unterfangen. Die Skill-Erfassung wurde per Betriebsvereinbarung von den Mitarbeitern eingefordert. Der Betriebsrat war von Anfang an in das Projekt mit eingebunden. Für die Anwender des Skill-Informations-Systems – Mitarbeiter, Projekt- und Angebotsmanager, Personalverantwortliche etc. – stellte die einfache und schnelle Informationsbeschaffung für die unterschiedlichen Geschäftsprozesse einen wesentlichen Erfolgsfaktor dar. Sie sind heute in der Lage, innerhalb von Sekunden entsprechende Antworten auf die unterschiedlichsten Problemstellungen zu finden.

Die Bereitstellung entsprechender personeller Ressourcen als Ansprechpartner für Rückfragen, vor allem in der Einführungsphase wurde seitens des Managements sichergestellt. Zusammenfassend ergibt sich, dass die Einführung des Skill-Informations-Systems bei Softlab entscheidend den Zugriff auf Expertenkompetenzen gefördert hat. Darüber hinaus wurde das Personal-Recruiting qualitativ und in Bezug auf die Reaktionszeiten wesentlich verbessert.

Quelle: Könnecker 2003

3.2 Projekte und Teams kompetent besetzen

Das Problem

Intuitive Beurteilung von Mitarbeitern

Im Unternehmen müssen vielfach Projekte schnell und qualifiziert besetzt werden. Projektleiter, die mit der Aufstellung eines Teams beauftragt sind, stehen oftmals vor einem kaum lösbaren Problem. Im Normalfall beurteilen Manager die Fähigkeiten ihrer Mitarbeiter rein intuitiv. Resultat: Es arbeiten immer wieder die gleichen Mitarbeiter zusammen, die zwar aufeinander eingespielt sind, aber nicht das Potenzial besitzen, die besten Lösungen zu entwickeln. Der Kunde und Auftraggeber wird suboptimal bedient. Das Projektteam braucht länger als kalkuliert, um das nötige Wissen außerhalb der Projektgruppe zu beschaffen.

Das „hidden champions"-Problem

Je größer das Unternehmen, desto mehr geraten Führungskräfte an ihre Grenzen, Teams optimal zu besetzen. In einem weltweit agierenden Unternehmen ist es einem Verantwortlichen nicht mehr möglich, ein Team rein aufgrund seiner Erfahrung oder seinem Instinkt zu besetzen. Unter solchen Rahmenbedingungen sind die Handlungsoptionen, die der Manager bei der Auswahl geeigneter Mitarbeiter für sein Team hat, zu komplex. Je mehr Mitarbeiter im Unternehmen beschäftigt sind, desto höher wird die Wahrscheinlichkeit, dass im Unternehmen kompetentere Personen eine bestimmte Aufgabe wahrnehmen könnten, ohne dass es subjektiv einschätzbar wäre. Die wahren Experten – die *„hidden champions"* – können nicht identifiziert und in das Team integriert werden.

Unkenntnis neuer Führungskräfte

Noch schwerer gestaltet sich die Aufgabe der Teambesetzung für Nachwuchs-Führungskräfte, die frisch rekrutiert wurden und über wenig Erfahrung im Unternehmen verfügen. Sie sind vollkommen auf die Empfehlungen anderer bzw. auf *„trial-and-error"* angewiesen, das jedoch einen hohen Zeit- und Kostenaufwand verursacht.

Fallbeispiel 3-3 | *Carla Competent: Projektbesetzung im Ingenieurbüro*

In einem mittelständischen Ingenieurbüro werden Projekte im Kraftwerksbau generalunternehmerisch gesteuert. In der Firma arbeiten auf drei Standorte verteilt, 69 Leute. Davon sind ca. 2/3 Ingenieure. Im Unternehmen ist es an der Tagesordnung, dass Aufgaben und Projekte von Mitarbeitern aus verschiedenen Teilen des Unternehmens zusammen bearbeitet werden. Für jedes Projekt wird eine Projektgruppe von ca. fünf bis zwölf Mitarbeitern zusammengestellt. Aufgrund einer technischen Prüfung des in

Kuwait im letzten Jahr fertig gestellten Kraftwerks wurden Sicherheitsmängel festgestellt. Sicherheitsingenieurin Carla Competent wurde mit der kurzfristigen Zusammenstellung eines sechsköpfigen Teams zur Überprüfung der Mängel in Kuwait beauftragt. In der Vergangenheit war es üblich, für ähnliche Projekte die gleichen Mitarbeiter auszuwählen. Vor einem Monat verließen vier der besten Ingenieure das Unternehmen. Drei neue Mitarbeiter wurden neu eingestellt, befinden sich allerdings in der Einarbeitungsphase. Bei den neuen Mitarbeitern besteht hinsichtlich ihrer Kapazität genügend Freiraum, doch bei diesem kritischen Auftrag entscheidet die Fachkenntnis der Mitarbeiter über die Teilnahme am Projekt. Noch kennt Carla Competent die neuen Mitarbeiter zu wenig, um sich ein objektives Urteil über ihre Kompetenz zu erlauben. Hinzu kommt, dass fast alle anderen Mitarbeiter in Projekten eingebunden und deshalb nicht verfügbar sind. Carla Competent muss innerhalb der nächsten zwei Tage das Team auf den Weg nach Kuwait schicken. Wie soll Carla Competent bei der Teambesetzung vorgehen?

Die Lösung

Carla Competent steht vor der Aufgabe, schnell ein kompetentes Expertenteam für die Sicherheitskontrolle im Kuwaiter Kraftwerk aufzustellen. Personelle Engpässe sowie die Mitarbeiterfluktuation machen diese Aufgabe zu einem Kraftakt. Die Basis zur optimalen Gestaltung des Kuwaiter Teams bildet auch hier die Anwendung von Methoden und Prozessen des Kompetenzmanagements. Liegen die Mitarbeiterkompetenzen und deren Verfügbarkeiten strukturiert offen, kann ein kompetenzbasiertes System zur Teambesetzung eingesetzt werden. Eine permanente Aktualität der Informationen ist Grundvoraussetzung.

Kompetenz-basierte Teambesetzung

Für Carla Competent wird es möglich, mit einem Projektierungstool, das Projektprofile und eine Skill-Datenbank enthält, geeignete Experten unternehmensweit aufzuspüren und in einem Team zusammenzuführen. Das Kompetenzsystem liefert die Zusammenstellung des Teams auf Knopfdruck. Alle Ressourcen-Engpässe werden dabei berücksichtigt. Das Ergebnis: Das Projektwissen muss nicht vollständig expliziert werden. Es reicht die Explizierung der einzelnen Kompetenzfelder, um exakt und schnell ein Team von Experten laut den Anforderungen der Projektleitung zusammenstellen zu können.

Explizierung der Kompetenzfelder

Kompetenzmanagement in einer Unternehmensberatung

Fallbeispiel 3-4

Die unternehmensinterne Beratungsabteilung hat ca. 50 Berater, einen Jahresumsatz von ca. 9 Mio. Euro und eine Auslastung von über 90 Prozent. Die Organisation konnte in der Vergangenheit auf ein formalisiertes Kompetenzmanagement verzichten, da mit Hilfe eines engen persönlichen Netzwerkes und einfacher Planung bei einer geringen jährlichen Personalfluktuation von ca. 15 Prozent eine Zuordnung von Beratern zu aktuellen Projekten von der Führung persönlich vorgenommen werden konnte. Dies war möglich, da die meisten Projekte in einem relativ kleinen lokalen Gebiet durchgeführt wurden.

Im Zuge des Wachstums wurde für die Zukunft eine starke Erhöhung der Mitarbeiterzahl geplant, die in Folge zu einer Erhöhung der Fluktuation auf ca. 30 Prozent führen würde. Gleichzeitig plante die Unternehmensführung, sowohl vertikal in weitere Branchen als auch geografisch in neue Gebiete zu expandieren. Da die wenigen historisch gewachsenen Vorgehensweisen und Instrumente des Kompetenzmanagements eher informeller Natur waren, schienen diese der geplanten Veränderung nicht standhalten zu können.

Im Rahmen einer Analyse der Ist-Situation wurden folgende Defizite aufgedeckt:

- Die Entscheidungsfindung für Projektbesetzungen ist teilweise ineffizient und mit Wiederholungen ausgestattet. Es wird im Durchschnitt über vier verschiedene Projektbesetzungen zu verschiedenen Terminen diskutiert.
- Es existiert keine durchgängige Informationstransparenz über Akquisitionsaktivitäten, Projektanfragen sowie Projektstatus.
- Eine heterogene IT-Unterstützung führt häufig zu Doppelarbeiten. Mangelnde Systemintegration führt in der Phase des Projektabschlusses zu einem durchschnittlichen Mehraufwand von einem halben Personentag je Projekt.
- Besetzungsentscheidungen basieren auf den individuellen Entscheidungen der Leitungsmitglieder sowie zeitlicher Verfügbarkeit der Berater.
- Mitarbeiter möchten sich stärker in die Besetzungsentscheidungen einzubringen.

Um diesen Herausforderungen zu begegnen, wurde von der Geschäftsleitung im Zuge der Neueinführung eines „Wissensmanagement-Systems" geplant, eine Verknüpfung der Berater, ihren Interessen und Kompetenzen sowie den aktuellen Projekten anzustreben.

Nach Einführung des Systems konnte der Angebotsaufwand um 15 Prozent reduziert werden. Die Mitarbeiter wurden in die Lage versetzt, ihre Beraterprofile selbstverantwortlich zu aktualisieren und durch die Angabe von Interessengebieten ihre zukünftigen Projekteinsätze zu beeinflussen. Der Status von bearbeiteten, aktuellen und potenziellen Projekten ist für alle Mitarbeiter mit dem neuen System sichtbar, eine Einflussnahme auf Projektbesetzungen ist durch Vorschläge möglich.

Auch hinsichtlich der Personalentwicklung konnten Verbesserungen erzielt werden. Je Beraterlevel (Senioritätsgrad) wurden Anforderungen an Kompetenzentwicklungen definiert, die für einen Aufstieg in ein höheres Level erfüllt sein müssen. Gleichzeitig werden aktuell angebotene Trainingsmaßnahmen und Weiterbildungen mit den Anforderungen einzelner Personen abgestimmt und Vorschläge unterbreitet. Mit diesem Prozess können für jeden Expertiselevel grundsätzliche Basiskompetenzen sichergestellt werden, die wiederum durch individuelle Fähigkeiten und Kompetenzen eines Mitarbeiters ergänzt werden. Bei der Projektbesetzung besteht im Hinblick auf die vorhandene Grundqualifikation eine höhere Planungssicherheit.

Quelle: Deelmann, Loos 2004

3.3   Wissensweitergabe über Mitarbeitergenerationen

Das Problem

Ob in der Entwicklung, der Fertigung, im Vertrieb oder in der IT-Abteilung: Überall arbeiten hochspezialisierte Mitarbeiter, ohne dass wir im Einzelnen wissen, wer Experte auf welchem Spezialgebiet ist. Erst nach dem *Ausscheiden von Mitarbeitern* wird uns oft klar, welches Wissen verloren gegangen ist. Eine Kundin beschwert sich, dass sie nicht mehr wie zuvor beraten wird, in einem Fertigungsprozess treten unerwartet Probleme auf, weil der neue Monteur mit der Wartung der Anlage nicht zurechtkommt. Stellenwechsel bedeuten für die Organisationen aber nicht nur Verlust an Wissen und Kompetenz. Sie sind auch ein nicht unwesentlicher Kostenfaktor, der in den Budgetplanungen berücksichtigt werden muss. Schätzungen der Gesamtkosten des Ausscheidens eines Mitarbeiters liegen bei ca. einem Jahresgehalt des betroffenen Mitarbeiters. Dabei spielen vor allem Kosten der Minderleistung des Mitarbeiters während und nach seiner Entscheidung zu kündigen eine Rolle, die direkt mit dem Ausscheiden verbundenen Kosten sowie Kosten für Einstellung, Anlernen und Einarbeiten seines Nachfolgers [vgl. Huber, Knöpfel 1999].

Kosten durch ausscheidende Mitarbeiter

Outsourcing avancierte in den letzten zehn Jahren zum Modewort der Consulting-Firmen und Change Manager vieler Unternehmen. Mit dem Ziel der Kostenreduktion wurden Aufgaben aus dem Unternehmen an externe Stellen verlagert. Zum Teil delegieren Unternehmen Teile ihres Kerngeschäftes nach außen. Ein Transfer von Teilen der Wertschöpfung auf andere Unternehmen führte vielfach zum Stellenabbau und Entlassungen. Viele Unternehmen verloren wertvolles Expertenwissen, ohne grundlegend darüber nachzudenken, wie es für die Zukunft an andere Mitarbeiter weitergegeben werden kann.

Kompetenzverlust durch Outsourcing

Frühverrentung, das Abwerben von Mitarbeiter-Teams oder ein sich schnell drehendes Personal-Karussell führen zu zum Teil bedrohlichen Wissensverlusten.

Bedrohlicher Wissensverlust

Praxiserprobte Lösungen für Kompetenzprobleme

Abbildung 3-5 | *Herr Schlaumeier und die Nachfolgeplanung …*

Gerade kleine Unternehmen sind oft von wenigen *„alten Hasen"* abhängig. Deutlich wird dies z. B. am Handwerk: Traditionelle Berufsbilder lassen sich nur noch schwer in die heutige Zeit integrieren. Die Folgen sind Stellenabbau gefolgt vom Rückbau einzelner Handwerksberufe, wie z. B. dem Schuhmacherhandwerk, das durch kostengünstigere Franchise-Ketten verdrängt wurde. Die verspätete Einsicht, dass das Wissen für immer verloren ist, zwingt viele Unternehmen, bestimmte Kompetenzen teuer aufzubauen oder – im schlimmsten Fall – gänzlich aus dem Kompetenzportfolio der Unternehmung zu streichen. Wie können Unternehmen wertvolle Kompetenz für die Zukunft sichern? Wie kann strukturiert eine Weitergabe an andere Mitarbeiter erfolgen?

Kompetenzdruck im Mittelstand

Carla Competent: Kompetenzverlust durch Ruhestand

Fallbeispiel 3-6

Ein internationaler Konzern in der Telekommunikationsbranche besitzt 120 Tochterunternehmen weltweit. Die Hälfte dieser Unternehmen ist im Besitz des Konzerns. Bei weiteren 60 Unternehmen bestehen zum Teil Minderbeteiligungen. Die zentrale Controlling-Abteilung des Konzerns in Frankfurt ist jährlich vier Monate lang damit beschäftigt, den Jahresbericht des Konzerns für das Beteiligungsgeflecht zu erstellen. Carla Competent, die rechte Hand des Chef-Controllers, ist seit zehn Jahren im Konzern-Controlling beschäftigt. In dieser Zeit sah sie schon viele Vorgesetzte kommen und gehen. Doch die Zeit ist gekommen, dass auch sie in den Ruhestand versetzt werden wird. Aufgrund der langen Zugehörigkeit kennt sie alle relevanten Ansprechpartner in den Konzerngesellschaften und kann bei diffizilen Problemlösungen schnell den richtigen Ansprechpartner zur Lösung benennen. Ihr Vorgesetzter ist relativ neu im Unternehmen und hat nicht den gleichen Einblick in die Abläufe wie sie. Bisher löste stets Carla Competent die Probleme. Ihrem Vorgesetzten wird ganz mulmig bei dem Gedanken, Carla Competent nicht mehr an seiner Seite zu haben. Wie kann das wortvolle Wissen von Carla Competent für die Zukunft gesichert werden?

Die Lösung

Das Management muss beim Stellenwechsel von Kompetenzträgern frühzeitig Maßnahmen ergreifen, um einem gravierenden Einschnitt in die Unternehmensprozesse und unkalkulierbaren Folgekosten vorzubeugen. Ist der *Austrittszeitpunkt* bekannt, kann sich das Management rechtzeitig um einen geeigneten Nachfolger bemühen. Für ausscheidende Mitarbeiter müssen besondere Ressourcen, wie Zeit oder finanzielle Spielräume, zur Verfügung gestellt werden, um den Wechsel ohne mögliche Wissensverluste zu bewältigen. Für eine *Folgebesetzung* gibt es sowohl die Möglichkeit einer internen als auch einer externen Nachfolgeregelung. Der ausscheidende Mitarbeiter muss dazu bewegt werden, sein Wissen so weiterzugeben, dass ein reibungsloser Unternehmensprozess sichergestellt werden kann und beim

Frühzeitige Planung der Folgebesetzung

Nachfolger die Kompetenz aufgebaut wird, die zur Ausführung der Rolle inklusive aller methodischen, fachlichen und sozialen Kompetenzen notwendig ist.

Strategien zur Übertragung impliziten Wissens

Im Gegensatz zum üblichen Anlernen an eine neue Stelle müssen Strategien entwickelt werden, die beim neuen Mitarbeiter eine Expertise zur Beherrschung einer bereits etablierten Stelle mit speziellen Anforderungen daran (Regel- und Faktenkompetenz) entstehen lassen und die dafür erforderlichen praktischen Erfahrungen erzeugen. Um eine solche Expertise zu erreichen, sind nicht nur Trainingsmethoden zu entwickeln, sondern auch Management-Systeme anzuwenden, die eine Übertragung des *impliziten Wissens* (Erfahrungswissen) durch ausscheidende Mitarbeiter an ihre Nachfolger sicherstellen. Dabei könnten u. a. Motivationsprogramme wie gemeinsame Urlaube, finanzielle Anreize, Projektübergabemethoden oder übliche Austrittsgespräche unterstützend wirken.

Verhältnis zwischen altem und neuem Mitarbeiter

Ein erfolgreicher *Stellenwechsel* hängt immer von der Bereitschaft des bisherigen Stelleninhabers ab, den „Stab" an seinen Nachfolger zu übergeben. Speziell beim Eintritt in den Ruhestand spielt die persönliche Beziehung des bisherigen Stelleninhabers und sein Verhältnis zum Nachfolger eine wichtige Rolle. Der bisherige Stelleninhaber hat ein besonders Interesse daran, dass sein „Lebenswerk" von seinem Nachfolger in seinem Sinne fortgesetzt wird. Meist hängt die Kooperationsbereitschaft davon ab, welche Sympathien der Mitarbeiter seinem Nachfolger gegenüber aufbringt. Eine frühe „Gewöhnungsphase" kann, wenn möglich, hierbei Abhilfe schaffen. Auch rechtliche Rahmenbedingungen beschränken den Entscheidungsspielraum der Organisationsleitung bei der Konzeption einer Kompetenzübergabe [vgl. Huber, Knöpfel 1999].

Nachfolge-management

Das Kompetenzmanagement bietet für das *Nachfolgemanagement* eine ideale Ergänzung der bisher genannten Maßnahmen. Durch frühzeitige Erfassung der Kompetenzen des Mitarbeiters wird das Management in die Lage versetzt, strukturiert eine Übergabe an den neuen Mitarbeiter zu planen und kritisches Wissen weiterzugeben. Kritische Kompetenzverluste können frühzeitig identifiziert und Interventionen getroffen werden. Zum Beispiel können Kompetenzprofile als Werkzeug bei einer partizipativen Tätigkeitsanalyse mit Hilfe des ausscheidenden Mitarbeiters erstellt werden. Anhand der Kenntnis kritischer Wissensbestände und Aufgabenfelder kann ein idealer Nachfolger ausgewählt und aufgebaut werden. Ein Lernplan sowohl auf Seiten des neuen Mitarbeiters als auch durch Unterstützung des ausscheidenden Mitarbeiters kann erstellt und über eine längere Zeit abgearbeitet werden. Es bleibt somit genügend Zeit, neue Mitarbeiter einzuarbeiten und wertvolles Wissen zu sichern. Durch intensiven direkten Kontakt mit dem Experten kann das Wissen – wie in einem Meister-Schüler-Verhältnis – rechtzeitig auf die Nachfolger übertragen und dadurch Gefahren frühzeitig gebannt werden. Wenn Wissen auf viele Köpfe verteilt wird, ist die Wissensweitergabe besser gesichert. Fragen Sie sich einmal: In welchen Bereichen sind wir von einzelnen „Spezialisten" abhängig? Wie stellen wir sicher, dass mehrere Mitarbeiter in der Lage sind, kritische Tätigkeiten auszuführen?

Auch das Wissen und die Kompetenz von Carla Competent können gesichert werden. Frühzeitig initiiertes Kompetenzmanagement bannt die Gefahren, die mit ihrem Weggang verbunden sind. Ein Weg wäre, die Kompetenzen und sozialen Netzwerke von Carla Competent durch mehrere Tiefeninterviews zu strukturieren. Aus dieser Struktur heraus können kritische Kompetenzbereiche analysiert und Anhand der Ergebnisse ideale *„Schüler"* identifiziert werden. Carla Competent kann ihr Wissen in Workshops, in direkter Zusammenarbeit oder in Vorträgen an andere Mitarbeiter weitergeben. Persönliche Kontakte können expliziert und Beziehungen zu *„Key-Player"* im Umfeld aufgebaut werden.

Kompetenz-übergabe strukturieren

Volkswagen AG: Wissensstafette zur Wissensweitergabe

Fallbeispiel 3-7

Ein besonderer Schwerpunkt liegt im Volkswagen Konzern auf der Sicherung und dem Erhalt des Erfahrungswissens der Führungskräfte und Fachexperten beim Ausscheiden aus dem Betrieb. Die Brisanz der Weitergabe von Expertenwissen für die Volkswagen AG ist hoch, da in den nächsten Jahren gut 30 Prozent der Führungskräfte in den Ruhestand gehen und das Unternehmen verlassen werden. Personalvorstand Dr. Peter Harz kommentiert: „Unser bestes Wissen gehört dem Unternehmen, und aus meiner Sicht ist es selbstverständlich, dass Mitarbeiter dieses Wissen einbringen. Wer Wissen hat, soll es auch vertrauensvoll mit anderen teilen." Ein Team im Bereich Wissensmanagement (ww.deck) beschäftigt sich mit der Entwicklung von geeigneten Methoden und Konzepten zur Erhaltung des Know-hows im VW-Konzern. Speziell für die Weitergabe über Generationen ist das Instrument der Wissensstafette entwickelt worden. Dieses Werkzeug beschäftigt sich mit dem Erfahrungsträger und dessen Nachfolger und sorgt für einen optimalen Transfer von Erfahrungs-, Fach-, Führungs- sowie Projektwissen. Die ausscheidende Fachkraft steht als erstes im Fokus der Aktivitäten. Am Beginn des Prozesses steht ein professionell geführtes Experteninterview, das für jede Situation maßgeschneidert wird. Dabei werden wichtige Informationen zur allgemeinen Wechselsituation, den Schwerpunkten der Wissensaufnahme und andere zu berücksichtigende Einflussgrößen vom Kompetenzträger abgefragt. Anschließend folgt eine Interviewserie unter Teilnahme von Vorgänger, Nachfolger und Beratern. Anhand speziell ausgearbeiteter Leitfäden werden diese Gespräche auf die jeweilige Situation angepasst. Dabei folgt das Interview nicht dem üblichen Schema „Frage-Antwort", sondern es wird unter Zuhilfenahme professioneller Moderation durchgeführt. Die Interviewtechnik ist darauf ausgerichtet, zwischen Vorgänger und Nachfolger eine offene und vertrauensvolle Gesprächssituation herzustellen, um höchstmögliches Vertrauen zu schaffen. Die Bedürfnisse und Prioritäten der Interviewten stehen im Vordergrund. Durch gezieltes Nachfragen werden Kompetenzkategorien beim ausscheidenden Mitarbeiter identifiziert, die am Ende in einer Kompetenzlandkarte abgebildet werden. Eine systematische Übergabe wird sichergestellt.

Im Gegensatz zum Fachwechsel, bei dem vor allem das Fachwissen und Erfahrungswerte übertragen werden sollen, nimmt die Wissensstafette beim Führungswechsel einen etwas anderen Verlauf. Im Vordergrund steht hier neben dem Dialog zwischen Vorgänger und Nachfolger die Integration der Mitarbeiter und Kollegen in den Prozess. Am Anfang steht für jeden Mitarbeiter eines Bereichs ein moderiertes Auftaktgespräch mit dem neuen Vorgesetzten. Der Nachfolger hat in mehreren anschließenden Übergabegesprächen die Möglichkeit, spezifisches Wissen von seinem Vorgänger zu erhalten. In einem „Transition-Workshop" wird der neue Chef unter Teilname des Vorgängers den Mitarbeitern vorgestellt mit den Zielen, Erfahrungen auszutauschen, Vertrauensbildung, Aufbau von Beziehungen. Weiterhin bekommt der Nachfolger die Möglichkeit, die Schlüsselpersonen des Bereichs zu identifizieren, informelle Abläufe zu erfragen und das Selbstverständnis des Team kennen zu lernen. Durch Strukturierung der Kompetenzgebiete werden organisatorische Abläufe, Prozesse, Ressourcen und gängige Problemlösungen ebenfalls übertragen.

Im Volkswagen Konzern kommt das Instrument mittlerweile im internationalen Umfeld zum Einsatz, wie z. B. in abgewandelter Form in Mexiko. Derzeit arbeitet das Team an der Weiterentwicklung des Instruments für den Einsatz in interkulturellen Austauschsituationen.

Quelle: Haarmann, Burski 2003

Praxistipp: Nachfolge- planung

Eine adäquate Nachfolgeregelung folgt dem nachstehenden Ablauf:

- Binden Sie frühzeitig potenzielle Kompetenzträger in Prozesse der Nachfolgeplanung ein

- Legen Sie die Details der Nachfolgeplanung offen

- Besprechen Sie das weitere Vorgehen mit dem Wechsler hinsichtlich Details der Übergabeplanung

- Identifizieren und erfassen Sie möglichst genau die Kompetenzbeschreibung der bisherigen Stelle

- Suchen Sie anhand des Kompetenzprofils nach qualifizierten Nachfolgern

- Arbeiten Sie einen Lernplan/Übergabeplan zur strukturierten Übergabe kritischer Wissensbestände aus

- Initiieren Sie gemeinsame Workshops, Seminare, Urlaube, Experteninterviews usw.

- Wenden Sie klassische Personalmethoden, wie Motivationsprogramme und rechtliche Werkzeuge, zur Erhöhung der Anreize für den ausscheidenden Mitarbeiter an

- Erhöhen Sie sukzessive die persönliche Interaktion zwischen den Mitarbeitern

3.4 Fehlende Kompetenzen systematisch identifizieren

Das Problem

Für Unternehmen ist es nicht leicht, treffsicher zu beurteilen, welche Kompetenzen in Zukunft am Markt abverlangt werden. Erkennt ein Unternehmen seine Kompetenzlücken zu spät, reagiert das Management oftmals durch *blinden Aktionismus:* Hastig und ohne System werden willkürlich Weiterbildungsmaßnahmen geplant und neue Arbeitskräfte rekrutiert. Vom Management werden nicht die Ursachen, sondern nur Symptome des Kompetenzmangels behoben. Die Kompetenzlücken bleiben bestehen.

Blinder Weiterbildungs-Aktionismus

In solch einer Situation kann ein Unternehmen bzw. eine ganze Branche nur noch reagieren, anstatt zu agieren. Fehlen wichtige Kompetenzen, bedeutet dies gleichzeitig einen Verlust an dominanter Marktstellung, der sich u. a. in frustrierten Kunden, weniger Vertrauen und sinkendem Umsatz ausdrücken kann. Schnell ist das Unternehmen in solchen Situationen nicht mehr marktfähig. Sinkender Umsatz, Insolvenzen, Betriebsübernahmen sind mögliche Folgen. So waren der verspätete Erwerb und die mangelnde Integration von Kompetenzen auf dem Gebiet der Elektronik mit verantwortlich für den Niedergang renommierter deutscher Werkzeugmaschinenhersteller.

Schleichender Rückbau von Kompetenzen

Grund für den schleichenden Rückgang der Kompetenzen sind Fehleinschätzungen der Unternehmensführung hinsichtlich zukünftig relevanter Kompetenzen. Zwar geben Trend- und Konkurrenzbeobachtungen erste Aufschlüsse darüber, welche Marktsegmente sich in welche Richtung entwickeln. Der Glaube, dass die heute im Unternehmen beherrschten Technologien und Prozesse auch in Zukunft die Bedürfnisse der Kunden decken, führt zu Fehleinschätzungen in der langfristigen Planung der Geschäftsfelder und den dafür erforderlichen Fähigkeiten bei den Mitarbeitern.

Beurteilung des Kompetenzbestandes

Ist die Kompetenzlücke erkannt, dauert es jedoch eine gewisse Zeit, Fach- und Führungspersonal auf ein adäquates Kompetenzniveau zu bringen. Doch ist es sowohl für interne als auch externe Trainer schwierig, Mitarbeiterschulungen für eine Technologie zu entwickeln, die noch nicht bekannt bzw. in der Praxis erprobt war. Ein Personalverantwortlicher beschreibt die Situation folgendermaßen: „In entwicklungskritischen Bereichen sind wir vom praktischen Know-how her gesehen den verfügbaren Weiterbildungsangeboten mindestens ein halbes Jahr voraus. Weiterbildungsmaßnahmen kommen für uns permanent zu spät!" Schwimmen lernt man also nicht auf der Schulbank, sondern im Wasser – in dynamischen Wirtschaftszweigen ist

Keine dynamischen Lernprozesse

es nicht möglich, Arbeits- und Lernprozesse zu entkoppeln [vgl. Schwering, Staudt 2001].

Fallbeispiel 3-8 | *Carla Competent: Kompetenztransparenz in Forschung und Entwicklung*

Ein Industrieunternehmen ist Marktführer im Bereich der technischen Glasherstellung. Das wichtigste Wissen konzentriert sich auf 3 Forschungsbereiche, in denen 400 Forscher neue Methoden zur Glasherstellung und Glasumformung entwickeln. Bei Prüfung der Kernkompetenzen durch eine externe Unternehmensberatung und Benchmarking mit der Konkurrenz wurde herausgefunden, dass es in den letzten Jahren zu einer Vernachlässigung bei der Entwicklung wichtiger Kernfelder gekommen war. Die Konkurrenz war nunmehr nur einen Schritt vom eigenen Entwicklungsstand entfernt. In einem kurzfristig einberufenen Meeting stellten die Verantwortlichen fest, dass zum Teil Projekte und Themen doppelt bzw. aktuelle Marktentwicklungen gar nicht bearbeitet wurden. Carla Competent, die Leiterin eines der Forschungszentren, führt dies auf eine falsche Unternehmenspolitik zurück. Durch direkte Konkurrenz zwischen den Forschungszentren wurde versucht, die Entwicklungsgeschwindigkeit der Forschungszentren permanent zu erhöhen. Dieses „Evolutionsmanagement" hatte zur Folge, dass keine Transparenz über aktuelle Forschungs- und Projektkompetenzen herrscht. Carla Competent steht nun vor der Aufgabe, innerhalb eines Monats für ihr Zentrum alle vorhandenen und zukünftig wichtigen Kompetenzen zu identifizieren. Sie selbst kennt die Fähigkeiten ihrer Mitarbeiter sehr genau. Doch hält sie es für ein aussichtloses Unterfangen, in dieser Zeit die Kompetenzen aller Zentren zu erfassen und vergleichbar zu machen. Wie kann Carla Competent schnell einen Überblick über die Kompetenzen erlangen?

Die Lösung

Kompetenzen realistisch und zeitnah beurteilen

Unternehmen müssen lernen, ihre Kompetenzen realistisch und zeitnah zu beurteilen, um derzeitige und zukünftige Entwicklungen besser einschätzbar machen zu können. Es muss definiert werden, welche Methoden und Konzepte zu einer langfristigen und stabilen Verbesserung des Kompetenzbestandes und der Reduktion der Kompetenzdefizite führen können. Ein unausgewogenes Kompetenzportfolio des gesamten Unternehmens kann eine große Gefahr darstellen.

Anwendung von Evolutionsstrategien

So ergab sich für Carla Competent das Problem, das Kompetenzportfolio für die F&E-Abteilung zu ermitteln. Das Identifizieren und Korrigieren der Kompetenzen scheiterte bisher an der fehlenden Transparenz der Kompetenzbestände. Carla Competent könnte eine Strategie, ähnlich der der Evolution, wählen: Nach Identifizierung und praxisrelevanten Beurteilung einzelner Kompetenzbereiche wird eine *Eliminierungs- und Selektionsstrategie* ausgearbeitet. Anhand zuvor definierter Unternehmensziele werden die Führungskräfte dazu aufgefordert, einen Soll-Zustand ihrer Abteilungen für die Entwicklung innerhalb eines bestimmten Zeitraums zu entwickeln, in dem prognostiziert wird, welche Kompetenzen selektiert – d. h. weiterverfolgt und gestärkt – und welche Kompetenzen eliminiert – d. h. langsam rückgebaut und der Mitarbeiterstamm reduziert – werden. Bei wiederholtem Ist-Soll-Abgleich bekommt die Unternehmensführung Aufschluss über *„Kompetenztäler"* – also die Defizite – und *„Kompetenzberge"* – die Stärken innerhalb der Belegschaft. Werden diese Maßnahmen permanent vollzogen, kann das Unternehmen gezielt Kompetenzen auf- oder abbauen.

Auf Basis dieser Schätzungen kann z. B. die Personalabteilung den Abteilungen und einzelnen Mitarbeitern bedarfsgerechte Weiterbildungsangebote unterbreiten. Zulieferer und strategische Partner können auf lange Sicht aufgebaut und in die Unternehmensprozesse integriert werden. Eine Lösung, die die Ziele des Unternehmens mit denen der Mitarbeiter vereint.

Bedarfsgerechte Weiterbildungsangebote

STACO: Potenziale durch den „Potenzialscanner" identifizieren

Fallbeispiel 3-9

Im Projekt Unikat wurde ein Vorgehen entwickelt, das es kleinen und mittelständischen Unternehmen ermöglicht, ihren spezifischen Weg zur Differenzierung im Wettbewerb zu identifizieren. Ziel ist es, auf Basis der Potenziale eines Unternehmens eine Strategie der Einzigartigkeit zu erarbeiten. Dieses Vorgehen basiert auf der Identifikation von Indizien spezifisch relevanter Fähigkeiten, die bereits im Unternehmen vorhanden, aber deren Potenziale nicht erkannt sind. In einem Referenzmodell wurden dazu die beiden Pole Potenzialidentifizierung und -nutzung miteinander in Bezug gebracht. Identifizierte Kompetenzen werden durch Maßnahmen der Management- und Controllingebene erschlossen und schließlich für den Geschäftserfolg nutzbar gemacht (z. B. neue Serviceangebote). Da sich Kompetenzpotenziale durch neues Anwendungswissen vergrößern, entstehen in der Regel neue gezielte und zufällige Potenziale. Dieser Zyklus vollzieht sich eingebunden in entsprechende Management- und Controllingprozesse. Damit wird gewährleistet, dass sich der Prozess nicht zufällig vollzieht, sondern bewusst gestaltet wird. Im Zentrum dieses Kreislaufes steht die Entwicklung einer Strategie zwischen Kompetenzerneuerung und -reduktion.

Um verborgene Möglichkeiten sichtbar zu machen, wurde das Instrument Potenzialscanner entwickelt. Innerhalb definierter Suchfelder hilft dieses Werkzeug, Hinweise auf ungenutzte Stärken zu finden. Zum Beispiel können unerwartete Aufträge ein solches Indiz sein – Aufträge, für die man den Zuschlag gar nicht hätte erhalten dürfen, weil Wettbewerber kostengünstiger anbieten oder spezialisierter für das jeweilige Kundenproblem sind. Erhält ein Unternehmen dennoch einen solchen Auftrag, sieht der Kunde offenbar eine Stärke, die dem Unternehmen noch gar nicht bekannt ist. Diese Stärke könnte – systematisch entfaltet – ein entscheidender Wettbewerbsvorteil sein. Angesichts einer nachlassenden Differenzierung gegenüber dem Wettbewerb und verstärkt auftretenden Billiganbietern suchte STACO nach neuen Wegen, die Preise für die eigenen Leistungen stabil halten zu können. Trotz erster Schritte verschärfte sich die Wettbewerbssituation. Der Gitterrosthersteller suchte daher nach Ansatzpunkten, worin er sich vom Wettbewerb unterscheidet. Diese Andersartigkeit musste aber auch einen klaren Kundennutzen versprechen, um eine Differenzierung jenseits des Preiswettbewerbs zu ermöglichen. Interviews mit den Führungskräften zur Historie des Unternehmens förderten Hypothesen zutage, wo bislang ungenutzte Potenziale liegen könnten. Sie wurden vor allem in den kundenbezogenen Potenzialen gesehen. STACO erhielt z. B. häufig Anfragen und Aufträge von Kunden, die nicht aus den angestammten Marktsegmenten Industrie- und Anlagenbau stammten. Das schien ein Indiz dafür zu sein, dass die Kunden dem Unternehmen zutrauten, ganz andere und neue Anwendungen für Gitterroste zu realisieren – etwa als Fassaden-, Zaun- oder Gartenbauelemente. Ein Vertrauen, das den wenigsten Wettbewerbern mit ähnlichen Anwendungen entgegengebracht wurde.

Eine weitere Chance, neue Marktsegmente zu erschließen, sah das Führungsteam darin, Anfragen nachzugehen, die bislang deshalb abgelehnt worden waren, weil man sich nicht in der Lage sah, die Kundenanforderungen hinsichtlich Preis, Lieferzeiten und Leistungsspektrum zu erfüllen. Die genauere Analyse dieser Anfragen zeigte, dass man viele davon voreilig abgelehnt hatte. Denn mit verkürzten Durchlaufzeiten im Unternehmen gelang es, kurze Lieferzeiten zu realisieren, für die der Kunde einen höheren Preis zu zahlen bereit war. Auch wurden Möglichkeiten geprüft, Anfragen nach Gitterrosten mit besonderen Abmessungen zu bedienen, die bislang nicht realisiert worden waren. In einzelnen Fällen stellte man Versuche innerhalb der eigenen Fabrik an, in anderen Fällen ging man Kooperationen mit Partnern ein, um den Kunden ein breiteres Leistungsspektrum anbieten zu können. Weitere Hinweise auf neues Geschäftspotenzial lieferte die Analyse der Reklamationen von Kunden, die Gitterroste für neue Anwendungen (z. B. als Parkbänke) einsetzten, die Analyse der Ursachen für Bestellungen oder der Begeisterung von Kunden, von erfolgreichen Produkten der Vergangenheit sowie von Eindrücken, die neue Mitarbeiter vom Unternehmen gewonnen haben.

Die Mind-Map auf der folgenden Seite gibt einen Überblick über einige Potenziale, die im Laufe des Projektes identifiziert wurden. Die Erkenntnisse und Ergebnisse kamen im Wesentlichen zustande, indem Informationen, Einschätzungen und Erfahrungen im Führungsteam ausgetauscht wurden. Diese pragmatische Variante ermöglichte, dass Geschäftspotenziale sichtbar wurden, die vorher für die einzelne Führungskraft nicht erkennbar waren. Meist kam der Prozess ins Rollen, wenn einer der Beteiligten sagte: „Ich glaube noch nicht, dass das nicht geht."

Allerdings mussten eine Reihe von Maßnahmen ergriffen werden, um aus den Potenzialen tatsächlich ausgereifte Stärken zu machen. Dazu gehörte etwa ein verändertes Selbstverständnis der Mitarbeiter dahingehend, dass ein erfolgreicher Arbeitstag nicht unbedingt in der Produktion großer Gitterrostmengen besteht, sondern in der Lösung von – zum Teil ausgefallenen – Kundenproblemen, die attraktive Deckungsbeiträge erbringen. Das Potenzial Lieferzeit wurde erschlossen, indem Maßnahmen ergriffen wurden, die eine dauerhaft kurze Lieferzeit auch für Sonderanfragen gewährleisten. Der eingeschlagene Weg zu einer Serviceproduktion gestaltete sich für STACO erfolgreich und hat den Zugang zu einer Reihe neuer Kundengruppen eröffnet: Kunden aus der regionalen Umgebung, Kunden, die über ein Cross-Selling von Verzinkungsleistungen und Gitterrosten gewonnen wurden, und Kunden, die über das erweiterte Leistungsspektrum angesprochen werden konnten. Der hohe Grad an Wandlungsfähigkeit zeigt sich darin, dass 60 Prozent der Produkte und Dienstleistungen, die das Unternehmen heute anbietet, jünger als drei Jahre sind.

Quelle: Kohlgrüber et al. 2004

Unikat Potenzialscanner – Beispiele für Filter (Quelle: Kohlgrüber et al. 2004)

Abbildung 3-10

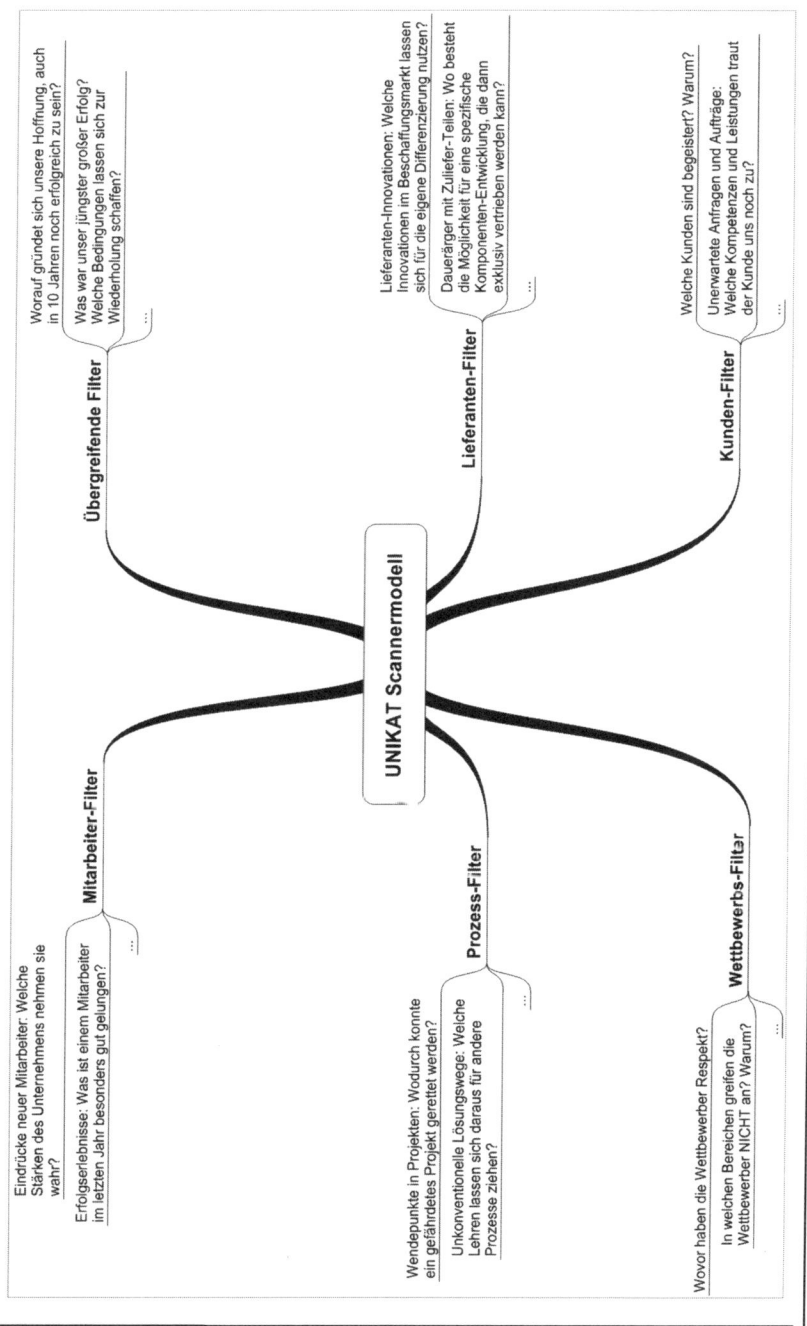

UNIKAT Scannermodell

Übergreifende Filter
- Worauf gründet sich unsere Hoffnung, auch in 10 Jahren noch erfolgreich zu sein?
- Was war unser jüngster großer Erfolg? Welche Bedingungen lassen sich zur Wiederholung schaffen?
- ...

Lieferanten-Filter
- Lieferanten-Innovationen: Welche Innovationen im Beschaffungsmarkt lassen sich für die eigene Differenzierung nutzen?
- Dauerärger mit Zuliefer-Teilen: Wo besteht die Möglichkeit für eine spezifische Komponenten-Entwicklung, die dann exklusiv vertrieben werden kann?
- ...

Kunden-Filter
- Welche Kunden sind begeistert? Warum?
- Unerwartete Anfragen und Aufträge: Welche Kompetenzen und Leistungen traut der Kunde uns noch zu?
- ...

Mitarbeiter-Filter
- Eindrücke neuer Mitarbeiter: Welche Stärken des Unternehmens nehmen sie wahr?
- Erfolgserlebnisse: Was ist einem Mitarbeiter im letzten Jahr besonders gut gelungen?
- ...

Prozess-Filter
- Wendepunkte in Projekten: Wodurch konnte ein gefährdetes Projekt gerettet werden?
- Unkonventionelle Lösungswege: Welche Lehren lassen sich daraus für andere Prozesse ziehen?
- ...

Wettbewerbs-Filter
- Wovor haben die Wettbewerber Respekt?
- In welchen Bereichen greifen die Wettbewerber NICHT an? Warum?
- ...

Generell empfehlen wir für die Ermittlung ungenutzter Potenziale folgendes Vorgehen:

- Analysieren und überprüfen Sie den aktuellen Kompetenzbestand im Unternehmen hinsichtlich Markt- und Kundenanforderungen, z. B. durch Etablierung von Expertengruppen zur Trend- und Marktanalyse

- Entwickeln Sie Trendprognosen für die zukünftige Entwicklung des Unternehmens, z. B. durch Methoden der Marktforschung

- Definieren Sie zukünftig erforderliche Kompetenzfelder im Sinne der Entwicklung konkreter strategischer Kompetenzziele des Gesamtunternehmens

- Initiieren Sie Prozesse zur Reflektion strategischer Veränderungen

- Brechen Sie neue Anforderungen auf Änderungen in den Kompetenzen Ihrer Mitarbeiter herunter

- Initiieren Sie neue Lernformen zusammen mit Kunden und Lieferanten

- Nutzen Sie Kompetenznetzwerke zur größeren Streuung und Weitergabe von Kompetenzen unter den Mitarbeitern, z. B. auf Ebene der Produkte, Kundengruppen, usw.

- Entwickeln Sie Prozesse und Feedback-Werkzeuge, um nicht mehr benötigte Kompetenzen zu eliminieren

3.5   Karriere durch Kompetenzentwicklung

Das Problem

Gute Mitarbeiter zu halten und ihnen Entwicklungsperspektiven aufzuzeigen ist keine leichte Aufgabe. Kompetenz entsteht nicht von allein – sie muss erkannt, ausgebaut und weiterentwickelt werden. Jeder Mitarbeiter besitzt ein einzigartiges *Kompetenzportfolio*. Da die Summe der Kompetenzen aller Mitarbeiter die Grundlage für das gesamte Kompetenzportfolio eines Unternehmens bildet, ist es für das Management wichtig, Kompetenzen strukturiert zu erfassen und weiter zu entwickeln.

Durch vernachlässigte Förderung der Mitarbeiterkompetenzen kann es schnell passieren, dass Mitarbeiter keine Perspektive zur Weiterentwicklung o. Ä. sehen und eine Abwanderung von Kompetenz im Unternehmen die Folge ist. Besonders im mittelständischen Bereich ist die Problematik uniformer Karrieresysteme bekannt. Ergebnisse einer Untersuchung der Universität Göttingen [vgl. Deckstein 1997] untermauern diese Behauptung: Statistisch gesehen ist in deutschen Unternehmen jeder siebte Facharbeiter unterhalb seiner Qualifikation beschäftigt.

Fehlende Entwicklungsperspektive bei Mitarbeitern

Indes ist den wenigsten Verantwortlichen das Kompetenzportfolio ihrer Mitarbeiter bekannt. Besonders verbreitet ist die Unwissenheit bezüglich der bisherigen Arbeitserfahrung in anderen Firmen, d. h. in welchen Firmen, in welchen Projekten, für welche Kunden oder mit Hilfe welcher Methoden bisher gearbeitet wurde. Anmerkungen von Vorgesetzten wie: „Übrigens, haben Sie überhaupt einen Hochschulabschluss?", oder: „Ich bin überrascht, Sie kennen sich ja sehr gut mit dem Kunden XY aus!" mag der ein oder andere selbst kennen. Kein Wunder, dass es aufgrund von Hierarchien und damit der Unkenntnis des Gegenübers immer weniger möglich wird, Potenziale von Mitarbeitern genau einzuschätzen und geeignete Karrierepfade zu planen. Wird dieses Problem nicht erkannt, sind die Folgen erhöhte Frustration und Leistungsschwäche bei den Mitarbeitern sowie Unzufriedenheit hinsichtlich der Arbeitsergebnisse bei den Führungskräften.

Versteckte Potenziale bleiben ungenutzt

Carla Competent: Karriere durch Kompetenzentwicklung in der Internetbranche

Fallbeispiel 3-11

Eine Internetfirma im Handelssegment von Spielzeugwaren brauchte sich bisher keine Sorgen über die Zukunft zu machen. Alle 130 Mitarbeiter des Unternehmens sind zwischen 23 und 30 Jahren alt, motiviert und im Online-Bereich firm. Die im normalen Handelsgeschäft notwenigen Kompetenzen wie Aufbau eines Handelsnetzes, Sortimentsplanungen usw. wurden den Mitarbeitern bisher nicht abverlangt und wurden bis dato nicht aufgebaut. Solange die Firma immer noch Zuwachsraten zu verzeichnen hat, gibt es für die Geschäftsführerin Carla Competent keinen Grund, das Personal weiterzubilden. Doch mehr und mehr gerät die Handelsfirma unter Druck. Nachdem der traditionelle Handel das Internet für sich entdeckt hat, konkurriert die Internetfirma mit angestammten Handelsfirmen. Für einen Konkurrenzkampf müssen die Mitarbeiter höher qualifiziert und neue Kompetenzen aufgebaut werden. Allein in den letzten vier Wochen wurden zehn Mitarbeiter aus dem Vertrieb von Wettbewerbern abgeworben. Bei den Kunden macht sich eine erhöhte Unzufriedenheit bemerkbar. Carla Competent muss sowohl die Abwanderung der Mitarbeiter stoppen als auch ihnen eine längerfristige Perspektive bieten. Wie kann Carla Competent dieses Problem lösen?

Die Lösung

Karrierepfade in wissensorientierten Unternehmen

Die Thematik der *Karriereentwicklung* fachlicher Mitarbeiter in flachen Hierarchien ist eine Problematik wissensorientierter Unternehmen. Einerseits gibt es im wissensorientierten Unternehmen nur wenige Hierarchiestufen, andererseits sind nicht alle fachlichen Mitarbeiter interessiert bzw. geeignet, Managementfunktionen zu übernehmen. Für fachliche Mitarbeiter, die Managementpositionen übernehmen wollen und dazu fähig sind, bietet sich eine Aufstiegsmöglichkeit in die mittlere Führungsebene. Der Aufstieg wird im Allgemeinen nach hartem, aber nicht unbedingt unkollegialem internen Konkurrenzkampf, regelmäßigen Leistungsbewertungen und Feedbacks möglich. Talente werden immer feiner ausgesiebt. So haben bei einer Unternehmensberatung nur ca. zehn Prozent der sorgfältig ausgesuchten Berater Aussicht, Partner zu werden, und das kann neun bis zwölf Jahre dauern [vgl. Quinn 1996].

Aufstieg durch Fachlaufbahnen

Ein schnellerer Aufstieg ist immer dann möglich, wenn das Unternehmen entsprechend wächst. Der Aufstieg ist daher sehr eng mit der Rate des Wachstums dieses Unternehmens verbunden. Hochqualifizierte Forscher, die jedoch keine Managementaufgaben anstreben bzw. deren fachliche Kompetenz dem Unternehmen zu viel wert ist, um sie in Managementpositionen zu *„verschleißen"*, können in einer getrennten *Fachlaufbahn* aufsteigen und in ihrer Vergütung bzw. ihren Kompetenzen dem Status oberer Führungskräfte angenähert werden. In hierarchischen Unternehmen benötigt ein Hauptabteilungsleiter eine bestimmte Anzahl von Mitarbeitern oder ein gewisses Budget, um in diese Position aufsteigen zu können.

Fallbeispiel 3-12

CSC Ploenzke: Personalentwicklung mit Perspektive – Querdenker statt Aufsteiger

---

Karriere, was ist das eigentlich?

Bei CSC Ploenzke haben Sie Karriere gemacht,

- wenn man Sie fragt,
- wenn man Ihren Rat holt,
- wenn man Ihnen Informationen gibt,
- wenn man Ihnen traut und viel zutraut,
- wenn man Ihnen viel Spielraum (Raum zum Spielen) lässt,
- wenn man Ihnen Verantwortung überträgt!
- Kurz, wenn Sie gefragt sind, bei Kunden und Kollegen.

Quelle: CSC Ploenzke

In wissensorientierten Unternehmen gilt dieses „*Köpfe zählen*" nicht. So hat z. B. die Weltgesundheitsorganisation – eine ansonsten hierarchisch organisierte Behörde – ihren qualifizierten Fachleuten Karrieremöglichkeiten eröffnet, die sonst im UN-System nur mit einer gewissen Anzahl von „*Untergebenen*" möglich wären. Trotz all dieser Motivationsmechanismen werden Unternehmen weiterhin fachlich qualifizierte Mitarbeiter verlieren. Um jedoch nur die Mitarbeiter und nicht deren Wissen vollständig zu verlieren, sollten wissensorientierte Unternehmen darauf achten, dass diese Wissensträger ständig ihr Wissen im Informationssystem des Unternehmens speichern, in den *unternehmensinternen Kompetenznetzwerk*en ihr Wissen weitergeben sowie neue Mitarbeiter anlernen und coachen.

Aufbau unternehmensinterner Kompetenznetzwerke

Das Problem liegt oft in den Karrieresystemen der Unternehmen. Bei der Ausbildung zukünftiger leitender Kräfte wird bei der Karriereplanung häufig keine Unterscheidung zwischen *Fach- und Führungskräften* getroffen. Die Entwicklung und Förderung leitender Fachkräfte wird indes unterschätzt. So kann es passieren, dass ein fachlich höchst kompetenter Angestellter, z. B. ein Ingenieur, in eine Führungsposition befördert wird, für die er nur geringe Kompetenzen aufweist. Fachlich kann er in seiner neuen Rolle weniger Einfluss nehmen, da die neue Position eher steuernde und organisatorische Aufgaben abverlangt. Daraus ergibt sich das Problem, dass eine gute Fachkraft für das Unternehmen verloren geht und darüber hinaus eine eher schwache Führungskraft geschaffen wurde [vgl. Schnauffer, Stieler-Lorenz, Peters 2004]. Durch Kompetenzerweiterung und -vertiefung kann Mitarbeitern eine *längerfristige Entwicklungsperspektive* geboten werden und können qualifizierte Mitarbeiter im Unternehmen gehalten werden.

Unterscheidung von Fach- und Führungskarrieren

Schnell erkannte Carla Competent, dass die Abwanderung von Mitarbeitern nur durch eine differenzierte und *langfristige Karriereperspektive* zu stoppen war. Karrierechancen müssen für jeden Mitarbeiter individuell vereinbart und Weiterbildungsangebote zugeschnitten werden. Praktikable und schnelle Lösungen lassen sich dadurch erzielen, dass als Erstes das vorhandene Können der Mitarbeiter anhand aktueller Arbeitsresultate erfasst wird. Dazu gehören besonders Ergebnisse aus Projekten durch Drittbeurteilung von externen und internen Partnern. Formelle Qualifikationen spielen in diesem Zusammenhang nur eine untergeordnete Rolle.

Aufzeigen langfristiger Karriereperspektiven

Die Objektivierung der Informationen der *Selbst- durch Fremdeinschätzungen* ist auch hier ein wichtiger Punkt. Die Eigenbewertung kann im persönlichen Feedbackgespräch mit dem Vorgesetzten besprochen und der substanzielle Weiterbildungsbedarf geklärt werden. Die Angaben verwendet die Personalabteilung zur Planung *individueller Karriereprofile*, die mit Weiterbildungspaketen untersetzt und auf Basis wiederkehrender Beurteilungen angepasst werden.

Selbst- und Fremdbewertung als Beurteilungsbasis

Fallbeispiel 3-13 | *Brose GmbH & Co. KG: Karriereplanung durch neue Karrieresysteme*

Brose ist Partner der internationalen Automobilindustrie und beliefert mehr als 30 Fahrzeugmarken sowie führende Sitzhersteller. An 30 Standorten weltweit entwickeln und fertigen 7500 Mitarbeiter intelligente Komponenten und Systeme für Türen und Sitze von Automobilen. In den letzten Jahren nahm aufgrund verstärkten Marktdrucks und Konkurrenzsituation die Bedeutung von Fachkräften als Treiber der Unternehmensentwicklung deutlich zu. Vordefinierte Karrieremuster bezogen sich jedoch eher auf Management-, also Führungsfunktionen, als auf die Ausbildung leitender Spezialisten. Das führte dazu, dass fallweise die besten Spezialisten eines Fachgebietes zu Führungskräften in ihren Kompetenzgebieten gemacht wurden. Ergebnis dieser Entwicklung war, dass Top-Spezialisten verloren gingen, hingegen nur mittelmäßige Führungskräfte gewonnen wurden. Aus diesem Grund entschied die Geschäftsführung bei Brose, ein neues Karrieresystem zu etablieren. Spezialisten sollten nun den bisherigen Führungskräften gleichgestellt werden. Dem Unternehmen war klar, dass das Know-how von Fachkräften für das Unternehmen viel schwieriger zu ersetzen ist als Managementwissen. Bislang wurde jedoch der Schwerpunkt auf die Entwicklung von Führungskräften gelegt. Zur Identifikation von Fachkräften wurde bisher lediglich eine Matrix zur Kompetenzeinschätzung von den jeweils Vorgesetzten geführt. Das Unternehmen stand für die langfristige Etablierung getrennter Karrierepfade von Fach- und Führungskräften vor folgenden Aufgaben:

▪ Identifikation der Fachkräfte, die für eine Spezialistenkarriere geeignet sind

▪ deren systematische Weiterentwicklung und Förderung.

Im Rahmen des Projektes Inno-how wurde ein Ansatz entwickelt, fachliche Experten zu identifizieren und ihre Vernetzung zu fördern. Mit Hilfe eines Fragebogens wurden ausgewählte Methoden sowie deren Kompetenz bei Mitarbeitern abgefragt. Die Kompetenz wurde anhand der vier Dimensionen Kenner, Könner, Experte, Multiplikator abgefragt. Auf Basis der Ergebnisse konnten Methodenspezialisten differenziert nach den Abstufungen Sachbearbeiter, Know-how-Träger und Fachkraft identifiziert werden.

Quelle: Schnauffer, Stieler-Lorenz, Peters 2004

Praxistipp: | Generell wird folgende Vorgehensweise empfohlen:
Karrierepfade |

▪ Identifizieren Sie unternehmensrelevante Kompetenzgebiete.

▪ Identifizieren Sie aktuelle und potenzielle Kompetenzträger in diesen kritischen Kompetenzgebieten.

▪ Beurteilen Sie Mitarbeiter anhand von Selbst- und Fremdeinschätzungen.

▪ Entwickeln Sie individuelle Kompetenzpfade für eine Karriereplanung und stimmen Sie diese mit den Mitarbeitern ab (Trennung von Fach- und Führungskarriere).

▪ Arbeiten Sie individuelle und gruppenbezogene Weiterbildungsangebote aus.

3.6 Weiterbildung steuern

Das Problem

In der betrieblichen Weiterbildung wird oft nach dem *Gießkannenprinzip* vorgegangen, ohne eine detaillierten Überblick über Mitarbeiterkompetenzen zu haben. Das Management plant in einem *„top-down-Prozess"* das Weiterbildungs-Programm. Mitarbeiter werden zu Seminaren angemeldet, ohne dass erkennbar ist, wie das gebuchte Seminar zur gezielten Kompetenzentwicklung des Mitarbeiters oder der Arbeitsgruppe beiträgt.

„Gießkannen-Prinzip" Weiterbildung

Wie können Mitarbeiter ihr eigenes Kompetenzportfolio managen, insbesondere wenn sie häufiger zwischen Unternehmen wechseln und ihre Chancen auf dem Arbeitsmarkt (*„employability"*) erhöhen wollen? Woher soll der Beauftragte für Weiterbildungsmaßnahmen wissen oder gar beurteilen, welches Weiterbildungspaket für einzelne Mitarbeiter am besten erscheint?

Individuelle Bewertung des Weiterbildungsbedarfs

Carla Competent: Weiterbildungsplanung kompetenzbasiert steuern

Fallbeispiel 3-14

Eine deutsche Traditionsfirma zur Herstellung von Messgeräten für Wasser und Wärme beschäftigt derzeit ca. 500 Mitarbeiter. Trotz Erneuerung der tradierten Unternehmenskultur in Richtung einer kunden- und mitarbeiterorientierten Unternehmenskultur blieben bisherige Qualifizierungsmaßnahmen ohne einen nachweisbaren Nutzen. Carla Competent, die Personalbeauftragte des Unternehmens, erklärt sich das so: „Durch unsere bisherigen Methoden, wie z. B. für alle Mitarbeiter angebotenen Qualifizierungsmaßnahmen zum Projektleiter, konnte keine erkennbare Verbesserung unseres Qualitätsniveaus erzielt werden. Üblicherweise verteilen wir unser gesamtes Qualifikationsbudget auf die einzelnen Abteilungen. Die Vorgesetzten entschieden, wer weiter qualifiziert wird und wer nicht. Die Kosten dafür buchen wir auf die Weiterbildungskonten der einzelnen Abteilung." Nach eingehender Prüfung stellte sich heraus, dass Maßnahmen z. T. aus Zeitmangel von den Führungskräften nicht systematisch vorgenommen wurden oder ein allgemeines Desinteresse bei den Mitarbeitern an den Weiterbildungsmaßnahmen bestand. Carla Competent wurde von der Geschäftsleitung gebeten, ein neues Qualifizierungssystem für das Unternehmen auszuarbeiten. Ziel war es, einen Weg zu finden, der Qualifizierungsmaßnahmen sowohl gezielt auf den Bedarf des Unternehmens als auch auf die Kompetenzen der Mitarbeiter abstimmt. Wie kann Carla Competent vorgehen, um bisherige Fehler zu vermeiden?

Die Lösung

Neues Weiterbildungs-Verständnis

Aus- und Weiterbildung ist eine zentrale Aufgabe auf dem Weg zum Wissensunternehmen. Neue Rollenverständnisse und Arbeitsformen sind zu erlernen und zu begleiten. Im modernen Personalmanagement muss ein stärkerer Fokus auf ein Kompetenzmanagement gelegt werden. Eine neue Sichtweise etabliert sich im Aus- und Weiterbildungssektor: Weg vom Standard-Training, hin zum individuellen Lernen. Dabei entstehen zahlreiche neue Lernformen, wie das *„just-in-time"-Lernen*, das bestimmte Lerneinheiten in den Arbeitsprozess mit Hilfe individualisierbarer E-Learning-Module oder Web Based Trainings verankert.

Nachfrageorientiertes Lernen

Die Aus- und Weiterbildung der Zukunft wird die offene Zusammenarbeit von Mitarbeitern üben, d. h., Verhaltensänderungen gewinnen Gewicht gegenüber Wissensvermittlung. Über einzelne Bildungsaktivitäten hinausgehend wird ein Coaching für Mitarbeiter angeboten. Nachfrager rufen Wissen orientiert an ihren Bedürfnissen unter Nutzung technischer Hilfsmittel ab, Seminarbausteine sind über das unternehmensinterne Intranet verfügbar oder werden extern über das Internet zugänglich gemacht. Mitarbeiter stellen sich ihr *„Aus- und Weiterbildungsmenü"* individuell zusammen.

Wissen-Können-Handeln

Nach dem Motto „Wissen-Können-Handeln" wird Lernen und Anwenden viel stärker miteinander verbunden. Zunehmend lernen Mitarbeiterteams gemeinsam. Führungskräfte aus unterschiedlichen Geschäftseinheiten bewältigen während ihrer Weiterbildung konkrete Projekte. Das schweißt sie zusammen. Die in der Weiterbildung geknüpften Kontakte werden später gepflegt und fördern einen Wissensaustausch über die Grenzen der Geschäftseinheiten und Funktionen hinweg. Die in modernen Formen der Weiterbildung enthaltenen zeitlichen und finanziellen Dispositionsspielräume eröffnen für den Mitarbeiter neue Freiheitsgrade. Mitarbeiter können für z. T. begrenzte Zeit an eigenen Ideen oder in eigen initiierten Projekten arbeiten und ihr Potenzial unter Beweis stellen.

Fallbeispiel 3-15

Individuelle Weiterbildungs- und Karriereplanung im Vermögensmanagement

---

Ziel eines Projektes, das von der efiport AG koordiniert wurde, war die Entwicklung einer Methode zur kompetenzbasierten Weiterbildung von 500 Kundenbetreuern für das professionelle Vermögensmanagement. Grundlegend stand folgende Frage im Raum: Welcher Mitarbeiter soll mit welchem Ziel welche Weiterbildungsmaßnahme belegen? Dazu wurden für 15 unterschiedliche Funktionen und fünf verschiedene Kompetenzstufen insgesamt mehr als 50 Qualifizierungsmaßnahmen für vier Zeiträume definiert. Insgesamt ergaben sich daraus 15 000 verschiedene Kombinationsmöglichkeiten, für die ein Mitarbeiter hinsichtlich seiner Weiterqualifizierung ausgewählt werden konnte. Eine unlösbare Beratungsaufgabe für wenige Personalentwickler. Zur Lösung des Problems wurde ein IT-gestütztes Werkzeug entwickelt, in dem alle möglichen Maßnahmen mit den jeweils infrage kommenden Qualifikationsmaßnahmen hinterlegt und permanent aktualisiert werden. Dies hatte eine drastische Reduktion des Personalaufwandes für die Betreuung der internen Weiterbildung zur Folge. Heute pflegt nur noch eine Person die aktuellen Termine der Weiterbildungsmaßnahmen ein.

Der Mitarbeiter kann die Ausprägungen seiner einzelnen Kompetenzen im System selbst jederzeit verändern. Für die Einschätzung der Kompetenzen wurde eine 5-stufige Skalierung gewählt (von 1 = in Ansätzen bis 5 = in herausragender Ausbildung und vorbildlicher Ausführung). Online entwickeln die Mitarbeiter mit Hilfe von PROVM (Professionelles Vermögensmanagement) auf Basis eines individuellen Bedarfschecks ihr persönliches Weiterbildungsprogramm. Der Mitarbeiter nutzt den Bedarfscheck eigenständig im Intranet. Er oder sie gibt mit Hilfe eines Auswahlmenüs die derzeitige Funktion, die mittelfristig angestrebte Funktion, die Vorbildung sowie den gewünschten Starttermin der Weiterbildung an. Das System erstellt ein ideales Kompetenzprofil mit verschiedenen Ausprägungsgraden je Kompetenz. Dieses Kompetenzprofil können die Mitarbeiter individuell verändern. Sie schätzen damit ihre eigene aktuelle Fachkompetenz ein. Basierend auf einer elektronischen individualisierten Kompetenzeinschätzung und der aktuellen sowie der angestrebten Rolle im Unternehmen erhalten die Mitarbeiter ein mehrstufiges Curriculum mit Vorschlägen zu ihren Weiterbildungsmaßnahmen, möglichen Terminen und einem klaren Ziel – immer in Abstimmung mit dem Vorgesetzten.

Den Prozess der Selbsteinschätzung kann der Mitarbeiter beliebig oft wiederholen. Hat sich der Mitarbeiter für die Teilnahme am Programm entschieden, erstellt er einen Ausdruck, der sowohl seine individuelle Kompetenzeinschätzung als auch das empfohlene Qualifizierungsprogramm darstellt. Dieser Ausdruck ist Grundlage für das Gespräch mit dem Vorgesetzten, der das Qualifizierungsprogramm genehmigen muss. Bei diesem Gespräch können sowohl die grundsätzliche Qualifizierungsfrage, die Kompetenzeinschätzung des Mitarbeiters als auch der Termin noch einmal diskutiert werden. Gelangen Mitarbeiter und Vorgesetzte zu einer gemeinsamen positiven Entscheidung in diesen Punkten, erfolgt die Anmeldung mit Unterschrift des Vorgesetzten direkt bei der Personalabteilung. Auch der individuelle Datenschutz wurde durch technische Maßnahmen gewährleistet. Es werden keine persönlichen Daten gespeichert.

So wird eine Weiterbildungsberatung eingesetzt, welche die Personalabteilung und die Vorgesetzten entlastet. Für die Mitarbeiter sind die beruflichen Chancen in der Bank sowie der Weg zum neuen Job sehr viel transparenter geworden. Die Zufriedenheit und die Effizienz sind gestiegen.

Quelle: efiport AG

Diese Freiräume fehlten in der Firma von Carla Competent. Die dortige Weiterbildungskultur ist den Anforderungen des Marktes nicht mehr gewachsen. Die alten Prozesse, in denen der Mitarbeiter nicht als Ressource, sondern eher als Nutznießer behandelt wird, basieren auf einer nicht auf den Bedarf abgestimmten Personalentwicklung. Dieses weit verbreitete Problem, Mitarbeiter nicht als interne Kunden zu behandeln, löste bei den Arbeitnehmern Unzufriedenheit und Desinteresse im Hinblick auf Weiter-

Einbeziehung aller Unternehmensebenen und -bereiche

bildungsmaßnahmen aus. Ein grundlegend neues Konzept sollte in diesem Fall unter Einbeziehung aller mitspracheberechtigten Instanzen wie dem Betriebsrat, einzelnen Mitarbeitervertretern, der Unternehmensführung usw. entwickelt werden. Kompetenzmanagement schafft dabei die entsprechenden Entscheidungsvorlagen, um objektiv beurteilen zu können, wer welche Kompetenzen besitzt. Gleich, welche Weiterbildungsmethoden eingesetzt werden: Sie müssen sich sowohl an den strategischen Zielen des Unternehmens als auch an der individuellen Kompetenzentwicklung der einzelnen Mitarbeiter orientieren.

Fallbeispiel 3-16 | *ADAC BrainPool: Weiterbildungsplanung mit Kompetenzprofilen*

Die 265 Mitarbeiter des Ressorts Mitgliederservice der ADAC-Zentrale in München sind für alle Aspekte der Mitgliederbetreuung und der Bestandsführung von circa 20 Millionen Verträgen zuständig. Dazu zählen beispielsweise die Bearbeitung und Beantwortung der schriftlichen und telefonischen Anfragen zu Produktleistungen, zur Vertragsgestaltung, der Beitragszahlung oder das Backoffice für die ADAC-Geschäftsstellen. Jährlich werden ca. 5,5 Millionen Geschäftsvorfälle bearbeitet und 900 000 Inbound-Telefongespräche geführt. Durch die Diversifizierung der ADAC-Mitgliedschaft sowie in den ADAC-Versicherungsangeboten (Schutzbrief, Auslands-Krankenschutz, Verkehrs-Rechtsschutz, Unfallschutz) kam es in den letzten Jahren zu einer immer komplexeren Produkt- und DV-Systemlandschaft. Aufgrund des Anspruches, eine Mitgliederanfrage zu unterschiedlichen Aspekten aus einer Hand zu bearbeiten und zu beantworten, ist das dafür notwendige Wissen enorm angewachsen und in unterschiedlicher Breite und Tiefe bei den einzelnen Mitarbeitern vorhanden.

Um dem Anspruch zu genügen, wurde im Ressort Mitgliederservice das Qualifizierungsprogramm ADAC BrainPool entwickelt. Die Idee: Die Mitarbeiter vermitteln sich gegenseitig das Basis-Know-how und Spezialwissen ohne fremde Hilfe. In einem ersten Schritt wurden Projektziele wie Erhöhung der Motivation und Kompetenz der Mitarbeiter, Verbesserung der Bearbeitungsqualität, Steigerung der Produktivität, Bildung von Netzwerken usw. operationalisiert und konkrete Ziele abgeleitet:

■ Analyse der Wissenslücken durch Befragung der Mitarbeiter

■ Zuordnung der Bedarfe zu Produktwissen, Technikwissen, Wissen um Arbeitstechniken und zu Überblickswissen

■ Qualifizierung der Mitarbeiter entsprechend ihrer Wissenslücken

■ Steigerung der Effizienz der Qualifizierung durch kurzes, schnell abrufbares, bedarfs- und punktgenaues Coaching weg von Standard-Qualifizierungen bei gleichzeitiger Kostenreduzierung für Qualifizierungsmaßnahmen

BrainPool wurde parallel zu den herkömmlichen Qualifikationsmaßnahmen etabliert, mit dem Ziel, schnell und unbürokratisch Abhilfe bei Alltagsproblemen in der Sachbearbeitung zu lösen. Informationen können erfragt, aktualisiert, bei Bedarf in einen Gesamtzusammenhang gestellt werden. Mitarbeiter bekamen mit dem neuen Werkzeug nicht nur die Möglichkeit, entsprechend ihres eigenen Qualifikationsbedarfs Referenten in Anspruch zu nehmen; gleichzeitig konnten sie sich auch selbst als Referent zu einem bestimmten Thema anbieten. Im gesamten BrainPool gibt es somit keine ausgebildeten Trainer, sondern interne Sachbearbeiter, die für Brain-Pool diese Rolle übernehmen.

Aus der Verbindung von Angebot und Nachfrage entstand ein vielseitiges Qualifizierungsangebot, das über einen bereichsinternen Intranetauftritt für alle Mitarbeiter verfügbar ist. Bei Interesse und Bedarf meldet sich der Mitarbeiter nach kurzer Absprache mit dem Vorgesetzten selbständig für die jeweilige Maßnahme an. Die Qualifizierungsmaßnahmen dauern zwischen circa 30 Minuten und vier Stunden. Sie können sowohl für zwei bis drei Teilnehmer am Arbeitsplatz des Referenten als auch mit acht oder zehn Teilnehmern in einem separaten Raum stattfinden. Dokumentationen zu den Schulungen sind im Intranet für alle anderen Mitarbeiter hinterlegt. Für Führungskräfte wie Mitarbeiter gleichermaßen ist ein Vorteil, dass die Qualifizierungsmaßnahmen nicht nach dem Gießkannenprinzip und damit verbunden mit hohem Zeitaufwand und gelegentlich zweifelhaftem Nutzen erfolgen, sondern individuelle Bedarfssituationen abdecken. Hier ergibt sich ein wirtschaftlicher Nutzen: Wenn nur etwa 50 Prozent der Qualifizierungsmaßnahmen, die über BrainPool während der viermonatigen Projektzeit angeboten worden sind, unter anderen Umständen durch ganztägige Seminare von externen Referenten abgedeckt worden wären, so ergibt sich zum einen eine Einsparung durch Arbeitszeitersparnis in Höhe von circa 22 400 Euro, zum anderen eine Einsparung bei Referentenhonoraren von circa 14 600 Euro. Demgegenüber stehen einmalige Projektkosten circa 32 000 Euro, die sich im Wesentlichen aus Personalkosten zusammensetzen.

Quelle: Hagemann et al. 2002

3.7 Entlohnung auf Kompetenzbasis

Das Problem

Mitarbeiter werden im Allgemeinen für die aktuell ausgeübten Tätigkeiten oder ausgefüllten Rollen entlohnt. Investitionen auf Mitarbeiterseite für zukünftige Einsatzfähigkeit im Unternehmen bleiben dabei unberücksichtigt. Die Entwicklung von Mitarbeitern, die flexibel einsetzbar sind und über Schlüsselqualifikationen verfügen, die in unterschiedlichen Rollen und Tätigkeiten benötigt werden, wird vernachlässigt. Wie kann ein Entlohnungssystem Anreize für die Entwicklung von über die aktuelle Tätigkeit hinausgehenden Kompetenzen schaffen?

Falsche Entlohnungspolitik

Fallbeispiel 3-17	*Carla Competent: Kompetenzbewusste Entlohnung – aber wie?*

Bei einem führenden Robothersteller sind die Anforderungen an den flexiblen Einsatz von Mitarbeitern stark gestiegen. Es sind nicht mehr die fachlichen Kompetenzen, die einen Engpass im Mitarbeitereinsatz darstellen, sondern vielmehr das Fehlen von Kompetenzen zur Planung der eigenen Arbeit, zur Qualitätsarbeit, zur Problemlösungsfähigkeit usw. Carla Competent steht als Personalverantwortliche vor der Aufgabe, ein neues Lohnsystem für ca. 300 Arbeiter in der Produktion auf der Basis einer Kompetenzdiagnostik zu konzipieren. Ausgangspunkt ist die Erfahrung des Managements, dass moderne Organisationen nur dann erfolgreich sein können, wenn ihre Mitarbeiter in einer Vielzahl unterschiedlicher Arbeits- und Gestaltungsfelder Kompetenzen besitzen und entwickeln können.

Die Lösung

Einführung einer kompetenzbasierten Entlohnung

Erfahrungen mit der Einführung eines *kompetenzbasierten Lohnsystems* zeigen, dass die Mitarbeiter darauf reagieren, dass sie nicht mehr nur dafür bezahlt werden, an einen bestimmten Arbeitsplatz etwas Vorgegebenes zu tun, sondern für die bei der Ausführung der Arbeit genutzten Kompetenzen. Die Mitarbeiter stellen Anforderungen an ihre Führungskräfte bezüglich vorhandener bzw. zu schaffender Möglichkeiten für ihre individuelle Kompetenzentwicklung. Sie stellen die Frage: Was muss ich bei meiner Arbeit tun, um auf ein höheres Kompetenzniveau zu gelangen? Die Mitarbeiter erzeugen selbst, und in größerem Ausmaße, eine eigene Nachfrage für ihre eigene Kompetenzentwicklung und verlassen sich nicht auf die Abteilung für Personalentwicklung.

Gestaltungsfelder der Arbeit

Als Grundlage des Entlohnungssystems ist es wichtig, Tätigkeiten so zu beschreiben, dass die Fülle der Kompetenzen berücksichtigt wird. Hierzu identifizieren Lantz und Friedrich [2003] sechs Gestaltungsfelder der Arbeit:

■ *Wertschöpfungsarbeit:* Arbeitsaufgaben, die direkt darauf gerichtet sind, die mit der Funktion des Arbeitsplatzes verbundenen Ziele zu erreichen; wie z. B. Montage von Einzelteilen, Führung von Mitarbeitern

■ *Priorisierungs- und Koordinationsarbeit:* Handhabung von Situationen mit unterschiedlichen und auch konkurrierenden Arbeitsaktivitäten, was getan wird (und von welcher Zielsetzung geleitet), um Balance zwischen verschiedenen Aktivitäten zu schaffen, um zu priorisieren und trotzdem die gewünschten Resultate sicherzustellen

■ *Störungs- und Problemlösungsarbeit:* Aktivitäten, die sich mit Abweichungen von einem gedachten Normalverlauf auseinander setzen, das Entdecken und Lösen von akuten und potentiellen Störungen, das Auftreten von Neuigkeiten usw.

■ *Kontakt- und Kommunikationsarbeit:* An den meisten Arbeitsplätzen ist die Kontaktaufnahme mit Kollegen, Kunden, Zulieferern, anderen Abteilungen usw. eine unabdingbare Notwendigkeit, um die konkreten Zielsetzungen in der eigenen Arbeit erreichen zu können. Es interessiert, was der Mitarbeiter im Rahmen dieser Kontakte tut und welche Ziele er erreichen möchte

■ *Organisationsarbeit:* Aktivitäten, die darauf gerichtet sind, die gegebene Arbeitsorganisation für Aufgabenerfüllung in den anderen Arbeitsfeldern zu nutzen bzw. zu verändern

■ *Qualitätsarbeit:* Arbeitsaufgaben, die darauf gerichtet sind, Qualitätsziele umzusetzen bzw. weiterzuentwickeln/zu verändern

■ *Handhabung der physische Umgebung des Arbeitsplatzes:* Aufgaben, die auf die aktive Auseinandersetzung des Mitarbeiters mit den physischen Voraussetzungen des Arbeitsplatzes gerichtet sind; Umgang mit speziellen Materialien, Handhabung gefährlicher Materialien, Entsorgung von Material, Berücksichtigung von Arbeitssicherheits- und Umweltvorschriften usw.

Die verwendete Methode ermöglicht, Kompetenzen, die aus der Arbeit selbst erwachsen, zu erfassen, die

Erfassung von Kompetenzen aus der Arbeit

■ in erster Linie durch Erfahrungen in der Arbeit und am Arbeitsplatz erworben wurden (und nicht in beruflichen Weiterbildungsmaßnahmen und Kursen),

■ nicht ausschließlich theoretisch erlernt werden können, sondern praktisches Handeln erfordern,

■ sich aufgrund des Wandels im Arbeitsleben während der letzten Jahrzehnte entwickeln konnten (Teamarbeit, Kundenfokussierung, Qualitätsausrichtung, flache Hierarchien usw.),

■ in unterschiedlichen Aufgabenbereichen und einer Vielfalt von Arbeitsplätzen verwertbar sind, die so genannten „arbeitsplatz-unabhängigen" Kompetenzen.

Es wurden aus diesem Grund vier Niveaus unterschieden:

Unterschiedliche Kompetenz-Niveaus

■ *Nichtvorhanden:* Keine Kompetenzen feststellbar, da aus unterschiedlichen Gründen keine entsprechenden Arbeitsaufgaben ausgeführt werden

■ *Ausführungsniveau:* Die Tätigkeiten in einem Gestaltungsfeld werden in der Weise beschrieben, dass anzunehmen ist, dass der Mitarbeiter nur Kompetenzen zur bloßen Ausführung konkreter Arbeitsanweisungen, innerhalb des eigenen Arbeitsgebiets, entwickelt hat, ohne die Arbeitsaufgaben zu den Zielen der Arbeit in Beziehung zu setzen

■ *Zielorientierungsniveau:* Die Tätigkeiten in einem Gestaltungsfeld werden in der Weise beschrieben, dass anzunehmen ist, dass der Mitarbeiter Kompetenzen entwickelt hat, dass beim eigenen „Tun", im Rahmen des Zusammenspiels des eigenen Arbeitsbereichs mit anderen Arbeitsbereichen, angestrebte Ziele/Resultate aktiv berücksichtigt werden

■ *Veränderungsniveau:* Die Tätigkeiten in einem Gestaltungsfeld werden in der Weise beschrieben, dass anzunehmen ist, dass der Interviewpartner Kompetenzen zur Veränderung der entsprechenden Ziele oder Arbeitsweisen, im Zusammenspiel mit anderen Funktionsträgern des eigenen oder anderer Arbeitsbereiche, entwickelt hat

---

Fallbeispiel 3-18   *Kompetenzbasiertes Entlohnungsmodell bei einem Roboterherstellers*

Aufbauend auf dem dargestellten Kompetenzkonzept von Lantz und Friedrich baute ein schwedischer Roboterhersteller sein Entlohnungsmodell für Mitarbeiter aus der Fertigung auf.

Die Erfassung aller Kompetenzen baut auf einem 3-stufigen Verfahren auf. Nach dem Interview mit dem Mitarbeiter (gemäß eines Interviewleitfadens) folgte die Auswertung und abschließend die Rückkopplung an den einzelnen Mitarbeiter, seinen Chef, die Personalabteilung oder andere Interessenten im Unternehmen. Wesentliche Teilaspekte der Arbeit der Mitarbeiter und der bei der Ausführung genutzten Kompetenzen wurden durch eine festgelegte Abfolge von Fragen abgefragt:

■ Was konkret tun Sie in Ihrer Funktion? Hier geht es darum, nachweisliche, reale Handlungen des Interviewpartners im Rahmen des jeweiligen Arbeits- und Kompetenzfeldes zu erfassen.

■ Welche Ziele/Resultate wollen bzw. sollen Sie mit Ihrem Tun erreichen? Mit der Frage nach den „Zielen für das Tun" soll überprüft werden, ob ein Mitarbeiter seine Tätigkeiten in einen direkten Zusammenhang zu übergeordneten Zielen (z. B. Zielvereinbarungen) stellt und seine Tätigkeiten situativ auf wechselnde Ziele abstimmt.

■ Was tun Sie, um Ihre Arbeit weiterzuentwickeln? Mit der Frage nach seinem „Beitrag zu Veränderungen" soll überprüft werden, inwiefern ein Mitarbeiter Qualifikationen in seinem Job entwickelt hat, die ihn dazu befähigen, Arbeitsweisen oder Ziele zu verändern.

■ Welche Kompetenzen benötigen Sie, um die beschriebenen Handlungen (im jeweiligen Handlungsfeld) so ausführen zu können, wie Sie beschrieben haben? Mit dieser Frage soll erreicht werden, dass die Mitarbeiter selbst darüber reflektieren welche Kompetenzen sie im jeweiligen Arbeitsfeld benutzen.

Das Ergebnis der Kompetenzdiagnostik ist für die Mitarbeiter ein zweiseitiges „Zertifikat", in dem die mit eigenen Worten beschriebenen Kompetenzen und das Kompetenzniveau für das jeweilige Arbeitsfeld angegeben werden. Ein Diagramm zeigt auf, wo Stärken und Schwächen liegen, oder auch genutzte und ungenutzte Potenziale liegen. Dieses Zertifikat soll intern dem Mitarbeiter und seinem Chef helfen, über zukünftige Qualifizierungsmaßnahmen zu entscheiden, wobei nicht nur an traditionelle Ausbildungsmaßnahmen gedacht ist, sondern an das Lernen am Arbeitsplatz (durch z. B. Arbeitsplatzwechsel, arbeitsorganisatorische Veränderungen usw.) und/oder in Kombination mit speziell gestalteten Kursen. Auf dem externen Arbeitsmarkt soll es dem einzelnen Mitarbeiter ermöglichen, besser auf die Differenziertheit im Kompetenzprofil aufmerksam zu machen.

- *Wertschöpfende Kompetenzen – Niveau 2:* Ich habe Erfahrungen mit Verpackungs- und Computerarbeit und bin für die Arbeitskleidung in der Abteilung verantwortlich. Meine Qualifikationen sind Verpackungsfertigkeiten und zu einem gewissen Maß Computerkenntnisse und Materialkenntnis. Ich versuche die Arbeitsabläufe ständig weiterzuentwickeln.
- *Störungs- und Problemlösungskompetenzen – Niveau 2:* Ich habe Erfahrungen mit verschiedenen Arten von Problemen, z. B. beschädigte Produkte, Computerprobleme, dass Artikel fehlen. Meine Qualifikationen auf dem Gebiet der Problemlösung sind, dass ich zum einen Probleme entdecke, dass ich die Fehlerursachen auch näher untersuche und dass ich mit denjenigen Personen Kontakt aufnehme, die mir bei Problemlösung helfen können.
- *Priorisierungs- und Koordinationskompetenzen – Niveau 1:* Die Abstimmung meiner Arbeitsaufgaben wird in den meisten Fällen von anderen Personen gemacht. In Bezug auf „Eilaufträge" habe ich Erfahrung damit, die Aufgaben an die richtige Person weiterzugeben. Bisher hat es aber kaum Möglichkeiten gegeben, diese Art von Qualifikationen weiterzuentwickeln.

Darauf aufbauend wurde ein neues Entlohnungssystem entwickelt, worin der Mitarbeiter beurteilt wird: nach der Kompetenz jedes einzelnen Mitarbeiters zu einem bestimmten Zeitpunkt (individueller Kompetenzanteil) und zum anderen nach der Veränderung der Kompetenz in einer Gruppe (kollektiver Kompetenzanteil). Der individuelle Anteil wird ausgehend von der Summe der einzelnen Niveaus (Kompetenzstatus) in den jeweiligen Kompetenzfeldern berechnet (bei sechs Kompetenzfeldern ergibt dies maximal 18 Punkte, mindestens sechs Punkte, da dieses Unternehmen kein Null-Niveau habe wollte). Der Geldwert jedes Punktes hängt dann von der totalen Summe sämtlicher Niveaus aller Mitarbeiter des Unternehmens und der zu verteilenden Geldmenge ab.

Die Aktualisierung der Basisinformationen erfolgt in einem Kompetenzinterview, das in das jährlich anfallende Mitarbeitergespräch integriert wird. Diese Beurteilung soll in Zukunft auch nach Wunsch der Mitarbeiter erfolgen können.

Quelle: Lantz, Friedrich 2003

3.8   Kompetenznetzwerke etablieren

Das Problem

Vernetzung von Mitarbeiterkompetenzen

Gemäß Peter Senge [vgl. Senge 1990] muss die zentrale Aufgabe des Managements darin bestehen, die Erfahrungen und Fertigkeiten der Mitarbeiter so miteinander zu vernetzen, dass in allen Bereichen einer Organisation permanent Innovationen und Neuerungen erzeugt werden und die Organisation sich dadurch weiterentwickeln kann. Nicht immer sind Experten a priori bereit, ihre Erfahrungen zu teilen. Es müssen Wege gefunden werden, eine effektive und auf Vertrauen basierende Mitarbeitervernetzung zu realisieren, ohne dass sich Mitarbeiter einem Zwang ausgesetzt sehen. Hinzu kommt, dass Experten sich oft in einer Doppelrolle befinden. Sie sind in ihrer Funktion und Tätigkeit gleichzeitig Kompetenzanbieter und Kompetenznachfrager.

Fallbeispiel 3-19 | *Carla Competent: Etablierung eines Kompetenznetzwerks*

Seit Jahren beschäftigt sich Carla Competent mit der Thematik der Verbesserung der Energieausnutzung in metallurgischen Prozessen. Zwar gehört dies nicht zu ihrem Arbeitsbereich, doch bereits seit Universitätstagen interessiert sie sich für dieses Feld. Als Ingenieurin in der Entwicklungsabteilung zur Herstellung von Schmelztiegeln besteht ihre Hauptaufgabe in der Entwicklung von Legierungen für Schmelzöfen. Während des Besuchs einer Fachmesse kam sie mit einem französischen Kollegen in Kontakt. Carla Competent weiß, dass die Produkte der französischen Firmen im Vergleich zu deutschen Produkten effizienter im Energieverbrauch sind. Die Franzosen konnten dadurch ein höheres Auftragsvolumen im letzten Jahr realisieren. Wie Carla Competent erfuhr, ist ein Großteil der französischen Metallurgie-Zulieferer in „Kompetenznetzwerken" organisiert. Gemeinsam werden dort nicht nur neue Technologien entwickelt und Erfahrungen ausgetauscht; auch werden neue Kooperationsformen zwischen Produzenten verschiedener Entwicklungsstufen getestet. Für Mitarbeiter, die an derartigen Netzwerken teilnehmen, eine sehr viel versprechende Erfahrung. Warum es derartige Netzwerke noch nicht in Deutschland gibt, will ihr nicht in den Sinn. Wie kann Carla Competent ein solches Kompetenznetzwerk etablieren?

Die Lösung

Bündelung im Innovationsprozess

Da der Erfahrungsgrad eines Mitarbeiters ein Indikator für seine Kompetenz ist, liegt es nahe, das Erfahrungswissen mehrerer Mitarbeiter in einen permanent ablaufenden *Innovationsprozess* zu bündeln und zu vernetzen. Der beste Weg dorthin ist, Mitarbeiter mit komplementären Kompetenzen so miteinander in Beziehung zu bringen, dass sie sich stärker austauschen und dadurch zu gemeinsamen Handlungen angeregt werden.

Im Sinne von Nonaka und Takeuchi [vgl. Nonaka, Takeuchi 1997] entspricht dieser gegenseitige Kompetenzaustausch dem Prinzip der *Sozialisierung*, d. h. der Umwandlung impliziten Handlungswissens eines Mitarbeiters zu implizitem Handlungswissen eines anderen Mitarbeiters. Werden Rahmenbedingungen zur Sozialisierung in einer Organisation geschaffen, besteht die Chance, dass sich Einzelkompetenzen von Mitarbeitern zu einer Gruppenkompetenz verstärken und sich das Unternehmen weiterentwickelt. Die Vernetzung von Personen auf Kompetenzgrundlage ist eine wirkungsvolle Möglichkeit, durch die ein Unternehmen die Innovationsgeschwindigkeit erhöhen kann.

Katalysator: Sozialisierung

Auch Carla Competent verfolgt das Ziel der *Kompetenzvernetzung*, wie es bereits beim französischen Anbieter erfolgreich umgesetzt wurde. Es ist kein Wunder, dass die französische Konkurrenz um Längen voraus ist, da dort erkannt wurde, dass unternehmensübergreifende Vernetzung zu Vorteilen für alle Netzwerkpartner führen kann. Durch gezielte Anwendung von Methoden zur Kompetenz-Vernetzung (Knowledge Networking) ist es für Mitarbeiter besser möglich, Informationen auszutauschen, vorhandenes Wissen zu teilen, voneinander zu lernen, neues Wissen gemeinsam zu entwickeln sowie das Kontaktnetzwerk zwischen Kompetenzträgern zu verbessern. So kann ein Knowledge Network mit Personen aus den unterschiedlichsten Bereichen, unabhängig von Funktion und Hierarchieebene, entstehen. Interdisziplinäre Forschergruppen sind die Vorlage für diese Art der Wissensgemeinschaft [vgl. North, Romhardt, Probst 2000]. Ein mittelfristiger Erfolg wird sich einstellen.

Knowledge Networking

Sind die relevanten Kompetenzen expliziert, übernimmt ein *Knowledge Broker* die Initiierung, Koordination und Pflege des Kompetenznetzwerkes – entweder auf digitalem oder analogem Wege. Eine frei zugängliche und offene elektronische Plattform mit automatischer Vernetzung der Mitarbeiter kann dabei unterstützen. Die Moderation, Beobachtung und Analyse der Aktivitäten im Netzwerk lassen Rückschlüsse auf zukünftige relevante Entwicklungen im Spezialgebiet zu. Zur Motivation der Teilnehmer kann ein Prämiensystem etabliert werden. Durch Partizipation externer Stellen am Kompetenzprofilsystem kann sich die Interessengemeinschaft sukzessive vergrößern.

Koordination durch Knowledge Broker

Wie kann vorhandenes und neues Wissen in einem Konzern, der in über zehn Ländern vertreten ist und dessen Mitarbeiter sieben verschiedene Muttersprachen haben, optimal kommuniziert werden? Dieses Problem müssen im Zeichen der zunehmend globalisierten Wirtschaft viele Unternehmen lösen. Denn der Erfolg im internationalen Wettbewerb wird in hohem Maße davon abhängen, wie intensiv das breit gestreute Wissen transparent gemacht und genutzt werden kann. Die französische Thales-IS-Gruppe entschied sich deshalb für ein länderübergreifendes Kompetenzmanagement, das auf einem Wissensmanagement-System aufbaute.

Das Leistungsangebot des Unternehmens reicht von Outsourcing über Professional Services in der IT bis zu klassischer Unternehmensberatung. Die spezielle Zielsetzung bei der Umsetzung des Wissensmanagement-Systems bestand nicht nur darin, transparent zu machen, welches Wissen die auf zwölf bundesweite Geschäftsstellen verteilten rund 600 Berater haben, sondern insbesondere den Projekteinsatz der Berater und die Kommunikation zwischen den Beratern durch eine allgemein zugängliche Infrastruktur unabhängig von Ort und Zeit zu verbessern. Den richtigen Kompetenzträger für eine Teambesetzung oder für einen punktuellen Kompetenz- und Erfahrungsaustausch zu finden, wurde bis dato durch unzureichende organisatorische Regeln und eine Vielzahl voneinander unabhängiger Tools noch nicht optimal genutzt. Diese Situation wurde zum Anlass genommen, ein Kompetenzmanagement zunächst für die deutsche Thales IS zu konzipieren. Das Ergebnis, auf der Basis von Lotus Notes realisiert, bietet mit einer Skill-Verwaltung sowie einer Projekt- und Teamdatenbank zur Unterstützung von Communities die besten Voraussetzungen, um überregional die qualifiziertesten Know-how-Träger für Projekte, Arbeitsgruppen oder Expertenkommissionen zu aktivieren. Die Kommunikation untereinander ist über eine mehrschichtige Infrastruktur gewährleistet, die den Beratern den Zugriff über das Internet, vom Home-Office oder offline über Notebook ermöglicht.

Vor die gleiche Situation sah sich auch die Zentrale der Thales IS in Paris gestellt. Die Gruppe, die mit Standorten in über zehn Ländern und ca. 5 000 Mitarbeitern in Europa vertreten ist, setzte sich daher das Ziel, auf der Basis des deutschen Kompetenzmanagements Synergien freizusetzen. Ein systematisches länderübergreifendes Management des Erfahrungsaustausches war bis dato nicht vorhanden. So mangelte es an Transparenz der unternehmensweiten Kompetenzen und Erfahrungen in Bezug auf internationale Skills, Projekte, Referenzen oder auf bereits vorhandenes Wissen in der Gruppe. Entsprechend leiten sich die Anforderungen an ein internationales Kompetenzmanagement von folgenden Fragen ab:

- Welche Kompetenzen sollen länderübergreifend entwickelt werden?
- Welche Leistungen können durch internationale Projektteams besser vertrieben werden?
- Welche Leistungsangebote können bei internationalen Kunden platziert werden?
- Welche Dokumente sind länderübergreifend relevant?

Das internationale Kompetenzmanagement-Projekt wurde mit der Skill-Verwaltung gestartet und dient der Gruppe heute als Instrument für die nationale und internationale Projektbesetzung und dem Auffinden von auslandserfahrenen Ansprechpartnern. Die Lösung beruht auf zwei Komponenten: Auf den jeweiligen nationalen Datenbanken, die sich auf Notes-Servern vor Ort befinden, erfolgt die Eingabe von Berater-

Profilen durch Zuordnung von zentral und national definierten Skills. Die zweite Komponente bildet die internationale Datenbank, in der über einen Agenten automatisch die Profile für international einsetzbare Berater eingepflegt werden. In einem weiteren Schritt wurde eine internationale Referenz-Datenbank aufgebaut, die zentral von Paris aus gesteuert wird. Die Daten dazu werden in regelmäßigen Abständen von den einzelnen Länderorganisationen abgerufen und in der zentralen Datenbank aktualisiert.

Kompetenz-Verwaltung bei der Thales IS

Der dritte Baustein ist ein Kundeninformations-System, in dem Projekte und Projektvorhaben multinationaler Kunden und potenzieller Kunden verwaltet werden. Vergleichbar mit der Skill-Verwaltung werden die Geschäftsdaten sowohl in den einzelnen nationalen Datenbanken als auch in der zentral geführten internationalen Datenbank vorgehalten.

Alle nationalen und internationalen Datenbanken des Wissensmanagement-Systems sind untereinander über ein Extranet verbunden. Damit der Austausch zwischen den Ländern problemlos möglich ist, hat sich die Thales IS-Gruppe auf eine einheitliche Technologie auf der Basis von Lotus Notes geeinigt. Eine Übersetzungsdatenbank, die mit Hilfe des Notes-Werkzeugs Domino Global Designer erstellt wurde, ermöglicht den Zugriff in den vier Sprachen Englisch, Französisch, Deutsch und Spanisch. Die Eingabe und Abfrage von Daten erfolgt sowohl über Web-Browser als auch über Notes-Clients. Gesteuert wird der Zugriff über ein horizontales Berechtigungssystem, welches die Autorisierung nach zugeordneten Funktionen beinhaltet, und zusätzlich über ein vertikales Konzept, durch welches Lese- und Autorenrechte auf Abteilungsebene vergeben werden. Ergänzungen der Stammdaten wie z. B. neue Skills, Zertifizierungen oder auch das Anlegen neuer Mitarbeiter werden zentral von einer Hotline eingepflegt.

Die Probleme, die sich bei der Einführung eines internationalen Kompetenzmanagements ergeben, unterscheiden sich von denen auf nationaler Basis nur geringfügig: Fehlende Akzeptanz bzw. mangelnde Motivation sind im Allgemeinen die wesentlichen Hürden, die zu nehmen sind. Bei der deutschen Thales IS hat es sich bewährt, dass bereits in der Konzeptionsphase Berater, Geschäftsstellenleiter und Vertriebsmitarbeiter mit einbezogen wurden. Genauso wichtig waren die gut vorbereiteten Schulungsmaßnahmen und die intensive Betreuung in den ersten Monaten nach Einführung des Kompetenzmanagement-Systems. Die Motivation hängt vorrangig davon ab, ob für den Mitarbeiter der persönliche oder arbeitstechnische Nutzen erkennbar ist. Da der Projekteinsatz der Berater aber fast ausschließlich anhand der Einträge in der Kompetenz-Verwaltung und anhand der Mitarbeit in den Communities erfolgt, ergibt sich daraus automatisch ein persönlicher Ansporn. Mehr Überzeugungsarbeit ist zu leisten, um die Mitarbeiter für eine aktive Mitgestaltung des Wissensmanagement-Systems im strategischen Bereich zu gewinnen, d. h. im Aufbau von Wissen, welches zukünftig benötigt wird. Grund hierfür ist, dass durch die Dynamik des Marktumfeldes das Unternehmen immer stärker situativ reagieren muss und daher einmal definierte Wissensziele revidiert werden müssen. Auf Belohnungssysteme wurde in der Thales IS generell verzichtet. Stattdessen wird mit monatlichen Statistiken, die dokumentieren, wie gut die Geschäftsstellen ihre Daten pflegen, der Wettbewerbsgedanke untereinander gefördert.

Insgesamt hat Thales IS die Erfahrung gemacht, dass die Mitarbeiter die Ziele, die mit dem Wissensmanagement-System erreicht werden sollen, unterstützen und eine hohe Bereitschaft zeigen, ihr Wissen einzubringen. Bei der Einführung von Kompetenzmanagement-Systemen auf internationaler Basis kommen allerdings zusätzliche Aspekte hinzu. Denn Kompetenzmanagement reagiert hier nicht nur auf eine zunehmende Wissensintensivierung der Arbeit, sondern auch auf eine zunehmende Komplexität des Marktgeschehens, der nur durch eine hohe Flexibilität begegnet werden kann. Ist die notwendige Flexibilität auf nationaler Ebene bereits beträchtlich, so wird diese auf der internationalen Ebene um ein Vielfaches übertroffen. Ein verstärktes Augenmerk ist deshalb darauf zu richten, dass die Anpassungen des Unternehmens an Marktentwicklungen gleichermaßen im internationalen Wissensmanagement-System fortgeschrieben werden. Auch wenn die Realisierung eines internationalen Wissensmanagements einen langen Atem erfordert, um alle Länder auf einen gemeinsamen Nenner zu bringen, lohnt sich die Einführung, da die geschaffene Transparenz wertvolles Potenzial freisetzt.

Quelle: Macher 2003

4   Wirksame Werkzeuge des Kompetenzmanagements

Lesen Sie in diesem Kapitel mehr über ...

▓ Gelbe Seiten
▓ Kompetenzprofil, -rad, -matrix
▓ Kompetenzlandkarten
▓ Knowledge Mail
▓ Skill Based Routing

Das Scheitern bei der Etablierung von Kompetenzmanagement in der Praxis ist oft auf die falsche Auswahl von *Methoden und Werkzeugen* bzw. eine teils fehlerhafte Gestaltung des Gesamtsystems zurückzuführen [vgl. Reinhardt 2004]. Standardlösungen werden gewählt und ohne entsprechende Adaptierung an die Rahmenbedingungen im Unternehmen eingeführt. Im Folgenden wird eine Vielzahl unterschiedlicher Lösungen des Kompetenzmanagements anhand von kurzen Methodenprofilen und Praxisbeispielen aufgezeigt. Dem Praktiker sollen dadurch die mögliche Bandbreite des Kompetenzmanagements vor Augen gehalten und Auswahlhinweise für die Gestaltung des eigenen Kompetenzmanagements gegeben werden.

Auswahl von Methoden und Werkzeugen

Das Beispielportfolio soll einen ersten Aufschluss über Chancen und Möglichkeiten geben, die sich bei Implementierung eines Kompetenzmanagements in der Praxis ergeben, und erhebt folglich auch keinen Anspruch auf vollständige Auflistung von Methoden oder Werkzeugen. Für eine ausführliche Auswahlhilfe angewandter Methoden der Kompetenzbeschreibung und -visualisierung empfehlen wir Erpenbeck und von Rosenstiel 2003.

In diesem Kapitel erfahren Sie mehr über praxiserprobte Werkzeuge des Kompetenzmanagements und jeweils konkrete Anwendungsbeispiele. Die dargestellten Werkzeuge ergänzen sich und sind daher auch in Kombination im Unternehmen anzuwenden. In der Praxis sind vielfältige Ausformungen jedes Instruments zu finden. So kann z. B. das Kompetenzrad auch als spezifische Variante eines Kompetenzprofils angesehen werden.

4.1 Gelbe Seiten

Das Werkzeug

Gelbe Seiten (alternativ: Yellow Pages, Expertenverzeichnis, Wissensverzeichnis) zählen zu den „Klassikern" im Wissensmanagement. Zu jedem einzelnen Mitarbeiter werden in einem Verzeichnis Informationen zu seiner Funktion und Kontaktinformationen zusammen mit seinen Spezialgebieten und Kompetenzen abgespeichert. Diese Informationen sind für andere Mitarbeiter im Unternehmen zugänglich und auffindbar. In erweiterten Gelben Seiten sind z. T. Kompetenzen ausgehend von den Geschäftsaktivitäten des Unternehmens strukturiert hinterlegt, so dass eine Suche nach dem jeweiligen Geschäftsprozess möglich wird. In diesen Fällen ist ein genaues Abbild der in der Organisation vorhandenen Kompetenzen erforderlich, um ein leichtes Wiederauffinden der Kompetenzen zu erleichtern. Für viele Unternehmen sind Gelbe Seiten der erste Schritt, einige wichtige Kompetenzen und Erfahrungen transparent zu machen. Bei Erfolg der Gelben Seiten wird dann oftmals der aufwändigere Schritt zu differenzierteren Kompetenzprofilen gegangen.

Fallbeispiel 4-1

Siemens AG: Einsatz von Gelben Seiten

Im Vertrieb der Siemens AG Deutschland des Geschäftsbereiches Information and Communication Networks wurde sich zum Ziel gesetzt, Experten wertschöpfend miteinander zu vernetzen. Der Wissensvernetzung bei Siemens wurde eine Personifizierungsstrategie zugrunde gelegt, da davon ausgegangen wurde, dass Personen als Kompetenzträger problembezogen zusammenkommen und zusammenarbeiten müssen. Gerade im komplexen und dynamischen Geschäftsmodell des Lösungsgeschäfts ist eine Kompetenz-Spezialisierung an der Tagesordnung. Kompetenzträger müssen ad hoc und situativ identifiziert und kontaktiert werden, um in die Problemlösung eingebunden werden zu können.

Knowledge Networking „Gelbe Seiten", dieses Verzeichnis der Wissensträger im Intranet, vereint Elemente eines Expertenverzeichnisses mit denen einer Datenbank und wurde speziell für die besonderen Charakteristika des Wissens im Lösungsgeschäft ausgewählt. Das schnelllebige und komplexe Wissen machte einen effektiven Zugriff auf die kompetenten Ansprechpartner notwendig, aber mehr als 9 200 Mitarbeiter ließen den direkten persönliche Kontakt schnell an seine Grenzen stoßen. Zwischen den Mitarbeitern in mehr als 50 Städten Deutschlands sollte also ein virtuelles Kompetenznetzwerk gebildet werden, welches sich ständig selbst auf aktuellem Stand hält. Jeder Mitarbeiter sollte die Möglichkeit haben, in einem elektronischen Expertenverzeichnis nach kompetenten Ansprechpartnern zu suchen und sich selbst mit seinem Kompetenzprofil (eine strukturierte Zusammenstellung der geschäftsrelevanten Kompetenzen) einzutragen. Weil das Eintragen und die Pflege des eigenen Kompetenzprofils für den Benutzer zunächst Zusatzarbeit bedeutet, sollte eine Lösung gefunden werden, die einfach und komfortabel zu bedienen ist. Außerdem sollte sie eine Möglichkeit zum Verlinken mit bereits existierenden Dokumenten im Intranet und Internet bieten.

Beispiel für ein Kompetenzprofil bei Siemens

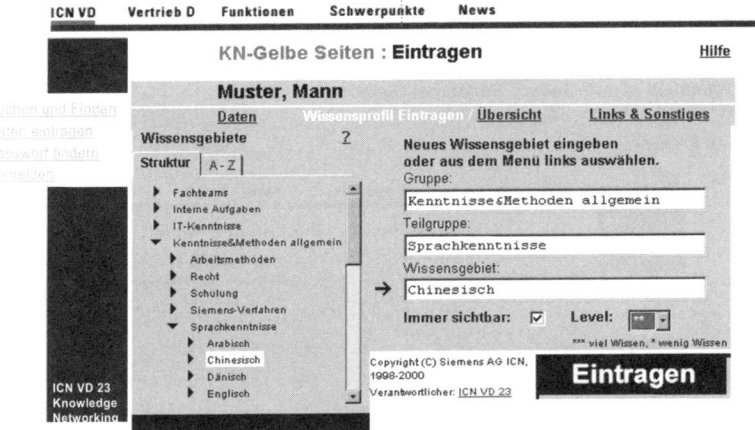

Die Gelben Seiten sind somit ein Werkzeug, um ad hoc und fallbezogen Kompetenz-netze aufzubauen und so wesentliche Anforderungen, die das Lösungsgeschäft mit sich brachte, zu realisieren. Die Hauptanwendungen liegen im unkomplizierten Zugriff auf Themenexperten, dem Identifizieren von Fachleuten für den Projekteinsatz oder die gezielte Wissensentwicklung und im Transparentmachen organisationaler Wis-sensfelder und -defizite. Für den Kompetenzmanagement-Einsatz auf individueller Ebene sind die Gelben Seiten nicht bestimmt, womit auch bei der Einführung umfas-sende mitbestimmungsrechtliche Anforderungen außer Acht gelassen werden konn-ten. Erfolgskriterium war die Einfachheit der Benutzung. Bereits bekannte Daten wie Name, Abteilung, Telefonnummer oder E-Mail-Adresse mussten vom Mitarbeiter nicht neu eingetragen werden, sondern wurden automatisch aus dem zentralen Siemens-Telefonbuch geladen. Die Mitarbeiter wählten nur noch aus einer vorbereiteten Struk-tur ihro Kompetenzfelder aus und schätzten den Expertengrad ihres Wissens ab. Durch Verknüpfungen im Intra oder Internet konnten sie Frequently Asked Questions und wichtige Informationsquellen zu ihren Kompetenzfeldern in die Gelben Seiten integrieren. Außerdem konnten die Mitarbeiter selbst Dokumente erstellen und mit ihrer „Kompetenz-Visitenkarte" verbinden. Mit Hilfe eines virtuellen „Bitte nicht stören!-Schildes" konnten die Mitarbeiter festlegen, wann sie für Anfragen von Kollegen zur Verfügung stehen.

Die Kompetenzfelder selbst sind in einer Baumstruktur mit drei Ebenen abgebildet. Die acht Hauptgruppen unterteilen sich in rund einhundert Teilgruppen, die sich in über tausend verschiedene Kompetenzgebiete aufgliedern. Die Ursprungsstruktur des „Kompetenzbaumes" war nicht fest vorgegeben, sondern entstand durch eine Abfrage in den Organisationseinheiten. Auf dieser Grundlage entwickelte sich die Baumstruk-tur fort. Neue Kompetenzgebiete konnten von den Nutzern selbständig hinzugefügt werden, und die Einrichtung neuer Teilgruppen konnte ebenso vorgeschlagen werden. Der Administrator musste dann noch Doppelnennungen eliminieren und entscheiden, wo ein neuer Vorschlag am besten eingeordnet wurde oder ob er zur Einrichtung einer neuen Teilgruppe führte. Die Dynamik innerhalb dieses Kompetenzbaumes spiegelt damit zugleich die Entwicklung und Veränderung wesentlicher Kompetenzen der Geschäftseinheit wider. Durch diese Vorgehensweise ist eine Kompetenzbaum-

Struktur entstanden, die übersichtlich und leicht handhabbar ist und trotzdem ein umfassendes und lebendiges Abbild der Wissensressourcen im Vertrieb Deutschland gibt. Auch bei der Gestaltung der Suchfunktionalität wurde primär auf Benutzerfreundlichkeit geachtet. So kann die Suche nach Kompetenzträgern nach bestimmten Kompetenzgebieten (alphabetisch oder entlang der Baumstruktur), Namen, Organisationsbezeichnung oder nach Volltexteinträgen erfolgen.

Suchfunktion in den Gelben Seiten bei Siemens

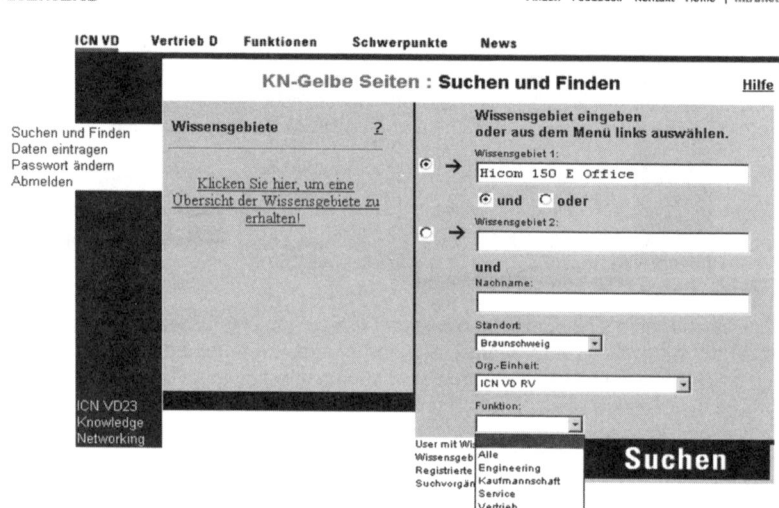

„Obwohl wir von anderen Unternehmen wussten, dass die Implementierung von Gelben Seiten kein einfaches Projekt ist, haben wir ein System geschaffen, das aufgrund seiner Benutzerfreundlichkeit und seiner Einfachheit in kurzer Zeit eine hohe Akzeptanz erreichen konnte.", betont das Knowledge Networking Team.

Erfolgsfaktoren, die sich im Nachhinein als kritisch für die Akzeptanz und den Erfolg der KN-Gelbe Seiten erwiesen haben, wurden von den Verantwortlichen herausgearbeitet und werden im Folgenden geschildert:

Einbeziehung von Mitarbeitern und Betriebsrat: Wichtig war es, von Anfang an die wichtigsten Anspruchsgruppen in das Entstehen der Gelben Seiten einzubeziehen. So wurden schon frühzeitig zufällig ausgewählte Mitarbeiter eingeladen, das Design der Gelben Seiten auf ihre Benutzerfreundlichkeit zu testen. Dies geschah während der Entwicklungsphase regelmäßig. Durch die Selbstbewertung seines Kompetenzprofils, welche jeder Mitarbeiter vornimmt, konnten Experten identifiziert werden, die aufgrund ihres Spezialwissens heute die Administration der Gelben Seiten entlasten, indem sie als „Pate" für inhaltliche Ordnung derjenigen Äste der Kompetenzbaum-Struktur sorgen, die ihre fachliche Heimat darstellen. Bei Problemen mit der Benutzung der Gelben Seiten und für allgemeine Anfragen zum Knowledge Networking wurde eine Hotline (Telefon- und E-Mail) zur Verfügung gestellt, die den ständigen Kontakt zum „Markt" darstellt. Diese Maßnahmen zur Einbeziehung der Mitarbeiter waren wesentlich für die Akzeptanz der Nutzer. Weil in den Gelben Seiten auch personengebundene Daten – wenn auch freiwillig – abgelegt sind, war es sinnvoll, auch den Betriebsrat frühzeitig einzubinden. Durch eine offene Kommunikation mit ihm konnte bei Siemens ein gutes Verhältnis bewahrt werden. Dass die Zusammenarbeit so kooperativ war, sehen die Wissensmanager vor allem darin begründet, dass sie von Beginn an aktiv den Dialog gesucht haben.

Organisierte Freiwilligkeit als Prinzip: Der bereits am Anfang gefasste Beschluss, die Gelben Seiten komplett auf dem Prinzip der Freiwilligkeit beruhen zu lassen, erwies sich als wichtiger Faktor und sicherte auch die langfristige Unterstützung des Wissensvernetzungs-Werkzeuges durch den Betriebsrat. Jeder, der sich in die Gelben Seiten eingetragen hat, tut dies heute aus eigener Überzeugung und in dem Bewusstsein, dass Knowledge Networking ein ausgewogenes Geben und Nehmen braucht. Außerdem haben immer mehr Mitarbeiter verstanden, dass bessere Kompetenzvernetzung der einzige Weg zu nachhaltigem Geschäftserfolg im Lösungsgeschäft ist. Natürlich hat Kommunikation und Training eine große Rolle zur Bildung dieses Verständnisses gespielt. Hier waren neben den Wissensmanagern auch die direkten Vorgesetzten gefragt, die als Vorbilder und Motivatoren ihren Mitarbeitern die Gelben Seiten nahe brachten. Wichtig war hier auch die absolute Transparenz der Inhalte für den Erfolg: Nicht nur ausgewählte Administratoren, sondern jeder Benutzer konnte in den Wissensprofilen der anderen User (einschließlich der Leiter des Unternehmensbereiches) nach dem richtigen Ansprechpartner suchen. Eine aktuelle Untersuchung bei den Benutzern zeigt, dass die so gefundenen Ansprechpartner auch bereit und fähig waren, Hilfestellung zu geben.

Erreichen einer kritischen Masse: Um zu Beginn schnell eine kritische Masse an Nutzern zu erreichen, wurde ein Gewinnspiel veranstaltet, dessen Hauptgewinn eine Reise nach New York war. Im Anschluss an die erfolgreiche Erstanmeldung in den Gelben Seiten konnte sich jeder für dieses Gewinnspiel registrieren. Interessanterweise lag die Zahl der Teilnehmer am Gewinnspiel weit unter der Anzahl der Neuanmeldungen. Eine spätere Befragung zeigte, dass viele Mitarbeiter ein Werkzeug wie die Gelben Seiten schon lange erwarteten und stärker an seiner Nutzung interessiert waren als an einem Incentive. Später wurde in Trainings, auf Veranstaltungen, im Intranet und in einem Newsletter immer wieder die neuesten Entwicklungen kommuniziert und somit das Interesse aufrechterhalten. Von unschätzbarem Wert waren dabei Success Stories, die den Nutzen der Gelben Seiten klar deutlich machten und wohl den größten Anteil an den steigenden Zahlen für registrierte Benutzer und Abfragen hatten.

Datenqualität: Während zu Beginn die Prioritäten noch auf dem Erreichen einer kritischen Masse an Einträgen lagen, damit Suchanfragen nach möglichst vielen Kompetenzgebieten von Treffern gekrönt waren, ging das Team nach einiger Zeit von dieser Quantitäts-Strategie zu einer Qualitäts-Strategie über. Nicht mehr jede Kompetenz sollte angegeben werden, sondern nur Spezialwissen. Außerdem wurde klar kommuniziert, dass keine einhundertprozentige Erfassung aller Mitarbeiter angestrebt war, sondern besonders Gruppen mit Spezialwissen oder wissensintensiven Tätigkeiten, wie z. B. Vertriebsberater oder Engineers, im Fokus standen.

Quelle: Trillitzsch 2003

4.2 Kompetenzprofile

Das Werkzeug | *Kompetenzprofile* (alternativ Skill-Profil, Qualifikationsprofil, Mitarbeiterprofil) sind ein strukturiertes Abbild des Kompetenzportfolios eines Mitarbeiters. Sie bilden Kenntnisse, Fähigkeiten, Fertigkeiten und Erfahrungen der Mitarbeiter ab. Im Kompetenzprofil können sowohl aktuelle Kompetenzen (Ist-Profil) als auch zukünftig benötigte Kompetenzen (Soll-Profil) erfasst werden.

Je nach Organisationsstruktur und im Unternehmen vorherrschenden Mitarbeiter-Rollen bieten sich die Möglichkeiten, Mitarbeiterkompetenzen zu erfassen, innerhalb der Organisation transparent zu machen, zwischen Organisationsmitgliedern zu kommunizieren und in die Nutzung zu überführen. Komplexe und heterogene Kompetenzstrukturen gesamter Organisationen und Unternehmen werden zugänglich und können weiterentwickelt werden. Mit Kompetenzprofilen werden die Kompetenzinformationen (Kompetenzquellen, Kompetenzart, Kompetenzträger) vollständig transparent.

Fallbeispiel 4-2 | *Microsoft: Einsatz von Kompetenzprofilen*

Einer der Gründe, warum Microsoft von seinen Mitarbeitern eine hohe Kompetenz in allen Bereichen abverlangen muss, ist das sich schnell wandelnde Geschäft innerhalb der Softwareindustrie. Dieses dynamische Umfeld und die ständig wechselnden Anforderungen fordern von den Mitarbeitern, wie auch vom Management, dass die Kompetenzen innerhalb des Unternehmens mit den vom Markt geforderten Kompetenzen übereinstimmen. Ein Beispiel, bei dem die konsequente Verfolgung dieses Zieles deutlich wird, war der Eintritt in das neue Marktsegment „Internet". Mitte der 90er Jahre wurde das Management förmlich dazu gezwungen, bei seinen Mitarbeitern in kürzester Zeit neue Kompetenzen in diesem Sektor aufzubauen und zu entwickeln.

Die erste Herausforderung war, die Kompetenzen der „Intern Information Technology Group" anzupassen. Chris Gibbon, der damalige CIO, und Susan Conway wurden mit der Aufgabe betraut, die Kompetenzen aller Mitarbeiter zu erfassen und ein Konzept zu entwickeln, wie diese identifiziert und weiterentwickelt werden können. Conveys Hauptziel war es von Beginn an, für die IT-Abteilung Online-Kompetenzprofile für die jeweiligen Aufgaben und die Mitarbeiter der Abteilungen zu definieren. Dazu startete ein Pilotprojekt innerhalb der „Operational Business Systems Application Group" mit insgesamt 80 Mitarbeitern. Dieses Projekt erhielt den bezeichnenden Namen „Skills Planning und Development" (SPuD). Der Fokus des SPuD-Projektes lag nicht auf der Erfassung der Basiskompetenzen, sondern diejenigen Kompetenzen sollten identifiziert werden, die notwenig sind, „to stay on the leading edge of the workplace" – also die kritischen Kompetenzen, die für den eigentlichen Erfolg von Microsoft verantwortlich sind. Die Idee ist, dass die Mitarbeiter selbst erkennen sollen, welche Kompetenzen sie aufweisen müssen, um weiterhin zu den Top-Experten von Microsoft zu zählen. Eine Sensibilisierung hinsichtlich notwendiger Weiterbildungsmaßnahmen war das Ziel dieses Projektes. Fünf Hauptkomponenten beinhaltete dieses Projekt:

■ Entwicklung einer Struktur von Kompetenztypen und -graden

■ Definition von Kompetenzen, die für spezifische Tätigkeiten benötigt werden

■ Bewertung der Performanz, die der einzelne Angestellte in der jeweiligen Kompetenzart aufweist

■ Implementierung der Kompetenzprofile in ein Online-System

■ Verlinkung des Kompetenzmodells mit den Weiterbildungsmaßnahmen des Unternehmens

Darauf aufbauend wurde ein strukturiertes Kompetenzmodell entwickelt, das alle Kompetenzen der Mitarbeiter widerspiegelt. Die erste Stufe, die *Foundation Skills*, beinhaltet Basiskompetenzen, die jeder Mitarbeiter aufweisen muss, um grundlegend die Tätigkeit in der IT bei Microsoft aufzunehmen. Dazu zählen allgemeine Kompetenzen wie z. B. Projektmanagement oder Kommunikationsfähigkeit. Die zweite Stufe stellt spezialisierte Kompetenzen dar (*Local and Unique Competencies*), die zum jeweiligen Arbeitsbereich der Mitarbeiter gehören.

Beispiel für die Kompetenzbeschreibung eines Datenadministrators bei Microsoft

T430	Data Administration/Repository Mgt.

Definition Development and maintenance of a flexible, efficient and shared data environment utilizing facilities such as data models, data definitions, common codes, reference data bases and data tool-sets.

Level 1: Basic knowledge of data administration and repository management

— Basic knowledge of the principles and practices employed in the management of data and repositories.
— Familiar with information models and modelling.
— Understands the rationale behind maintaining a centralized, reusable library of the business and enterprise models of a corporation

Level 2: Working knowledge of data administration and repository management

— Working knowledge of the principles, practices and tools associated with the access to and updating of local repositories.

Level 3: Mastery of data administration and repository management

— Knowledge and demonstrated experience in data management.
— Can assess the impact of functional/regional data changes on the enterprise model.
— Able to integrate the business data process models into enterprise model.
— Recognized as a data expert in a functional area.

Level 4: Leadership and recognized expertise in data administration and repository management

— Subject-matter expertise in the management of local, regional and enterprise wide information/data models.
— Recognized as a data expert in major functional areas.
— Reviews information models for compliance, content quality, consistency and impact on enterprise models

Diese Kompetenzen sind zur Verrichtung der jeweiligen Tätigkeit essenziell. Netzwerk-Spezialisten müssen z. B. die Fähigkeit besitzen, Netzwerke zu diagnostizieren. Ausgebaut wird diese Kompetenzart durch verschiedene Schulungsmaßnahmen, die bei Microsoft speziell für die Abteilungen angeboten werden.

Die nächste Stufe, die *Global Competencies*, bildet die Fähigkeiten ab, die alle Mitarbeiter in der Organisation aufweisen müssen. Jeder Mitarbeiter des Controllings muss z. B. kompetent im Umgang mit Finanzanalysen sein. Jeder Mitarbeiter in der IT muss einen gewissen Grad im Umgang mit IT-Architekturen aufweisen. Da diese Kompetenzen nicht durch Schulungsmaßnahmen vermittelt werden können, stellen sie die kritischen Kompetenzbereiche dar, die zur Expertenreife führen, aber nicht systematisch erworben werden können. Einen weiteren Bereich bilden die *Universal Compe-*

tencies – das, was jeder bei Microsoft wissen sollte. Diese Kompetenzart stellt das Wissen über die Produkte, das Unternehmen, die Konkurrenz usw. dar. Dieses Wissen kann über Informationen, die für jeden Mitarbeiter zugänglich sind, erworben werden.

Innerhalb jeder dieser vier Dimensionen existieren zwei Wissensformen: implizites und explizites Wissen. Bei Microsoft geht man davon aus, dass implizites Wissen sich nicht ändert, während explizites Wissen sich regelmäßig ändert, je nach den Anforderungen, die zum jeweiligen Zeitpunkt an das Unternehmen gestellt werden. Ein Mitarbeiter, der Wissen über Excel oder SQL (eine Programmiersprache) aufweist, besitzt explizites Wissen. Die Beurteilung dieses Wissens und die jeweiligen Anforderungen an das Programm werden als implizites Wissen definiert. So wurden für alle vier Bereiche bei diesem Pilotprojekt insgesamt 137 implizite und 200 explizite Kompetenzbereiche identifiziert.

Innerhalb jedes dieser Kompetenzbereiche oder -dimensionen gibt es wiederum *vier verschiedene Kompetenzgrade: basic, working, leadership, expert*. Jeder Kompetenzgrad für jede Kompetenzart ist mit einer ausführlichen Erläuterung versehen, so dass die verschiedenen Grade eine gewisse Aussagefähigkeit und Messbarkeit aufweisen. Nachfolgend das Beispiel für die Beschreibung der Kompetenz zur Datenadministration:

Als zweite Stufe des SPuD-Projektes war es Aufgabe jedes Managers, die Kompetenzen zu definieren und zu gewichten, die für die Verrichtung von spezifischen Tätigkeiten in seiner Abteilung notwendig sind. Diese Stufe dient dazu, einen Abgleich vornehmen zu können, ob der Mitarbeiter für die jeweilige Tätigkeit kompetent genug ist oder nicht. Jedes Arbeitsprofil besteht aus ca. 40 bis 60 Einzelkompetenzen, wobei darin zehn Schlüsselkompetenzen definiert wurden. Zu einem späteren Zeitpunkt wurde ein Mechanismus in das SPuD Projekt eingeführt, der es einem Manager ermöglicht, die vordefinierten Kompetenzen auf einem aktuellen Stand zu halten.

Die dritte Stufe stellt den iterativen Prozess der Selbst- und Fremdeinschätzung durch den Vorgesetzten oder durch ein Team dar. Nach beiderseitiger Einschätzung der Mitarbeiterkompetenzen wird ein Vergleich der Kompetenzbewertungen in einem gemeinsamen Mitarbeiter-Manager-Gespräch vorgenommen. Jobprofile werden von zentraler Stelle aus verwaltet, während sensible Mitarbeiterdaten nur von der jeweiligen Abteilung aus bearbeitet werden können. So ist es für einen Manager möglich, ein Team genau nach seinen Präferenzen aufzustellen. Die subjektive Komponente bei der Teamzusammenstellung wird somit kompensiert. Ab dieser Stufe ist es für Manager möglich, Abfragen wie: „Ich benötige die Top-5-Kandidaten, die eine Führungskompetenz von mindestens 80 Prozent aufweisen und in Washington ansässig sind." zu stellen. Die Effizienz im Teammanagement wurde deutlich erhöht.

Als letzte Stufe wurde versucht, alle Weiterbildungsmaßnahmen von Microsoft in ein *education-on-demand-System* – also Bildung nach Bedarf oder Nachfrage – zu fassen, das je nach Rolle und Kompetenz dem Mitarbeiter automatisch Bildungsangebote offeriert.

Quelle: Davenport 1997

4.3 Kompetenzrad

Das *Kompetenzrad* visualisiert die fachlichen, methodischen und sozialen Kompetenzen der Mitarbeiter. Es ermöglicht, Kompetenzinformationen zu Soll- und Ist-Kompetenzen in Abhängigkeit der Ausprägung der Kompetenz in grafischer Form darzustellen. Das Kompetenzrad wird dazu in „Tortenstücke" nach spezifischen Kompetenzbereichen aufgeteilt. In einem nächsten Schritt werden die Kompetenzen auf einer dreistufigen Skala eingestuft (Kenner, Könner, Experten).

Das Werkzeug

Für soziale Kompetenzen bietet sich eine Skalierung mit den Stufen „gering ausgeprägt", „ausgeprägt", „stark ausgeprägt" an. Als letzter Schritt wird das Kompetenzrad ausgewertet. Ein Teil der Auswertung ist der Ist-Soll-Vergleich. Hier muss überprüft werden, mit man mit den derzeitigen Kompetenzen den jetzigen Anforderungen gerecht werden kann. Auch sollte erfragt werden, welche „Weißen Flecken" noch gefüllt werden sollen, sprich auf welchen Gebieten noch zusätzliche Kompetenzen erworben werden sollen. Außerdem kann überlegt werden, ob man sich besser „in die Breite" entwickeln, also sich als Generalist positionieren sollte, oder lieber „in die Tiefe gehen" und Expertise in spezifischen Gebieten aufbauen sollte. Das Instrument findet vorwiegend Anwendung in den Bereichen des Personalmanagements, der Mitarbeiterführung und in der strategischen Organisationsentwicklung.

Das Kompetenzrad visualisiert die Kompetenzen eines Mitarbeiters. Legen Sie einmal die auf Folie kopierten Kompetenzräder Ihrer Mitarbeiter Ihrer Arbeitsgruppe übereinander. Dann sehen Sie sofort, wo Ihre Gruppe stark ist, wo sie Lücken aufweist und können gemeinsam das Kompetenzrad für Ihre Arbeitsgruppe entwickeln.

CSC Ploenzke: Karriereplanung mit dem Kompetenzrad

Fallbeispiel 4-3

In dem Dienstleistungsmodell einer Organisationseinheit wird das angebotene Dienstleistungs-Know-how durch Kreissegmente dargestellt. Dieses „Speichenrad" dient gleichzeitig zur Beschreibung des Know-hows einer Mitarbeiterin bzw. eines Mitarbeiters und ihrer/seiner mittelfristigen Know-how-Karriere (an Fläche gewinnen, mehr vermögen). Das Dienstleistungsmodell enthält als Kreissegmente das für die jeweilige Organisationseinheit relevante Dienstleistungsspektrum mit den Branchen- bzw. Technologieschwerpunkten. Damit sind die Grundzüge der Tätigkeitsfelder dokumentiert, die von den Mitarbeiterinnen und Mitarbeitern wahrgenommen werden können. Gleichzeitig wird gezeigt, welche Themen abgedeckt werden sollen. Ein solches Blatt ist Bestandteil aller Unterlagen für das Beratungs- und Förderungsgespräch und wird benutzt, um die mittelfristige Karriereplanung zu besprechen. Dazu wird dokumentiert, in welchen Segmenten der Mitarbeiter sich zur Zeit befindet und welche Segmente in den nächsten drei bis zehn Jahren durchlaufen werden sollen.

Mit diesem Personalentwicklungs-Konzept soll nicht nur die Mehrfachqualifikation, sondern auch Kreativität, Initiative, Lernfähigkeit und der Mut zu Neuem gefördert werden.

CSC Ploenzke Dienstleistungsmodell

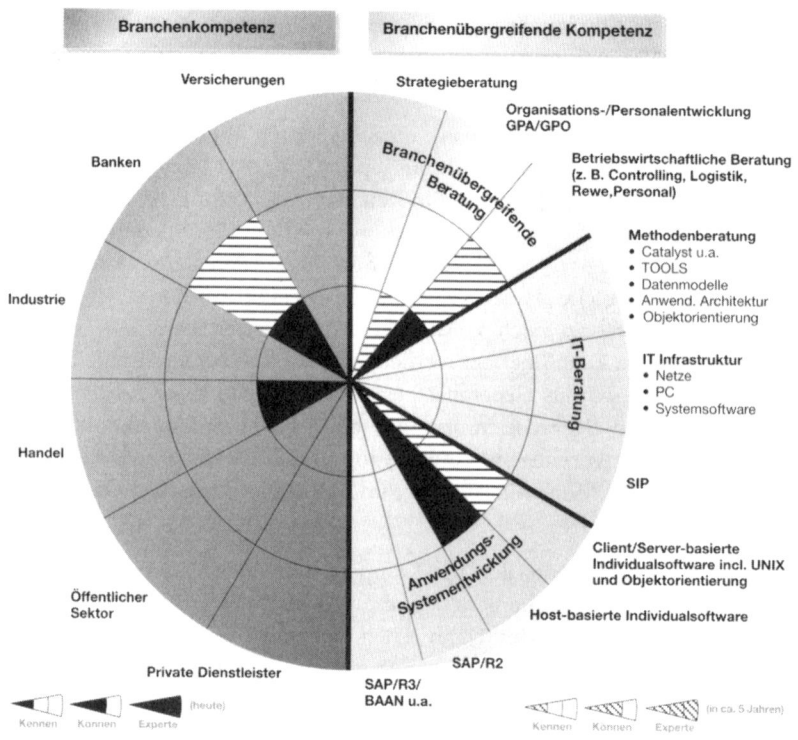

Quelle: Leitfaden für Juniorberater und Juniorberaterinnen Broschüre CSC Ploenzke AG

4.4 Kompetenzmatrix

In einer Tabelle lassen sich die Mitarbeiter und Kompetenzen gegenüberstellen. So gewinnen Sie Überblick über das Leistungsprofil Ihres Betriebs, können sehen, ob bestimmte Kompetenzen ausreichend abgedeckt sind und den Aufbau neuer Kompetenzen systematisch planen. Das Prinzip: In der Tabelle werden den Mitarbeitern die Fähigkeiten gegenübergestellt, die für die tägliche Arbeit im Betrieb typisch sind. Jeder Mitarbeiter beurteilt sich selbst:

Das Werkzeug

+++ = Hohe Kompetenz

++ = Mittlere Kompetenz

+ = Grundkenntnisse

Herr Schlaumeier und die Kompetenzmatrix …

Abbildung 4-4

Vertikal können Sie das Kompetenzprofil eines einzelnen Mitarbeiters ablesen. Horizontal sehen Sie, wie gut die jeweilige Kompetenz im Unternehmen abgedeckt ist. Setzen Sie Mindeststandards. Je nach Größe des Betriebs sollten in einer Kompetenz zwei oder mehr Mitarbeiter Topnoten haben.

Wissenslücken bestehen, wenn für eine Kompetenzkategorie gar kein oder nur ein Mitarbeiter eine Topnote hat. Fällt diese Person aus, verringert sich die Leistungsfähigkeit des Betriebs, da kein Mitarbeiter mit vergleichbaren Fähigkeiten einspringen kann. Solche Wissenslücken sollten Sie schließen. Formulieren Sie für sich ein Ziel, etwa: In meinem Betrieb sollten in jeder Kompetenzkategorie drei Mitarbeiter „+++" und zwei Mitarbeiter „++" haben, das soll in xx Monaten erreicht sein.

| *Abbildung 4-5* | *Die Kompetenzmatrix: Wer kann was wie gut?* |

	Egon	Claudia	Horst	Agathe
Word	☆	☆	☆	★
Powerpoint	☆		☆	
Excel	☆	★		★
Access			★	

☆ Hohe Kompetenz   ☆ Mittlere Kompetenz   ★ Grundkenntnisse

Sie können die Tabelle um neue Kompetenzen erweitern. „Welche Fähigkeiten müssen in einem, in fünf oder in zehn Jahren im Betrieb vorhanden sein?", das ist die Leitfrage. Gliedern Sie die groben Ziele in kleinere Schritte, nötige Einzelfähigkeiten auf. In der Tabelle können Sie dazu ein Zeitziel festlegen. Sie können die Tabelle auf Papier oder im PC pflegen. Denkbar wäre, dass Sie bei den Mitarbeitern nicht nur Namen, sondern auch weitere Informationen vermerken: Kostenstelle, Arbeitsbereich, Tätigkeiten oder Qualifikationen (etwa Fähigkeit zum Führen bestimmter Maschinen, Erste-

Hilfe-Kenntnisse). Sie können die Tabelle auch nutzen, um Anreize für Mitarbeiter zu schaffen. Beispiel: Wer in vier Disziplinen Topnoten hat, erhält eine Gratifikation.

Im Folgenden werden wir nun unterschiedliche Anwendungsbeispiele für Kompetenzmatrizen darstellen: Zunächst wird für einen kleinen Maschinenbau-Betrieb gezeigt, wie mit einfachen Mitteln Kompetenzmatrizen genutzt werden können. Es folgt ein Beispiel aus einem Krankenhaus. Soll-Kompetenzen werden Mitarbeiterrollen im dritten Beispiel einer Versicherung zugeordnet.

Kompetenzmatrix im mittelständischen Maschinenbau-Betrieb   *Fallbeispiel 4-6*

Mitarbeiter: Zu den Leistungsträgern des Betriebs gehören der Chef, Bürokraft 1, Meister 1 und Geselle 1. Sie haben mindestens zwei Topnoten. Bürokraft 2 kann nicht in allen Bereichen selbständig arbeiten und in keinem Bereich Fähigkeiten weitergeben. Die Gesellen 2 und 3 haben anscheinend keinen großen Hang zu Computern. Wer übernimmt die Arbeit mit dem CAD-Programm, wenn der Leistungsträger (Geselle 1) ausfällt? Vielleicht kann der Rest notdürftig die Arbeit am Laufen halten. Aber die Fähigkeiten sind nicht ausgeprägt genug, um aus eigener Kraft andere Mitarbeiter anzulernen und wieder in ruhigeres Fahrwasser zu kommen.

Kompetenzen: In der Produktion sind die Kompetenzen durchweg besser mit Top-Mitarbeitern besetzt. Fräsen und Schweißen wird von jeweils drei Mitarbeitern so gut beherrscht, dass sie andere anlernen können. Der Schwachpunkt der Produktion ist der Umgang mit dem CAD-Programm.

Das Büro ist schwächer besetzt. Jede Kompetenz wird nur von einem Mitarbeiter optimal beherrscht, die EDV-Auftragsverwaltung sogar von niemandem. Anscheinend bedarf es nur einer kleinen Störung, bevor Auftragsakquise (Angebotserstellung) und Arbeitsplanung und -kalkulation (EDV-Auftragsverwaltung) ausfallen. Das wäre der Beginn einer Abwärtsspirale: Der Chef müsste vermehrt im Büro einspringen und fehlt an anderer Stelle. In manche Arbeitsabläufe im Büro musste er sich sogar zuerst noch einarbeiten, Stress und Fehler wären vorprogrammiert.

Konsequenzen: Der Chef dieses fiktiven Maschinenbaubetriebs hat erkannt, dass einige Wissenslücken dringend geschlossen werden müssen. Das Wunschergebnis trägt der Chef in die Tabelle „Soll-Situation" ein. Aufgrund des höheren Lernbedarfs plant er für das Büro acht Monate, für die Produktion fünf Monate Zeit ein. Sein generelles Ziel ist, für jede Kompetenz zwei Mitarbeiter mit Topnoten zu haben. Der Chef stellt eine Prioritätenliste auf, welche Wissenslücken zuerst geschlossen werden sollen und arbeitet sie mit den Mitarbeitern konsequent ab. Auch die Hausbank lässt sich mit einer solchen Strategie beim Wissensmanagement beeindrucken. Mit der Tabelle zeigen Sie, dass Sie vorausschauend planen und Ihren Betrieb gegen mögliche Krisen wappnen.

Grafik Quelle: Handwerk.com – http://handwerk.com/qmatrix.htm

---

Abbildung 4-7 | *Beispiel einer Kompetenzmatrix – Vergleich Ist- und Soll-Situation*

IST-SITUATION Januar

	Büro				Produktion		
	Tabellen-kalkulation	Erstellen der Rechnung	Angebots-erstellung	EDV-Auftrags-verwaltung	Fräsmaschine	Schweißen	CAD-EDV
Chef	+	++	+++	++			
Bürokraft 1	+++	+++	++	+			
Bürokraft 2	++	++	+	+			
Meister 1					+++	+++	+
Geselle 1					+++	++	+++
Geselle 2					++	+++	+
Geselle 3					++	++	+
Azubi					+	++	++
...							

SOLL-SITUATION (Büro: November, Produktion: Juli)

	Büro				Produktion		
	Tabellen-kalkulation	Erstellen der Rechnung	Angebots-erstellung	EDV-Auftrags-verwaltung	Fräsmaschine	Schweißen	CAD-EDV
Chef	+	++	+++	++			
Bürokraft 1	++	+++	+++	++			
Bürokraft 2	+++	++	++	+++			
Meister 1					+++	+++	+++
Geselle 1					+++	++	+++
Geselle 2					++	+++	+
Geselle 3					++	++	+
Azubi					+	++	++
...							

Krankenhäuser und andere Organisationen medizinischer Dienstleistungen sind einem einschneidenden Organisationswandel unterworfen. Einige Organisationen stellen sich diesen Herausforderungen, indem sie sich auf ihre Kernkompetenzen besinnen. Aus der Wissensperspektive betrachtet unterstützen gerade die Mitarbeiter des stationären Bereiches als Wissensträger die Kernprozesse des Unternehmens Krankenhaus. In den letzten Jahren hat sich das Anforderungsprofil an die diplomierten Gesundheits- und Krankenschwestern/-pfleger und an die Leitenden Pflegefachkräfte stark geändert.

Defizite traditioneller Personalentwicklung

Ausgehend von Bildungsbedarfsanalysen werden für die Mitarbeiter innerbetriebliche Fortbildungen und Seminare innerhalb eines Bildungsplanes angeboten. Interventionen von Bildungsabteilungen erfolgen nach mündlichen Absprachen mit den Personalentwicklungsstellen der Pflege, Verwaltung, Gebäudetechnik und Medizin und aufgrund von Bildungsbedarfsanalysen. Es besteht jedoch keine Vernetzung zwischen Personalentwicklungsstellen und Bildungsabteilungen. Das heißt, die Interventionen der Bildungsabteilung in die Wissensbasis erfolgen ohne definitives Wissen über die derzeitigen Kompetenzen, Fähigkeiten der Mitarbeiter und ohne Kenntnis, welche Qualifikationen die Mitarbeiter in Zukunft haben sollten. So ist für alle Akteure keine Transparenz der Kompetenzen und des Erfahrungswissens der Mitarbeiter gegeben. Das bedeutet auch, sollten in Zukunft neue Abteilungen oder neue Geschäftsfelder geplant werden, ist keine Transparenz über das intellektuelle Kapital gegeben. Das wiederum heißt, dass das Top-Management oft nicht wissen kann, welche Mitarbeiter befähigt sind, diese neuen Aufgaben zu erfüllen. Aus der Sichtweise des strategischen Wissensmanagements stellen sich daher die Fragen:

▓ Welche Kompetenzen haben unsere Mitarbeiter und welche Kompetenzen benötigen unsere Mitarbeiter in Zukunft?
▓ Kennt das Top-Management das intellektuelle Kapital im Unternehmen?
▓ Welche Kernkompetenzen müssen entwickelt werden, damit die Organisation Krankenhaus wettbewerbsfähig bleibt?

Kompetenzkarten im stationären Bereich der Pflege

Beispielhaft für die Ermittlung des Kompetenzpotenzials der Mitarbeiter mittels eines standardisierten Fragebogens steht hier die Ermittlung der Kompetenzpotenziale und der darüber hinaus zukünftig relevanten Kompetenzprofile im stationären Bereich der Pflege im Mittelpunkt. Übergeordnetes Unternehmensziel ist, individuelles Wissen und die Kompetenzen der Mitarbeiter transparent zu machen, intern bestmöglich zu nutzten und weiterzuentwickeln.

Strategische Ziele des Projektes sind:

▓ Transparenz der Kompetenzen der Mitarbeiter des stationären Bereichs der Pflege und zwar von diplomierten Gesundheits- und Krankenschwestern/-pfleger und Leitenden Pflegefachkräften, als Ausgangsbasis für Wissensnutzung und auch für Wissensaustausch.
▓ Transparenz des zukünftigen Wissens- bzw. Kompetenzbedarfs.

■ Transparenz von Projekt-, Arbeitsgruppen- und Qualitätszirkelwissen und von Wissen aus Expertengremien.

Operative Ziele:

■ Durchführung einer Kompetenz-Ist-Standserhebung, sowie der Erhebung der Wichtigkeit dieser Kompetenzen.

■ Evaluierung des Kompetenz-Ist-Standes und der Wichtigkeit der Kompetenzen durch Erstellung einer Kompetenzmatrix.

■ Ermittlung der Kompetenzlücken, das heißt der Differenz zwischen Kompetenz Ist-Stand und zukünftiger Wichtigkeit der Kompetenzen.

Die Kompetenzen wurden im Projekt in vier Dimensionen definiert und mittels standardisierter Fragebogenanalyse identifiziert. In die vier Dimensionen Fach-, Methoden-, Sozial- und Selbstkompetenz wurden die gesetzlichen Bestimmungen einbezogen, sowie in einer Umfeldanalyse eruiertes potentielles Wissen aus Qualitätszirkeln, Projekten, Arbeitsgruppen und Expertengremien.

Das Kompetenzmodell für den stationären Bereich der Pflege stellt sich in einer Kompetenzkarte für jeden Mitarbeiter dar. Ist-Kompetenzen und deren zukünftige Wichtigkeit können von den Mitarbeitern in der jeweiligen Ausprägung der Kompetenz von Null bis drei angegeben werden, vgl. dazu Böhm unter vgl. http://www.symposion.de:

■ 0   = Problembewusstsein (kennt das Wissensgebiet)

■ 1   = Wissen (kann in diesem Wissensgebiet arbeiten)

■ 2   = Können (beherrscht dieses Wissensgebiet für konsequentes Umsetzen)

■ 3   = Expertentum (beherrscht das Wissensgebiet als Experte)

Das Kompetenzmodell kann in den Changemanagementprozess relativ einfach integriert werden. Mit Unterstützung der EDV-Abteilung wurden die Kompetenzkarte als Fragebogen in das Intranet gestellt und die Ergebnisse in einer Datenbank gespeichert. Nachteil ist sicherlich die eventuelle Unerfahrenheit der Mitarbeiter gegenüber diesem Medium. Diese kann insofern abgefangen werden, indem vor der Datenerhebung eine Vorabinformation im Rahmen der üblichen Teamsitzungen erfolgt (inklusive möglicher Testungen).

Die ermittelten Kompetenzausprägungen wurden aus der Datenbank in die erstellte Kompetenzmatrix übertragen. Die Kompetenzmatrix dient zur Auswertung der aus den Kompetenzkarten ermittelten Ist- und Soll-Kompetenzwerte. Die Übertragung der ermittelten Kompetenzausprägungen in die Kompetenzmatrix und die Dokumentation der Differenz zwischen Ist-Kompetenzwerten und der ermittelten Wichtigkeit der Kompetenzausprägungen wird das operative Ziel, die Kompetenzlücken zu eruieren, abdecken.

Der Prozess der Wissensidentifizierung von Kernkompetenzen, Kompetenzlücken und Kompetenzschwerpunkten kann somit operationalisiert werden. Anhand der ermittelten Kompetenzprofile, aufgeschlüsselt in Kompetenzprofile für die diplomierten Gesundheits- und Krankenschwestern/-pfleger und für die Leitenden Pflegefachkräfte, ist nun eine Wissensentwicklung sowie eine effiziente Wissensnutzung möglich. In der nächsten Phase sollen auch Kompetenzkarten für andere Kernkompetenzbereiche in der Organisation Krankenhaus erstellt werden. Die Anbindung der erarbeiteten Kompetenzprofile an das Mitarbeiterorientierungsgespräch ist ein nächster Entwicklungsschritt. Durch die Anbindung der Kompetenzkarten an Mitarbeiterfördergespräche kann mittels Zielvereinbarungen das Wissen der Mitarbeiter individuell weiterentwickelt werden. Vereinbarte Wissensziele können durch die Personalentwicklungsstellen zum strategischen Wissensmanagement kommuniziert werden, und das strategische Wissensmanagement kann das Wissen der organisationalen Wissensbasis weiterentwickeln.

Außerdem hat das Unternehmen die Möglichkeit Projekt-, Qualitätszirkel- und Arbeitsgruppenwissen abzurufen, Teilnehmer dieser Wissensgemeinschaften zu identifizieren und eventuell in Folgeprojekten einzusetzen, damit das implizite Wissen dieser Mitarbeiter genutzt werden kann. Ein weiterer Gewinn besteht darin, dass das Wissen aus Expertengremien transparent gemacht wird und die Experten aus diesen Gremien sichtbar werden. Und noch ein Gewinn entsteht aus dem Projekt, Experten werden transparent und können effizient eingesetzt werden, auch hat das Top-Management und strategische Wissensmanagement die Möglichkeit, diese Experten zum Wissensaustausch einzusetzen. Außerdem wurde durch dieses Projekt das zukünftig wichtige Kernkompetenzwissen identifiziert, welches die Mitarbeiter benötigen, um Kundenlösungen, also „Maßanzüge" für unsere Kunden, zu schneidern.

Auszug aus dem Fragebogen zum Kompetenzmodell im Krankenhaus

Wie würden Sie Ihre soziale Kompetenz einschätzen?   I: II:

I: KOMPETENZEINSCHÄTZUNG VON 0 bis 3 **II: WICHTIGKEITSEINSCHÄTZUNG VON 0 bis 3**	0	1	2	3	0	1	2	3
a) Umgang mit Angehörigen								
b) Strategieentwicklung, um belastende Situationen zu bewältigen und für sich Selbst Sorge zu tragen								
c) Kommunikation- und Konfliktmanagement								
d) Andere soziale Kompetenzen?								

Wie würden Sie Ihre methodische Kompetenz einschätzen?   I: II:

I: KOMPETENZEINSCHÄTZUNG VON 0 bis 3 **II: WICHTIGKEITSEINSCHÄTZUNG VON 0 bis 3**	0	1	2	3	0	1	2	3
a)Verschiedene Modelle, Methoden und Konzepte nutzen, um die Pflege zu planen, durchzuführen, auszuwerten und weiter zu entwickeln								
b) Berufliche Situationen systematisch reflektieren und die gewonnenen Erkenntnisse auf andere Situationen übertragen								
c) Vorhandene Ressourcen koordinieren und der Situation entsprechend effizient einsetzen								
d) Berichterstellung, Protokollführung								

Wie würden Sie Ihre persönliche Kompetenz einschätzen?   I: II:

I: KOMPETENZEINSCHÄTZUNG VON 0 bis 3 **II: WICHTIGKEITSEINSCHÄTZUNG VON 0 bis 3**	0	1	2	3	0	1	2	3
a) ARG Pflegediagnosen								
b) ARG Ambulanz Handbuch								
c) Projekt Mitarbeiterfördergespräch								
d) Projekt - Erarbeitung von Hygienequalitätsstandards								

Kernkompetenzen – Handlungskompetenzen: Wie würden Sie Ihre Kompetenzen einstufen?

I:

II:

I: KOMPETENZEINSCHÄTZUNG VON 0 bis 3 II: WICHTIGKEITSEINSCHÄTZUNG VON 0 bis 3	0	1	2	3	0	1	2	3
a) Pflegeanamnese Erhebung der Pflegebedürfnisse und des Grades der Pflegeabhängigkeit des Patienten oder Klienten sowie Feststellung und Beurteilung der zur Deckung dieser Bedürfnisse zur Verfügung stehenden Ressourcen								
b) Pflegediagnose Feststellung der Pflegebedürfnisse								
c) Pflegeplanung Planung der Pflege, Festlegung von pflegerischen Zielen und Entscheidung über zu treffende pflegerische Maßnahmen								
d) Pflegemaßnahmen Durchführung der Pflegemaßnahmen								
e) Organisation der Pflege								
f) Pflegedokumentation Dokumentation des Pflegeprozesses								
g) Pflegeevaluation Auswertung der Resultate der Pflegemaßnahmen								
h) psychosoziale Betreuung von Patienten								
i) Pflegeforschung Mitwirkung bei der Pflegeforschung								
j) Gesundheitsförderung Information über Krankheitsvorbeugung und Anwendung von gesundheitsfördernden Maßnahmen, Maßnahmen der Infektionsverhütung								
k) Anleitung und Begleitung von Pflegehelfern und Schülern im Rahmen der Ausbildung								
l) Erste Hilfe, Reanimation								
m) Andere Handlungskompetenzen wie z.B. Basale Stimulation								
n) Reaktivierende Pflege								
o) Kinästhetik								
p) Wundmanagement								
q) Palliativ Care								
r) Betreuung Desorientierter Patienten								
s) Aromatherapie								
t) Kompetenz der Pflegeeinstufung								
u) Kompetenz der Personalbedarfsberechnung								
v) Andere Handlungskompetenzen								

Quelle: Heidemarie Täuber, Leitung Wissensmanagement und Krankenhaushygiene KA Sanatorium Hera Wien

---

Fallbeispiel 4-9   *Allianz Versicherungs-AG: Von Leistungsprozessen zu Rollen und Kompetenzen*

In Know-how-orientierten Unternehmen wie der Allianz Versicherungs-AG steht die Frage nach dem notwendigen Wissen bzw. den benötigten Kompetenzen der Mitarbeiter am Anfang der Entwicklung strategischer Ziele. Aus diesem Grund wurde bereits ein Vorhaben zur Abbildung von Kompetenzprofilen in Teilen der Allianz AG durchgeführt. Besonders stark betroffen von einem rasanten Wandel in den Anforderungen an die Kompetenzen der Mitarbeiter ist der IT-Bereich der Allianz. In keiner Branche finden Veränderungen so rasant statt, wie im technologischen Umfeld. Entsprechend häufig verändern sich die Aufgaben und Ziele eines IT-Dienstleisters. Um auch in Zukunft schnell und sicher agieren und reagieren zu können, wurde im IT-Bereich der Allianz das Konzept „Rollen und Kompetenzen" als zentrales Element für eine bessere Steuerung der Kompetenzen und Rollen der Mitarbeiter des IT-Bereiches entwickelt. Mit dem Konzept „Rollen und Kompetenzen" sollten zunächst die Anforderungen von Kunden stärker als bisher als Richtschnur für die Weiterentwicklung interner Kompetenzen genutzt werden. Zum anderen sollte mit dem Konzept „Rollen und Kompetenzen" die Fachkarriere einzelner Mitarbeiter sichtbar und steuerbarer werden. Das Leitbild der Allianz „interne und externe Kundenorientierung" wurde mit diesem Konzept operationalisiert.

Um eine Grundstruktur für die Erfassung aller relevanter Kompetenzen zu schaffen und alle zukünftig benötigten Kundenkompetenzen abzuleiten, wurden Kundenleistungen in acht Kernprozessen zusammengefasst und zugehörige Querschnittprozesse definiert. Querschnittsprozesse sind z. B. Führung und Personal, Innovationsprozesse, Controlling, Marketing usw. An den jeweiligen Schnittpunkten der Kern- und Querschnittsprozesse zu den Arbeitsplätzen wurden entsprechende Aufgaben der Mitarbeiter abgeleitet und in „Aufgabenbündeln" zusammengefasst, aus denen wiederum vorhandene Rollen abgeleitet wurden. Mit jeder Rolle wurden nun spezielle Bereiche beschrieben, die dem allgemeinen Berufsbild „Informatiker" zugeordnet werden können. Beispiele für Rollen sind Software Engineer oder Database Designer. Eine Rolle besteht immer aus der Beschreibung von jeweiligen Kunden, Kooperationspartnern, Hauptleistungen, Kundennutzen, Leistungskriterien, wesentlichen Fähigkeiten, dem Aufgabenprofil (wie viel Prozent der Zeit in welchen Prozessen verwendet wird) sowie den dafür notwendige Kompetenzen.

Zu jeder Rolle wurden dafür erforderliche Kenntnisse und Fähigkeiten zugeordnet, die so genannten Kompetenzen. Die Kompetenzen wurden in drei Kategorien eingeteilt: fachliche, methodische und persönlich-soziale Kompetenzen. Dabei beschreiben die fachlichen Kompetenzen das IT- und Versicherungs-Know-how. Alle für eine Rolle nötigen Kompetenzen zusammen bilden das Kompetenzprofil der Rolle. Jeder Mitarbeiter bringt sein eigenes, persönliches Kompetenzprofil mit. Nur in wenigen Fällen wird dieses Profil exakt mit dem seiner Rolle übereinstimmen. Zum Teil gibt es überproportional viel Kompetenz, die die Rolle erfordert; an anderer Stelle weniger. Auf diese Weise wird erkennbar, welche Wege zur Entwicklung in eine Rolle mit höheren Kompetenzanforderungen offen stehen bzw. wo die derzeitige Rolle durch Weiterbildung noch besser ausgefüllt werden kann. Für jeden Mitarbeiter wurde ein Kompetenzprofil erfasst und alle Kompetenzprofile in einer Kompetenzmatrix zusammengefasst.

Jeder Mitarbeiter wurde in die Lage versetzt, sein persönliches Kompetenzprofil zu erstellen und zu steuern. Das Unternehmen kann aufgrund der Kompetenzmatrix generische Rollen definieren und die notwendigen Kompetenzen bewerten und ableiten. Dabei gehen strategische Ziele in die Überlegung ein, welche Maßnahmen aufgrund der Abweichungen zwischen Soll- und Ist-Bestand aus Sicht des Unternehmens in Zukunft nötig sind. Aus der strategischen Sicht des Unternehmens werden Ausbildungsprogramme definiert. In den jährlichen Gesprächen mit den Mitarbeitern zu ihren Rollen wird der individuelle Bildungsbedarf erhoben, der sich aus den notwendigen Kompetenzen der vom Unternehmen angebotenen Rollen bzw. der vom Mitarbeiter in seiner Entwicklung angestrebten Rollen ergibt.

Quelle: Mathy 2001

4.5   Kompetenzlandkarte

Das Werkzeug

Die *Kompetenzlandkarte* (alternativ: Wissenslandkarte, Knowledge Map, Competence Map) ist ein Werkzeug, mit dem sich ein Überblick über das im Unternehmen vorhandene Wissen mit den jeweils zugehörigen Kompetenzträgern gewinnen lässt. Dazu werden die relevanten Kompetenzfelder im Unternehmen identifiziert und Mitarbeiter, die Kompetenzen in diesem Feld besitzen, dieser Kompetenz zugeordnet. Die Kompetenzlandkarte kann als zentrales Werkzeug in der gesamten Organisation eingesetzt werden, sie zeigt, welche Personen innerhalb eines Teams, innerhalb der Organisation oder im externen Umfeld wichtige Kompetenzen zu entsprechenden Problemstellungen beitragen können. Die Mitarbeiter können neben dem Auffinden und dem Verwerten von Informationen diese auch selbst einpflegen und aktualisieren. Kompetenz ist so kein statischer Vorrat von verzahnten Informationen, sondern wird durch das Arbeiten mit der Landkarte ständig neu generiert und miteinander verknüpft. So werden Lernprozesse durch das aktive Arbeiten mit z. B. den Informationen von Experten oder projektbezogenen Dokumenten gefördert. Dabei eignet sich die Kompetenzlandkarte nicht nur für Konzerne oder große Unternehmen. Gerade in kleinen und mittelständischen Unternehmen führt die Nutzung zu einer erhöhten Einbindung der Kompetenzen von freien Mitarbeitern oder Netzwerken [vgl. Dilg-Gruschinski, Frank 2002]. Im folgenden Beispiel wird die Anwendung von Kompetenzlandkarten deutlich.

Fallbeispiel 4-10

Einsatz einer Kompetenzlandkarte in der Automobilbranche

Im Rahmen des Projekts SENEKA wurde für die Abteilungen eines großen deutschen Automobilherstellers die Methode der Kompetenzlandkarte exemplarisch umgesetzt. Ziel war es, Doppelarbeiten bei Projekten zu reduzieren und bereits existierende Lösungen aus vorherigen Projekten im Unternehmen zu verteilen sowie Zugriff auf die Kompetenzträger aus vorherigen Projekten zu identifizieren. Zur Umsetzung des Lösungsansatzes wurde im Rahmen des Projektes von der Aixonix GmbH ein webbasiertes System für die Recherche nach Projektwissen, verbunden mit dem jeweiligen Kompetenzträger, entwickelt (Solution Center Framework) [vgl. Dilg-Gruschinski, Müller 2003].

In der Systemarchitektur wurden Software-Module, wie Redaktionssystem, Datenbank und Tools wie z. B. Dokumententyp- oder Navigationsmanager, mit einer kompetenzbasierten Suchmaschine kombiniert. Diese beruht im Gegensatz zu konventionellen Suchmaschinen auf einem Wissensmodell, bei dem sich anhand einer logischen Struktur jegliche Informationen wie z. B. Produkt, Methode, Projekt und Mitarbeiter über zentrale Knotenpunkte der „Fallbeispiele" miteinander verknüpfen lassen.

Beispiel für Kompetenzmanagement-Modell aus dem SENEKA Projekt

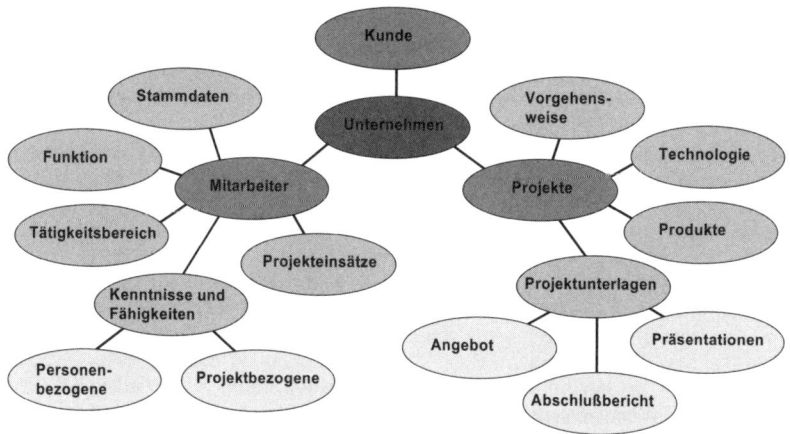

Mit der Erfassung von Projektdaten sollte die Kompetenzlandkarte zur Auffindung von Problemlösungen und projektbezogenen Dokumenten zum Zwecke der Wiederverwendung in anderen Projekten dienen. Durch die gezielte Erfassung von Problemen, z. B. in Form von „Lessons Learned", können die Erfahrungen in die Bewertung von Neuprojekten einfließen. Bestehende Vorlagen bzw. Inhalte (z. B. Erfahrungsberichte, Präsentationen, relevante Methoden und Vorgehensweisen) können wiederverwendet werden und reduzieren somit die Projektdurchlaufzeit. Ergänzend dazu werden mitarbeiterbezogene Kompetenzprofile zur Auffindung von Experten als Schwerpunkt verwendet. In den Kompetenzprofilen enthalten sind Informationen zu Einsätzen bei bestimmten Kunden, Erfahrung in bestimmten Methoden etc. Für das komplette Kompetenzprofil können die Mitarbeiter ihre Stammdaten (Name, Anschrift, Kommunikationsverbindungen) selber anlegen sowie sich weiteren, vorgegebenen Wissensbereichen zuordnen:

■ Angaben zur Funktion und zum Tätigkeitsbereich, wie z. B. Daten über wesentliche Arbeitsaufgaben und Kenntnisse im Alltag.

■ Angaben zu persönlichen Kenntnissen und Fähigkeiten, wie z. B. beruflicher Werdegang, Fachkenntnisse sowie Themen zu existierenden Veröffentlichungen bzw. Präsentationen.

■ Projektbezogene Kenntnisse und Fähigkeiten, wie z. B. Tätigkeitsbereich innerhalb mit einer Übersicht über bereits bearbeitete Projekte.

Diese Angaben fließen in das Profil des jeweiligen Mitarbeiters ein. Über jede eingepflegte Angabe findet man dann in der Landkarte über die Navigation durch die Kategorien oder über die Suchfunktion direkt den entsprechenden Experten. Die Experten-Ausgabe gibt jedoch nur die Stamm- bzw. Kontaktdaten an. Es ist für den Suchenden letztendlich immer notwendig, sich persönlich an den Wissensträger zu wenden. So soll gezielt die Kontaktaufnahme zwischen Experten ermöglicht bzw. gefördert werden. Der identifizierte Experte kann mit seiner Kompetenz laufende oder neue Projekte unterstützen. Er kann so bei der Zusammenstellung eines Projektteams als passender Projektmitarbeiter mit eingebunden werden. Weiterhin geben methodenbezogene Informationen dem Anwender die Möglichkeit, sich über spezielle Methoden näher zu informieren, z. B. wozu die Methode dient und in welchen bisherigen Projekten bei welcher Problemstellung sie eingesetzt wurde. Die Einführung der Kompetenzlandkarte erfolgt in einer vierstufigen Vorgehensweise:

Aufnahme der Anforderungen: Innerhalb dieser Projektphase sollen wesentliche Voraussetzungen für die Definition und Abgrenzung des Umfeldes für Entwicklung und Aufbau einer Wissens- und Kompetenzlandkarte geschaffen werden. Mit Hilfe von einem oder mehreren Workshops werden gemeinsam mit dem Kunden zunächst die relevanten Informationen erhoben. Im Anschluss dient die Erstellung eines ersten Wissensmodells dazu, die logischen Zusammenhänge der Hauptobjekttypen darzustellen. In vertiefenden Interviews im Kreis der einzubindenden Experten werden die Inhalte gesammelt und das Wissensmodell ggf. modifiziert.

Erstellung Spezifikation: Basierend auf den Ergebnissen der ersten Projektphase werden die Daten, Funktionalitäten sowie die IT- und Systemarchitektur der Kompetenz- und Wissenslandkarte in einer Spezifikation detailliert beschrieben. Die Spezifikation dient im Wesentlichen als Basis für die Durchführung des Projektes, als Entscheidungshilfe bei der Auswahl und Prüfung von Anbietern, als Grundlage für die Erstellung eines Pflichtenheftes und zur Unterstützung für eine konsistente Kommunikation der Projektpartner.

Umsetzung und Implementierung: In Anlehnung an den Anforderungskatalog der ersten Projektphase wird zunächst in enger Abstimmung mit den Experten sowie der Projektleitung ein inhaltlicher Plan ausgearbeitet. Die für eine intuitive Navigation innerhalb der Kompetenz- und Wissenslandkarte erforderliche Taxonomie bzw. Baumstruktur für die Zuordnung und Verschlagwortung der Inhalte wird aus dem Wissensmodell abgeleitet.

Testphase und Evaluation: Ist das ausreichend gefüllt, kann im Rahmen einer ersten Testphase das Nutzerverhalten beobachtet und ausgewertet werden. Die Landkarte kann so den entsprechenden Anforderungen angepasst und optimiert werden. Wichtig für eine gelungene Umsetzung sowie die nachhaltige Erfüllung von Nutzenerwartungen der Mitarbeiter ist die Integration der Landkarte in die Arbeitsprozesse des Unternehmens. Hierfür kann die Bestimmung und Ausbildung einzelner Prozessbegleiter in jeder Organisationseinheit oder Abteilung hilfreich sein. Zu den Kernaufgaben dieser Prozessbegleiter zählen die Unterstützung und Motivation der Mitarbeiter bei allen Fragen rund um die Nutzung der Wissenslandkarte.

Nach Einschätzung der Mitarbeiter des Automobilherstellers bildet die eingesetzte Kompetenz- und Wissenslandkarte einen wesentlichen Baustein ihres eigenen Wissensmanagements. Sie ermöglicht es, zu verschiedenen Fragestellungen schnell die relevanten Experten, Dokumente und bereits durchgeführten Projekte zu identifizieren. Neben einer Personifizierungsstrategie lässt sich mit dieser Methode zusätzlich eine Kodifizierungsstrategie verfolgen. Das bedeutet, die Kompetenzlandkarte wird einerseits zur Identifizierung von Kompetenzträgern für den direkten Kompetenzaustausch genutzt und andererseits auch als Wissensplattform zur Speicherung von Daten, die durch die kontextbezogene Verknüpfung mit anderen Informationen zu Wissen wird.

Quelle: Dilg-Gruschinski, Schiefelbein, Müller 2004

4.6 Skill Based Routing

Hohe Erreichbarkeit und kompetente Antworten auch auf ausgefallene Fragen werden von einem effizienten Call Center erwartet. *Skill Based Routing* ist ein IT-gestütztes Werkzeug, das vor allem für das Management und die kompetenzbasierte Koordination von Anrufströmen im Unternehmen verwendet wird. Durch vorherige Erfassung der Kompetenzen der Mitarbeiter eines Call Centers können eingehende Anrufe und Kundenanfragen optimal auf die Mitarbeiter eines Unternehmens verteilt werden. Dies kann durch automatische Weiterleitung des Systems an einen einzelnen Experten, eine bestimmte Abteilung oder eine Gruppe arrangiert werden. Gespräche mit besonderen Anforderungen an bestimmte Kunden- oder Beratungskompetenzen werden gemäß den im System hinterlegten Kompetenzinformationen an die richtigen Mitarbeiter weiter „geroutet". Ziel ist es, eine höhere Effizienz in der Bearbeitung von Kundenanfragen zu erreichen und die Zufriedenheit der Kunden hinsichtlich Beratungs- und Servicekompetenz zu erhöhen.

Das Werkzeug

Telefonica: Einsatz von Skill Based Routing im Call Center

Fallbeispiel 4-11

In der imaginären Firma „Telefonica" (ein TK-Unternehmen) werden bestimmte Kompetenzen für den Kundenservice-Bereich im Vorfeld von den Führungskräften definiert. Die vollständigen Kompetenzen der Kundendienst-Mitarbeiter sind in der Skill Management Routing Software hinterlegt. Im folgenden Beispiel wurden das Kompetenzobjekt „Telefon-Dienste" definiert und die entsprechenden Kompetenzträger im System hinterlegt.

Ein Beispiel, wie diese Informationen zum Einsatz kommen, kann wie folgt aussehen: Herr Otto aus der Rechnungsabteilung bearbeitet einen Vorfall. Der Kunde XY beschwert sich über eine hohe Rechnung. Herr XY war in Russland, behauptet nur kurz telefoniert zu haben, und hat nun Roamingkosten in Höhe von 250 Euro. Herr Otto überlegt nun, wie hoch die Roaminggebühren in Russland für eine Minute Auslandsgespräch sind. Er entschließt sich, bei den Kollegen aus der Fachabteilung anzurufen. Da er nicht weiß, wer genau sich mit dem Thema auskennt, drückt er den Button „Telefon-Dienste" (denen das Internationale Roaming zugeordnet ist). Im IT-System sind die Kompetenzträger mit entsprechender Kompetenzart und einer Einstufung der Kompetenzen durch eine Skalierung hinterlegt. Ebenfalls hinterlegt sind Informationen, wer wann an welchem Arbeitsplatz zu finden ist.

Die Software routet nun den Anruf (die Mail/das Fax) von Herrn Otto zu einem freien Kompetenzträger, der sowohl die Kompetenz in Beratung aufweist als auch physisch vor Ort erreichbar ist. Er erreicht Frau Müller, kann seine Frage klären und den Vorfall abschließen. Auch denkbar sind Beispiele, dass Experten nach komplexeren Kriterien, wie Kompetenz „Internationalem Roaming" und Kompetenz „Türkisch", zu finden sind. Der Mitarbeiter oder Kunde spart Zeit bei der Suche nach Experten und die Trefferquote wird erhöht.

Kompetenzbasierte Weiterleitung bei Telefonica

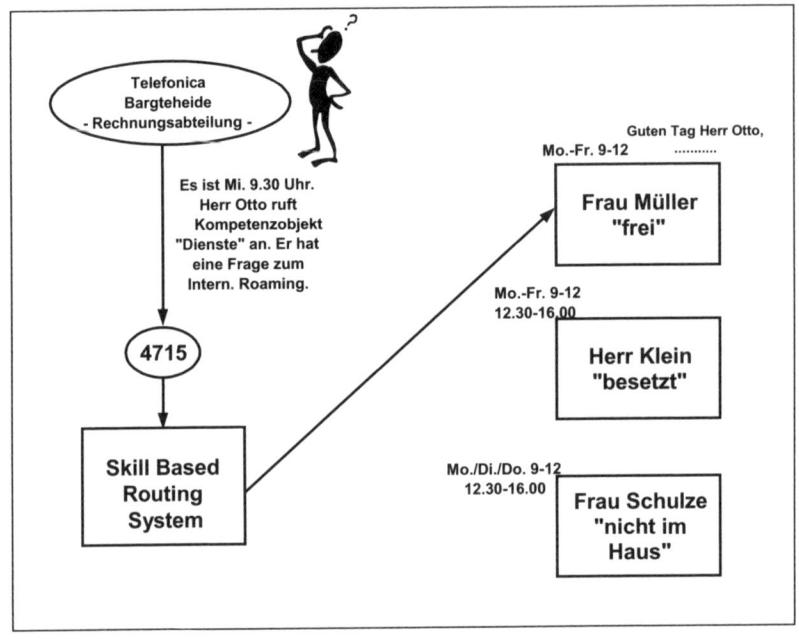

Die Erstellung der Kompetenzkriterien basiert auf vordefinierten Kompetenzobjekten und den Angaben der Mitarbeiter, wie gut sie sich für das jeweilige Objekt als Experten einschätzen. Diese Angaben können über Fragebögen oder Interviews ermittelt werden (bewährt hat sich das Vorgehen am Geschäftsprozess/Verlauf des Wissensflusses). In der Regel werden diese Angaben nicht zur Mitarbeiterbeurteilung herangezogen. Dieses ist mit der Geschäftsleitung zu klären und dem Mitarbeiter zu erläutern. Für die Mitarbeiter muss der Nutzen klar ersichtlich sein, da die Bereitschaft, Kompetenzen offen zu legen und zu teilen, vorhanden sein muss. Hier empfiehlt sich eine Steuerung über vertragsrechtliche Elemente, wie Arbeitsvertrag oder Betriebsvereinbarung.

Quelle: Szadkowski 2000

Durch Skill Based Routing können Unternehmen in die Lage versetzt werden, schnell und kompetent auf Probleme zu reagieren. Werden ganze Teams miteinander virtuell vernetzt, gewinnen die Mitglieder eines Teams eine hohe Kompetenz auf einem bestimmten Wissensgebiet. Die Teammitglieder befinden sich nicht lokal an einem Ort oder in einer Abteilung, sondern verteilen sich vielmehr über Abteilungs- und Organisationsgrenzen hinweg. So genannte virtuelle Kompetenzteams eignen sich vorwiegend für die Lösung bestimmter Problemmuster. Tritt ein Problem, das diesem Muster entspricht, im Unternehmen auf, wird das Problem an das virtuell im

Unternehmen vorhandene Team übergeben. Das Auftreten bestimmter Kundenprobleme, technischer Anfragen usw. löst die Aktivitäten des Teams erst aus, d. h. Problemmuster dienen als Trigger für das Arbeiten des Teams.

4.7 Expertise Location – Knowledge Mail

Sobald Unternehmen damit beginnen, vorhandene Mitarbeiterkompetenzen effizienter zu nutzen, steigt die Bedeutung von Lösungen, Mitarbeiter mit der richtigen Kompetenz zur richtigen Zeit zu vernetzen. Zum Beispiel in Prozessen zeitkritischer Produktentwicklungszeiten gewinnt das so genannte *Expertise Location Management* immer mehr an Bedeutung. Lösungen dieser Art sind der technologische Hebel, das organisatorische Lernpotenzial eines Unternehmens wesentlich zu erhöhen. Neben der reinen Vernetzung von Mitarbeitern können diese Werkzeuge z. B. zur Initiierung von Mentorenprogrammen, der Identifizierung von Kompetenzlücken oder zur Unterstützung formeller Einzel- und Gruppentrainings verwendet werden.

Das Werkzeug

Die meisten dieser Lösungen basieren auf der automatischen Erstellung von Kompetenzprofilen, sei es auf der Basis frei definierbarer Schlüsselwortstrukturen oder auf Basis der Analyse von Nutzerdaten, wie z. B. E-Mails, Dokumenten oder sonstigen elektronisch verfügbaren Informationen. Dabei werden durch einen Scan aller Dokumente und Freigabe und Überprüfung durch den Kompetenzträger selbst so genannte Kompetenz-Scans erstellt, die die exakte und aktuell vorliegende Kompetenz eines Mitarbeiters widerspiegeln. Die Schlüsselbegriffe, die zu einem Mitarbeiter abgespeichert sind, sind für andere Personen zugänglich und suchbar. Aufgrund einer Suche in den Schlüsselbegriffen werden andere Personen in die Lage versetzt, mit dem Kompetenzträger in unmittelbaren Kontakt zu treten.

Der Vorteil liegt auf der Hand. Die Expertensuche basiert nicht mehr auf vordefinierten Suchhierarchien, die in einem schnell wachsenden Unternehmen einer sehr starken Veränderung unterliegen, sondern wird dadurch immer auf dem neuesten Stand gehalten. Kompetenzträger können dadurch sehr schnell miteinander vernetzt werden. Der *„just-in-time"*-Verfügbarkeit von Kompetenzträgern (finden und verbinden) wird eine größere Bedeutung und ein größerer Nutzen beigemessen, als dem Aufbau von „Lagerhäusern des Wissens", zum Beispiel Dokumente in Datenbanken wie *„Lessons Learned"*, Experteninterviews, Debriefing-Papiere u. Ä. Der Ansatz betont die schnelle Verfügbarkeit und schnelle Verbreitung von Expertise, sofern sie benötigt wird. Eine vorgeschaltete arbeitsintensive Dokumentation entfällt gänzlich.

Aventis Pharma: Experten finden und verbinden mit KnowledgeMail

---

Fallbeispiel 4-12

In der pharmazeutischen Industrie kann die Entwicklung eines Arzneimittels von der Wirkstofffindung bis zur Zulassung 10 bis 15 Jahre dauern. Dennoch sind auch geringe Zeiteinsparungen von Bedeutung, können sich umsatzmäßig bemerkbar machen und zur Refinanzierung innovativer Forschung beitragen. Eine Substanz mittlerer bis guter Ertragskraft (zum Beispiel 365 Millionen Euro im Jahr) erwirtschaftet durchschnittlich eine Million Euro pro Tag. Also ist allein die Verkürzung der Entwicklungszeit schon förderlich für den Umsatz. Einerseits kann der Zugriff auf die richtige Information zur richtigen Zeit helfen, Entwicklungszeiten zu verkürzen, andererseits besteht aber auch die Möglichkeit, den Zugriff auf die Wissensträger selbst zu verbessern. Insbesondere gilt dies dann, wenn verschiedene Experten in verschiedenen Bereichen an vergleichbaren Problemen arbeiten oder gearbeitet haben. Doppelarbeit kann vermieden werden, die Produktivität steigt, und bei einem entsprechenden Austausch der Erkenntnisse entfallen Investitionen in externe Experten.

Analyse von E-Mails

Da die Softwareentwicklung im Bereich der automatisierten „Expert Location" sehr neu ist, wurde beschlossen, die Realisierung des Ansatzes mit dem Programm „KnowledgeMail" der Firma Tacit einer genaueren Bewertung zu unterziehen. Die intranetbasierte Software „KnowledgeMail" erstellt durch das Analysieren von E-Mails so genannte Expertenprofile. Zusätzlich können diese ergänzt werden durch Dokumente, die dem profilierenden System explizit zur Verfügung gestellt werden sowie durch eine freie Beschreibung des Tätigkeitsprofils mit eigenen Worten.

Die Analyse der E-Mails läuft im Hintergrund, ohne dass der Anwender, für den das Profil erstellt wird, hierbei tätig werden muss. Die Profile basieren auf Schlüsselwörtern und Hauptwortsätzen, die aus den Dokumenten automatisch extrahiert und mit dem Expertennamen verbunden werden. Der Experte hat volle Kontrolle darüber, ob und in welchem Umfang das Profil für andere einsehbar ist. Das Expertenprofil ist aber auch über den nicht öffentlichen Teil des Profils (private Profile) unter Wahrung des Datenschutzes anonym recherchierbar, und der Experte kann, quasi als Unbekannter, über die Software kontaktiert werden.

Innovative Elemente im Knowledge-Management-Ansatz

Die Vorteile des KnowledgeMail-Systems gegenüber manuell zu pflegenden Systemen, wie Yellow Pages und Wissensdatenbanken, sind beachtlich:

- Automatische Profilerzeugung: Keine aufwendigen Umfragen oder Interviews zur Erfassung der Mitarbeiterexpertise; kein hoher Kosten- und Zeitaufwand in der Startphase
- Automatische Aktualisierung der Profile: Unmittelbar überall vergleichbar einem Yellow-Page-Verzeichnis, das täglich aktualisiert wurde; trotz kontinuierlicher Aktualisierung des Profils kein Mehraufwand
- Aktualität der Schlagwörter: Nicht abhängig von einem definierten Schlagwortkatalog; unmittelbare Anpassung an den schnellen Wandel der Forschungssprache, ohne dass vorher ein Thesaurus aktualisiert werden muss
- Automatische Verschlagwortung von Sätzen ohne Füllwörter sichert permanente Aktualität in für die Firma relevanten Arbeitsbereichen ohne Aufwand

- Suchprozesse: Namenslisten werden nach dem Grad der Relevanz sortiert, den die Suchbegriffe bei den gefundenen Experten einnehmen. An oberster Stelle stehen so diejenigen Mitarbeiter, in deren Profil die gesuchten Begriffe eine hohe Relevanz besitzen (ipsative Skala)

- Würdigung der Mitarbeiter und Förderung der Netzwerkbildung: Das „tacit"-Wissen beim Wissensträger steht im Vordergrund, nicht das dokumentierte Wissen; Mitarbeiter, die sich bisher nicht kannten, können Informationen austauschen; Bildung von Netzwerken wird gefördert

- Vermeidung der Urheberrechtsproblematik: Jeder Mitarbeiter entscheidet selbst, welche Informationen er unter welchen Umständen und in welcher Form anderen Mitarbeitern zugänglich macht. Der Mitarbeiter wird nicht gezwungen, Dokumente ohne Zieladresse zur Verfügung zu stellen

- Datensicherheit und Datenschutz: Datensicherheit und Datenschutz wurden bei der Softwarekonzeption für Aventis berücksichtigt

Sicherheitsfunktionen

Das KnowledgeMail-System verfügt über ein umfassendes Sicherheitskonzept, welches sowohl den Schutz der Privatsphäre als auch die Datensicherheit gewährleistet. Grundsätzlich unterscheidet das System zwischen privaten und öffentlichen Begriffen. Alle profilierten Begriffe sind zunächst privat und können nur vom Nutzer selbst eingesehen und bearbeitet werden. Dennoch kann nach privaten Begriffen gesucht werden. Der Suchende erhält aber keinerlei Information über die betreffenden Personen. Der Suchende hat lediglich die Möglichkeit, eine E-Mail (mit für ihn unbekanntem Empfänger) an diese Personen zu schreiben. Den Empfängern steht es frei, auf diese E-Mail zu antworten oder nicht. Ausschließlich der Nutzer hat Zugriff auf seine privaten Begriffe, die er privat lassen, veröffentlichen oder löschen kann. Nur mit aktiver Einwilligung des Nutzers kann ein Begriff öffentlich und somit für andere Nutzer sichtbar werden. Außerdem kann jede einzelne E-Mail von der Profilierung ausgeschlossen werden. Diese Auswahl ist auch noch nachträglich (nach Versendung der E-Mail) möglich.

Der geplante organisatorische Wandel

Die Einführung des Knowledge-Management-Ansatzes „Experten finden und verbinden" bedeutet für die Mitarbeiter eine zum Teil nicht unerhebliche Änderung ihrer Sichtweise. Unter anderem werden folgende Anforderungen an die Mitarbeiter gestellt.

- Bereitschaft, vorhandenes Wissen zu teilen

- Bereitschaft, Expertenwissen anderer zu akzeptieren („not invented here"-Syndrom)

- Akzeptanz der Speicherung personenbezogener Daten

- Knüpfen von Kontakten zwischen Personen über Abteilungs-, Länder- und Sprachgrenzen hinweg. Dies gilt insbesondere, wenn Personen zueinander in Kontakt treten, die sich selbst vorher weder gesehen noch gekannt haben

Erfahrungen der Anwender und wirtschaftlicher Nutzen

Um die Qualität der Software zu evaluieren, wurden über 400 der ersten Knowledge-Mail-Anwender aus den USA, Frankreich und Deutschland befragt (Anwortrate 32 Prozent).

■ Ein Großteil der Befragten (62 Prozent) hatte KnowledgeMail zu diesem Zeitpunkt bereits aktiv genutzt (Durchführung einer Suchanfrage). 68 Prozent der aktiven Nutzer bewerteten die Suchergebnisse als teilweise relevant oder sehr relevant.

■ Folgende Vorteile von KnowledgeMail nannten die Befragten am häufigsten: Netzwerk zwischen den Mitarbeitern wird ausgeweitet; das Wissen über den betreffenden Bereich wächst; es wird weniger Zeit benötigt, um entsprechende Experten zu finden; Beitrag zur Beschleunigung von Projekten.

■ Die Handhabung der Software wurde von meisten Befragten als sehr einfach bzw. einfach eingeschätzt.

■ Über 60 Prozent der Nutzer bewerten den zukünftigen Nutzen des Programms als sehr hilfreich oder sogar unentbehrlich.

■ Dementsprechend würden über 75 Prozent der Teilnehmer Knowledge-Mail ihren Kollegen weiterempfehlen und über 80 Prozent der Nutzer möchten Knowledge-Mail auch weiterhin verwenden.

■ Auch die objektiven Daten, die vom System erfasst werden, bestätigen diesen Erfolg. So sucht zum Beispiel der Durchschnittsnutzer alle zwei Wochen einen Experten (0,58 Suchaktionen pro Nutzer pro Woche). In einem durchschnittlichen öffentlichen Profil befinden sich bereits nach drei Monaten 78 Begriffe. 68 Prozent der Nutzer haben Begriffe öffentlich gemacht. Knapp 40 Prozent der Anfragen im privaten Suchbereich (contact request) wurden innerhalb eines Tages beantwortet, fast 75 Prozent innerhalb einer Woche.

Quelle: Oldigs-Kerber et al. 2002

5 Kompetenzmanagement implementieren

In diesem Kapital lesen Sie ...

- Was Sie bei der Planung eines Kompetenz-Projektes beachten sollten
- Wie Sie Mitarbeiter umfassend einbinden
- Welche rechtlichen Rahmenbedingungen zu beachten sind
- Welche Anforderungen an Softwarelösungen zu stellen sind
- Wie Sie Kompetenzmanagement im Unternehmen verankern können

---

5.1 Erfolgsfaktoren

Für den langfristigen Erfolg eines Kompetenzmanagements ist es wichtig, den betrieblichen Rahmenbedingungen besondere Beachtung zu schenken. Das Management muss für ein Gesamtkonzept die im Folgenden erläuterten Gesichtspunkte in die Ausgestaltung eines unternehmensindividuellen Modells einbeziehen. Oftmals ist es falsch, eine *„Big-Bang"-Strategie* für Kompetenzmanagement-Projekte zu wählen. Vielmehr muss das Unternehmen Kompetenzmanagement *„lernen"*. Nur so besteht die Möglichkeit, dass das Projekt in der Organisation organisch wachsen kann. [vgl. Reinhardt 2004].

Ausgestaltung der betrieblichen Rahmenbedingungen

Aufgrund der Analyse von Praxisprojekten haben wir Handlungsfelder für eine erfolgreiche Implementierung eines Kompetenzmanagements identifiziert.

Erfolgsfaktoren der Implementierung

Sieben Erfolgsfaktoren:

- Unternehmensindividuelles Kompetenzmodell

- Fokussierung des Projektes

- Managementunterstützung

- Einbeziehung der Mitarbeiter

- Organisatorische Verankerung

- Information und Kommunikation

- Gestaltung der IT-Infrastruktur

Unternehmensindividuelles Kompetenzmodell

Kompatibles Kompetenz- modell

Bevor ein Projekt initiiert werden kann, muss eine Strategie und ein entsprechendes *Unternehmensmodell* für das Kompetenzmanagement entwickelt werden. Das Modell muss anschlussfähig an sowohl bestehende Geschäftsziele als auch an bestehende Geschäftsprozesse sein. Nur so kann eine Kopplung zwischen Strategie und Kompetenzmanagement sichergestellt werden.

Wertesystem

Beachtet werden sollte das *Wertesystem* der Unternehmung, das die Basis für das Kompetenzmanagement darstellt. Darauf aufbauend muss festgestellt werden, welche Kompetenzfelder die Unternehmung entwickeln bzw. eliminieren soll. Für ein Pilotprojekt sollten solche Kompetenzfelder gewählt werden, bei denen ein dringender Änderungs- und Anpassungsbedarf besteht. Ein erster Ansatz besteht darin, den derzeitigen Ist-Bestand an Kompetenzen zu erheben und daraus einen realistisch zu erreichenden Soll-Zustand zu definieren.

Zeitliche Korrek- turzyklen

Auch die permanente Integration in neue Prozesse sowie die ständige Überprüfung der Anwendungsgebiete sowie Methodeneffizienz sind ein wichtiger Punkt. *Zeitliche Korrekturzyklen* für die Überprüfung des Kompetenzmanagements bewegen sich zwischen ein und sieben Jahren, z. B. die operativ bedeutenden Kompetenzen in einem Ein-Jahres-Zyklus zu überprüfen, die Kompetenzstrategie ca. alle drei bis sieben. Bei unvorhersehbaren Änderungen, die das Unternehmen als Ganzes betreffen (z. B. Merger mit einem anderen Unternehmen), ist dieser Zyklus obsolet und eine sofortige Anpassung des Systems vorzunehmen. Die Regelungszyklen variieren je nach Unternehmensausrichtung.

Fokussierung des Projektes

Einfachheit des Konzeptes

Oftmals entscheidet die *Einfachheit* eines Konzeptes über den langfristigen Erfolg. Bewährt hat sich die Etablierung von Pilotprojekten in einem überschaubaren Bereich, wobei in einem späteren Schritt eine Anpassung und Optimierung stattfindet und das Konzept auf weitere Bereiche ausgedehnt werden kann.

Dazu ist es notwendig, dass sich zu Anfang die Beteiligten darüber verständigen, was genau im *Pilotprojekt* erreicht werden soll und kann. Es ist demnach nicht zu empfehlen, gleichzeitig die Kopplung mit der Strategie, dem Personal, der Organisationsentwicklung, der Technik und einem Controlling in einem Schritt anzustreben. Auch ist es nicht sinnvoll, alle Felder eines Kompetenzmanagements (z. B. Kompetenzmessung, -entwicklung und -vernetzung usw.) in einem Schritt anzugehen. Dabei ist abzuwägen, wo der größte Bedarf besteht sowie der schnellste Nutzen erreicht werden kann.

Pilotprojekt

Eine sukzessive Ausweitung und Durchdringung des Kompetenzmanagements auf weitere Bereiche und Kompetenzmanagement-Aufgaben ist die ideale Herangehensweise, um das Konzept langfristig zu einem Erfolg zu führen. Dabei sollte nicht außer Acht gelassen werden, dass das Gesamtkonzept – auch bei Anwendung in nur einem kleinen Bereich – als ganzheitliches Gesamtkonzept zu gestalten ist. Die Gefahr besteht, dass kleine Pilotprojekte sich zu *Insellösungen* entwickeln, die nur schwer wieder auf eine höhere Konzeptebene überführt werden. Die angewendeten Methoden und Systeme sollten so benutzerfreundlich wie nur möglich sein. Die Pflege und der Aufwand für den einzelnen Mitarbeiter und für die Führungskraft sollten sich in Grenzen bewegen.

Gefahr: Insellösungen

Managementunterstützung

Die Einbeziehung und Unterstützung des Managements hat einen zentralen Einfluss auch auf den Erfolg eines Kompetenzmanagements. Flache Hierarchien und klare Verantwortlichkeiten wirken dabei unterstützend. Eine „Sponsorship"- oder „Promotoren"-Funktion durch das Management hilft, Barrieren bei der Ausgestaltung des Systems zu überwinden, d. h., Führungskräfte müssen durch Kommunikation den Nutzen und die Vorteile des Kompetenzmanagements im Unternehmen verbreiten und es flankierend unterstützen. Nur so ist eine Durchdringung bis auf alle Unternehmensebenen zu realisieren. Die Unterstützung muss bis in die Ebene der Unternehmensführung reichen, die als Pate hinter dem Kompetenzmanagement stehen sollte. Manager auf unteren Ebenen müssen ebenfalls davon überzeugt sein und für eine breite Aufklärung bei allen Mitarbeitern sorgen. Die Führungskräfte müssen sich dieser Verantwortung bewusst sein und den Willen haben, die Ziele und den Zweck eines solchen Systems zu diskutieren und – wenn nötig – entsprechende Kompromisse zu suchen.

Sponsorship und Promotoren

Kompetenzmanagement-Methoden werden nur dann erfolgreich eingesetzt, wenn Führungskräfte die Methoden in ihrer operativen Arbeit beherrschen. Auf Basis von Kompetenzprofilen sollte z. B. die Führungskraft mit dem Mitarbeiter Vereinbarungen zu Mitarbeitereinsatz und -entwicklung treffen.

Im Tagesgeschäft gelebt

Darauf abgestimmte *Feedbackmechanismen* (Mitarbeitergespräch, Diskussionsforum, Workshops usw.) machen transparent, was den Erfolg der Unternehmung ausmacht und was der Mitarbeiter zum Unternehmenserfolg konkret beiträgt. Erst dann kann ein unmittelbarer Nutzen für die Arbeit aller entstehen. Die Methoden eines Kompetenzmanagements müssen im Tagesgeschäft gelebt werden.

Schlüsselrolle mittlerer Führungskräfte

Mittlere Führungskräfte haben eine Schlüsselrolle. Nur sie können ihre Mitarbeiter von den Vorteilen eines Kompetenzmanagements überzeugen. Die Meinungsbildung „für oder gegen" wird an dieser Stelle getroffen. Die Akzeptanzbarrieren in der Führungsriege können vielfältig sein. Zeitdruck oder allgemeiner Widerwille gegen Neues führen zu einer ablehnenden Haltung bei den Managern. Das Unwissen der Führungsebene über Vorteile bzw. Ziele von Kompetenzprofilen führt zu Ängsten. Die Auflösung des eigenen *Informationsmonopols* bzw. der *Machtstellung* wird befürchtet. Besonders ungünstig wirkt sich das Vorhandensein einer *Profitcenter-Struktur* aus. Es herrscht erhöhte Angst, dass das abteilungsinterne Wissen ohne eine Gegenleistung abfließt. Es herrscht innerbetriebliche Konkurrenz. Konkurrenzdenken und übersteigerter interner Wettbewerb sind Hauptfaktoren, warum Kompetenzmanagement in vielen Unternehmen nicht zum Einsatz kommt oder kläglich verkümmert.

Sensibilisierung

Forcieren Sie deshalb eine frühzeitige Sensibilisierung der Entscheidungsträger. Überzeugungsarbeit über informelle Wege hat in diesem Fall die beste Wirkung. Integrieren Sie in das Projektteam Menschen, die eine *Multiplikatorfunktion* im Unternehmen einnehmen. Formell kann die Kommunikation durch Workshops und Seminare unterstützt werden. Auch hier sind Argumente gefragt, die für ein Kompetenzprofil-System sprechen sollten. Nehmen Sie in den Diskussionen jeden Kritikpunkt auf und versuchen Sie, einen Konsens zu finden. Dies kann für den späteren Projektverlauf sehr hilfreich sein.

Einbeziehung der Mitarbeiter

Mitarbeitervertretung einbeziehen

Ein Kompetenzmanagement kann nur existieren, wenn alle Mitarbeiter daran beteiligt sind. Um eine Akzeptanz und den Willen zur Mitarbeit zu schaffen, sind Mitarbeiter und Mitarbeitervertretung von Anfang an in den Prozess der Gestaltung eines Systems mit einzubeziehen.

Vertrauen schaffen

Ebenso sollten Mitarbeiter die Möglichkeit bekommen, die Einschätzung und Entwicklung ihrer eigenen Kompetenzen selbst zu beeinflussen und zu steuern. Mitarbeiter benötigen einen gesicherten Freiraum zur Evaluation und Aktualisierung ihres Kompetenzprofils. Die Implementierung des Kompetenzmanagements wird scheitern, wenn es nicht gelingt, von Anfang an Vertrauen dahingehend zu schaffen, dass Kompetenzprofile nicht missbraucht werden. Zugriffsrechte, Eigenverantwortung für das eigene Kompetenzprofil sowie eine klare Festelegung, wofür Kompetenzprofile genutzt werden dürfen und wofür nicht, müssen zu Beginn eines Kompetenz- oder Skill-Management-Projektes festgelegt werden.

Kurzdiagnose: Was bremst die Implementierung eines Kompetenzmanagements?

Praxistipp

☑	**Welche Barrieren sind bei Ihnen vorhanden?**
☐	Wegen Zeitknappheit keine fundierte oder aktuelle Datenbasis
☐	Datenpflege setzt Bereitschaft und Vertrauen in das Instrument voraus, entwickelt sich erst allmählich
☐	Inkonsistente Daten, starre Wissensaufbereitung oder mangelnde Informations- und Kommunikationsflüsse erschweren Akzeptanz für neues Instrument
☐	Fehlendes Bewusstsein der Führungskräfte und Mitarbeiter für Problematik
☐	Ängste und mangelnde Akzeptanz bei Mitarbeitern und Interessenvertretungen, da erwartet wird, dass neues Druckmittel – gläserner Mitarbeiter – entsteht
☐	Fehlende Akzeptanz bei Führungskräften, da sie für ihre Personalentwicklungsfunktion nicht genügend vorbereitet werden (sie verlassen sich lieber auf ihre „Bauchentscheidungen" bei Personalrekrutierung, -einsatz und -entwicklung)
☐	Informelle Netze und Strukturen sind beispielsweise bei der personellen Zusammensetzung von Projektteams wirkungsvoller als „objektive" Analysen der Mitarbeiterprofile (informelle Bezüge sind als Ergänzung wichtige Informationen)
☐	Ängste bei Führungskräften und Mitarbeitern zu unbekannten Entscheidungsfeldern (was passiert tatsächlich mit den Personaldaten?)
☐	Aufgabenverteilung zwischen Geschäftsleitungen, Projektgruppen, Führungskräften, Personalverantwortlichen und Interessenvertretungen unklar
☐	Formales Vorgehen (Vorgehensweisen und Maßnahmen müssen betriebs- und situationsspezifisch mit vorhandener Unternehmenskultur abgestimmt werden)

Quelle: angepasst von http://www.symposion.de/wm-hb/wm_21.htm, Böhm, Ingeborg: Checkliste: Mitarbeiterprofile

Organisatorische Verankerung

Ausgestaltung aller Ebenen

Rahmenbedingungen sind sowohl auf technischer, organisatorischer, personeller, rechtlicher und räumlicher Ebene zu schaffen. Die organisatorische Verankerung schafft erst die Voraussetzung für einen Erfolg. Die Schaffung rechtlicher und formaler Rahmenbedingungen bildet das Rückgrat des Projektes. Dazu gehört es, den Betriebsrat frühzeitig mit einzubeziehen, mit allen Informationen zu versorgen und seine Unterstützung zu suchen. Auch muss bei einer Datenerhebung ein entsprechendes Datenschutzkonzept mit den Mitbestimmungsorganen ausgearbeitet und abgestimmt werden.

Betriebsvereinbarung und Rechtekonzepte

Dies kann unter Umständen durch eine *Betriebsvereinbarung* erfolgen. Auch ein wichtiger Punkt ist die Auswahl geeigneter technischer Lösungen. Hierbei müssen Fragen zur Basistechnologie, den *Rechtekonzepten* und Zugangsmöglichkeiten geklärt werden. Eine frühzeitige Verankerung im Controlling fördert die Akzeptanz des Kompetenzmanagements, da Erfolge messbar und nachvollziehbar werden. Auch die räumliche Arbeitssituation zählt zu den Erfolgsfaktoren eines Gesamtkonzeptes. Sind kommunikationsfördernde Voraussetzungen für einen Kompetenzaustausch geschaffen, können Austauschprozesse besser fokussiert werden.

Information und Kommunikation

Aufklärungskampagne und Meinungsmacher

Alle beteiligten Gruppen müssen für das Kompetenzmanagement gewonnen werden. Dazu ist es erforderlich, eine breite *Aufklärungskampagne* über Abteilungs- und Hierarchiegrenzen hinweg zu starten. Ziele, Anstrengungen, Unterschiede zum bisherigen System sowie Benefits des neuen Systems müssen herausgestellt und in einer entsprechenden Sprache kommuniziert werden. Ein wichtiger Punkt ist dabei die Wahl der „Promotoren". Geeignet sind Personen, die ein gewisses Vertrauen im Unternehmen genießen und als *„Meinungsmacher"* von den Kollegen anerkannt werden.

Ängste und Barrieren

Auf operativer Ebene muss transparent sein, was den Mitarbeiter, die Abteilung oder den Bereich als Ganzes konkret erwartet bzw. was von den Beteiligten erwartet wird. Dabei sind kurzfristige und leicht zu erreichende Ziele zu wählen, die schnell akzeptiert und abgearbeitet werden können. Bei der Medienauswahl sind der Fantasie keine Grenzen gesetzt. Sowohl auf elektronischem Weg als auch im informellen Bereich kann das ganze Spektrum der Kommunikation ausgenutzt und angewendet werden. Dazu eignen sich Workshops, Informationsveranstaltungen, Poster, Plakate, E-Mails, Infostände usw. Oftmals überzeugt aber das direkte Gespräch mit einer Vertrauensperson mehr als offizielle Hochglanzbroschüren. *Ängste und Barrieren* können durch zielgerichtete Aufklärung und eine *„gemeinsame Sprache"* überwunden und ein konkreter Nutzen aufgezeigt werden.

Auch muss die *Kosten- und Nutzenfrage* für verschiedene Zielgruppen beantwortet werden können. Es bringt recht wenig, wenn in der Vorstandssitzung von einem Kompetenzmanagement geschwärmt wird, aber keine konkreten und belegbaren Nutzenpotenziale aufgezeigt werden können. Ebenso muss dem Mitarbeiter klar gemacht werden können, wo der persönliche Anreiz für ihn zu finden ist.

Kosten und Nutzen

Die Information und Aufklärung ist ein fundamentales Element zur erfolgreichen Realisierung. Grundannahme ist, dass jede der Bezugsgruppen einen unterschiedlichen Informationsbedarf aufweist. In der folgenden Tabelle 5-1 sind Schwerpunkte der Kommunikation für unterschiedliche Zielgruppen zusammenfassend dargestellt.

Zielgruppen unterschiedlich ansprechen

Beispiele für zielgruppenspezifische Kommunikation

Tabelle 5-1

Zielgruppe	Informationen	Fokus/Filter	Medium
▨ Projektteam	Alle verfügbaren Informationen über das Projekt	Keinen speziellen Fokus	Meetings, Gruppendiskussionen
▨ Senior Management	Strategisch relevante Informationen; Extrem verdichtete Informationen	Strategie, Ressourcenplanung, Mitarbeiterschutz, ökonomische Zielgrößen	Memo-Schreiben, Präsentation, persönliches Gespräch
▨ Mittleres Management	Operativ relevante Informationen; Wenig verdichtet	Projektplanung, Budget, Zeitaufwand, Technologische Realisierung	Präsentation, Workshop, Seminar, Online-Diskussionsforum
▨ Betriebsrat	Strategisch relevante Informationen; Leicht verdichtete Informationen	Mitarbeiterschutz, Datenschutzsystem, Betriebsverfassung	Memo-Schreiben, Präsentation, persönliches Gespräch
▨ Mitarbeiter	Operativ wichtige Informationen; persönlicher Nutzen	Nutzen, Rechtliche Absicherung, Teilnahmeregelung, Sicherheit	Persönliches Anschreiben, E-Mail, Workshops, Präsentationen

Angesichts der unterschiedlichen Sichtweisen sind bei konträren Meinungen für jede der *Stakeholder* Argumente zu entwickeln, die für ein Kompetenzprofil-System sprechen. Erstellen Sie vor einer Diskussionsrunde immer ein Set von Argumenten, so dass eine Konsensbildung in eine für Sie positive Richtung gelenkt werden kann.

Gestaltung der IT-Infrastruktur

*Gewohnheiten
der Nutzer*

Ein nicht zu unterschätzender Erfolgsfaktor ist die Unterstützung des Kompetenzmanagements mit einem geeigneten technischen System. Eine IT-Lösung sollte so einfach wie möglich funktionieren (*KISS-Prinzip = keep it simple and stupid*). Wird eine IT-Lösung eingeführt, ist unbedingt ein Abgleich mit der Kompetenzmanagement-Strategie vorzunehmen. Vor der Einführung einer technischen Lösung sollte für alle operativen Bereiche geklärt werden, welche IT-Lösung und dadurch welche technischen Funktionen konkrete Vorteile bringen können. Ein Anforderungs- oder Checkliste kann die Auswahl einer Software-Lösung erleichtern. Auch sind die Gewohnheiten der Nutzer im Umgang mit einem technischen System zu untersuchen. Dieser Punkt kann mit in eine Pilotphase aufgenommen und bereits dort untersucht werden.

Praxistipp

Haben Sie die Top-10-Erfolgsfaktoren der Implementierung berücksichtigt?

☑	**Erfolgsfaktoren für ein Kompetenzmanagement**
☐	Leitfiguren, Sponsoren und Promotoren des Projektes im oberen Management suchen
☐	Breite Aufklärungskampagne über alle Hierarchie- und Bereichsgrenzen hinweg betreiben
☐	Kosten- und Nutzenargumente für alle Entscheider belegen
☐	Ausarbeitung einer Betriebsvereinbarung und eines Datenschutzkonzeptes
☐	Wahl einer einfachen technischen Lösung (KISS-Prinzip)
☐	Pilotprojekt in einem überschaubaren Bereich starten
☐	Ausarbeitung und Anpassung einer unternehmensindividuellen Kompetenzmanagement-Strategie
☐	Einsatz von Kompetenzprofilen in operativen Prozessen
☐	Einbeziehung der Mitarbeiter in die Systemanpassung
☐	Erste Integration in Prozesse des Personalmanagements

5.2 Ein Kompetenz-Projekt starten

Definition strategischer Ziele

Für jedes Kompetenzmanagement-Projekt sollten strategische und operative Ziele definiert werden. Machen Sie sich zu Beginn klar, warum ein Kompetenzmanagement-Projekt initiiert werden soll.

Die Idee, ein Kompetenzmanagement aufzusetzen, entsteht meist aus einem *„natürlichen Leidensdruck"* heraus. Beweggründe und konkrete Problemstellungen könnten dafür z. B. sein: die Reduktion der Recherchezeit in der F&E-Abteilung, im Vertrieb oder Marketing, die Möglichkeit der Expertensuche an allen Arbeitsplätzen, die Sicherstellung kompetenzabhängiger Weiterbildungsmaßnahmen für die Mitarbeiter, die Qualitätssicherung der Kundenanrufe in einem Call Center durch exakte Weiterleitung an den richtigen Experten oder lediglich die genaue Evaluierung aller Mitarbeiterkompetenzen zur Innen- und Außenkommunikation.

Klare Ziele mit klaren Ergebnissen definieren

Diese Beispiele könnten wir beliebig fortsetzen. Überlegen Sie genau, welche konkreten Probleme ein Kompetenzmanagement lösen soll. Anhand dieses Fokus definieren Sie ein strategisches Ziel für das Projekt.

Vermeiden Sie, dass Ihr Kompetenzmanagement-Projekt im Unternehmen den Ruf bekommt, nur „irgendwie hilfreich" zu sein. Je genauer die Zieldefinition ausgearbeitet ist, desto besser kann der Umfang des Projektes abgeschätzt werden. Ein Projekt, das z. B. zum Ziel hat, die Kompetenzinformationen von einem Dutzend Mitarbeitern an einem Standort händisch zu erfassen und später in einer Excel-Liste ausgewertet werden wird, bedarf eines geringeren Aufwandes, als ein Kompetenzmanagement für tausende Mitarbeiter unternehmensweit einzuführen. Sie sehen also, dass an dieser Stelle kein blinder Aktionismus, sondern ein wohlüberlegter Projektplan notwendig wird.

Strategische Projektziele sollen an den Unternehmenszielen ausgerichtet werden. Ein Beispiel für ein strategisches Unternehmensziel ist die langfristige Sicherstellung und der Erhalt der Kernkompetenzen im Bereich Forschung und Entwicklung. Ebenso kann ein Ziel sein, bestimmte Kompetenzen abzubauen, da sie nicht mehr benötigt werden.

Praxistipp

Kurzdiagnose: Haben Sie Fragen der Ziel- und Projektbestimmung beantwortet?

☑	**Ziel- und Projektbestimmung**
☐	Welches strategische Unternehmensziel verfolgt das Unternehmen?
☐	Können daraus Kompetenzziele abgeleitet werden?
☐	Welches Ziel verfolgen Sie mit der Einführung von Kompetenzmanagement?
☐	Welchen Einfluss haben Kompetenzprofile auf die strategischen Ziele?
☐	Welche aktuellen Probleme sollen mit Kompetenzmanagement gelöst werden?
☐	Welche operativen Ziele leiten sich daraus ab?
☐	Für welche Abteilungen/Bereiche/Personen ist das Projekt interessant?
☐	Welche Vorarbeiten und bereits abgeschlossenen Projekte gibt es zu dem Thema?
☐	Existieren ähnliche Projekte im Unternehmen?
☐	Welche Personen haben Erfahrungen im Umgang mit Wissens- und Kompetenzmanagement?

Projektteam

Aufstellung eines Kernteams

Für unser Kompetenzmanagement-Projekt sollten Mitglieder ausgewählt werden, die über Kompetenzen aus den folgenden Bereichen verfügen: Betriebswirtschaft, Personalwirtschaft, Recht, Informationstechnik und Psychologie/Organisation. Jedes Mitglied des *Kernteams* übernimmt die Verantwortung für bestimmte thematische Bereiche.

Falls ein Themengebiet intern nicht abgedeckt werden kann, können auch externe Berater einbezogen werden. Ansonsten orientiert sich die Projektorganisation an den üblichen Maßgaben zum Management größerer Projekte. Bewährt hat sich, Projektmitglieder zu rekrutieren, die später selbst mit dem Kompetenzmanagement arbeiten bzw. es betreiben. So übernehmen die Beteiligten von Anfang an eine große Verantwortung für ein später funktionierendes System.

Tabelle 5-2

Verantwortlichkeiten und Funktionen in einem Kompetenzmanagement-Projekt

Teilbereich	Fachlich	Funktion
▨ **Zugriff auf Kompetenzen**	Recht, organisationale Fragen, Business Development, Personalpolitik	Personalverantwortlicher, Betriebsrat, Projekt-Berater, Qualitätsmanager
▨ **Speicherung der Kompetenzen**	Wissensstrukturierung, Wissensvernetzung, Technologie, IT-Abteilung	Technologie-Beauftragter
▨ **Bewertung der Kompetenzen**	Controlling, Finanzierung, Projektkalkulation	Projekt-Controller
▨ **Einfluss der Kompetenzen**	Informationspolitik, Lobbyarbeit, Marketing, PR-Arbeit	Lenkungsausschuss, Qualitätsmanager, Projekt-Berater

Laut einer Studie [vgl. Reinhardt 2004] sind sich über 70 Prozent des oberen Managements der Wichtigkeit und Bedeutung eines Kompetenzmanagements für ihr Unternehmen bewusst. In über 60 Prozent aller Fälle werden Projekte im Kompetenzmanagement vom oberen Management initiiert. Zu 80 Prozent werden in Kompetenzmanagement-Projekte Vertreter der Geschäftsführung und des Personalmanagements einbezogen. Ebenfalls Vertreter aus den Bereichen der Informationstechnologie (67 Prozent) und der internen Beratung (55 Prozent) arbeiten aktiv in Projekten mit. Interessant ist, dass in 50 Prozent aller Projekte der Betriebsrat als Vertretungsorgan der Arbeitnehmer beteiligt ist. Dies steht der allgemeinen Auffassung gegenüber, dass Betriebsräte eher eine Blockadestellung gegenüber der Erfassung und Verbreitung von Kompetenzprofilen einzelner Mitarbeiter einnehmen.

Wer sind typische Initiatoren?

5.3   Mitarbeiter beteiligen

Einbeziehung der Mitarbeiter

Unternehmens-kultur als Erfolgs-determinante

„*Alles oder Nichts.*" Dieser Ausspruch kann für den Erfolg des Projektes wörtlich genommen werden, wenn es darum geht, die Mitarbeiter vom Einsatz der Kompetenzprofile zu überzeugen. Ein erhebliches Hindernis kann die bestehende *Unternehmenskultur* darstellen. Aussagen wie: „Dem werde ich das bestimmt nicht erzählen" oder: „Ich werde nicht dafür bezahlt" sind typisch für eine kooperationsfeindliche Umgebung. In solch einem Umfeld ist weniger Wissensweitergabe gefragt. Wissen wird als Macht angesehen.

Offensive Infor-mation und Kommunikation

Diesen Blockaden kann nur durch eine offensive *Informationspolitik* und frühzeitige Einbindung der Mitarbeiter begegnet werden. Entscheidend für den Erfolg ist auch hier die frühzeitige Aufklärung über die Vorteile eines solchen Systems. Workshops, Informationen per E-Mail, Schreiben der Geschäftsführung oder Betriebsversammlungen sind nur einige der Mittel, die an dieser Stelle zum Einsatz kommen können. Im Folgenden sind häufig anzutreffende Barrieren und mögliche Gegenmaßnahmen in der Tabelle 5-3 dargestellt.

Einstellungen der Mitarbeiter

Die grundsätzliche Bereitschaft der Mitarbeiter muss gegeben sein, ihre Kompetenzen zu veröffentlichen, zu speichern und zu teilen. Durch die richtige Argumentation der Idee kann ein „*Spirit*" – also eine positive Einstellung zur Teilung von Kompetenz – unter den Mitarbeitern geschaffen werden.

Praxistipp: Mitarbeiter-beteiligung

Folgendes sollte beachtet werden:

- Für alle teilnehmenden Mitarbeiter sollte klar sein, warum die Befragung durchgeführt wird, welche Vor- und Nachteile sich daraus für den Mitarbeiter und für das Unternehmen ergeben.

- Die Teilnahme am Kompetenzmanagement ist für die Mitarbeiter freiwillig. Wer nicht teilnehmen möchte, kann nicht dazu gezwungen werden. Ein Zwang würde das Konzept nicht substanziell unterstützen, sondern Ängste und Barrieren schaffen.

- Jede Person, die sich am System beteiligt, muss jederzeit Zugriff auf das eigene Kompetenzprofil haben. Es muss möglich sein, das eigene Profil ändern und löschen zu können, ohne dass dies begründet werden muss.

- Fremdeinschätzungen sind transparent zu machen. Für eventuelle Rückfragen sind Instanzen zu schaffen, die Auskunft bei Fragen und Problemen geben können.

- Die Mitarbeiterinnen und Mitarbeiter werden selbst entscheiden, welche Kompetenzen erfasst werden und welche nicht. Es besteht keine Verpflichtung zur vollständigen Ist-Abbildung der eigenen Kompetenzen.

- Werden fehlerhafte bzw. fehlende Kompetenzen vom Mitarbeiter entdeckt, muss er die Möglichkeit haben, eigene Vorschläge zur Abänderung oder Ergänzung zu bringen.

- Das System dient dem Zweck, Experten zur Lösung von Problemen gezielt zu suchen, nicht aber zum Zweck, mit Hilfe des Systems Mitarbeiter an andere Stellen zu versetzen oder zu entlassen. Das dies nicht der Fall ist, muss für den Mitarbeiter intuitiv begreifbar sein.

- Die Befragung sollte sich auf fachliche und methodische Kompetenzen beschränken. Soziale Kompetenzen werden nur abgefragt, sofern sie das gesamte Kompetenzmanagement unterstützen. Die Abfrage sozialer Kompetenzen muss eindeutig begründet sein und anhand von Beispielen verständlich erläutert werden.

- Die Zahl der verwendeten Kompetenzen soll überschaubar bleiben. Eine allzu tief gehende Differenzierung soll vermieden werden. Die Anzahl beeinflusst den Umfang einer Befragung. Sind zu viele Kompetenzen vom Mitarbeiter anzugeben, wird dies als Mehrbelastung verstanden. Dies trägt zur Abneigung gegenüber dem Kompetenzmanagement-System bei.

- Die verwendeten Kompetenzen müssen in hohem Maße selbsterklärend sein. Die Mitarbeiterinnen und Mitarbeiter sollten das Kompetenzprofil ohne Hilfestellung ausfüllen können. Beispiele können dabei Abhilfe schaffen.

- Es erfolgt keine Weitergabe von Kompetenzprofilen an andere Stellen. Die Kompetenzinformationen stehen unter einem strengen Datenschutz. Dies sollte dem Mitarbeiter transparent gemacht werden.

Sind diese Punkte ausreichend geklärt, kann eine Befragung der Mitarbeiter durch einen strukturierten Fragebogen erfolgen. Anfangs wird sich ein Kompetenzmanagement-System eher schleppend etablieren. Versuchen Sie, das System so einfach wie möglich, aber so funktional wie möglich zu gestalten. Durch einfaches Ausprobieren müssen die Mitarbeiter selbst erkennen, dass eine Abfrage ihrer Kompetenzen nicht zu einem Missbrauch der Daten, sondern zu einer Verbesserung ihrer eigenen Arbeitssituation führt.

Verwendung von Fragebögen

Dadurch wird sich das System schnell und mit Erfolg im Unternehmen etablieren können.

Tabelle 5-3	*Barrieren und Gegenmaßnahmen im Kompetenzmanagement*

Barrieren	Mögliche Gegenmaßnahmen
▓ Allgemeine Ängste und Skepsis	Nutzen und Mehrwertkommunikation an alle Beteiligten kommunizieren
▓ Änderungsresistenz	Schaffung eines Problembewusstseins; Aufzeigen von positiven Erfahrungen anderer Organisationen
▓ Angst vor Jobverlust	Integration von Kompetenzentwicklung und Wissensweitergabe in die Personalgespräche; Erhöhung der sozialen Sensibilität der Führungskräfte
▓ Angst vor Überlastung und Mehrarbeit	Kommunikation der Ziele und Nutzen; Aufzeigen von und Überzeugen über persönliche Möglichkeiten; Marktplatz für Mitarbeiter etablieren
▓ Keine Anreize für den Einzelnen	Verankerung im Anreizsystem; Abgeltung des Zusatzaufwandes
▓ Angst vor Machtverlust	Mitarbeiter am Prozess beteiligen; Coaching/ Schulung/Weiterbildung
▓ „Abwehrreaktionen"	Initiierung kommunikationsfördernde Maßahmen/ Kommunikation des Nutzens
▓ Keine Identifikation/ fehlende Zielstellung	Mitarbeiter am Prozess beteiligen
▓ Angst vor Offenlegung persönlicher Kompetenzen	Kommunikation der Zugriffsberechtigungen des Datenschutzkonzeptes und Zugriffsberechtigungen (z. B. anonyme Profile außerhalb von Datenpools etc.)
▓ Keine Nutzung des IT-Systems	benutzerfreundliche IT-Unterstützung

Einbeziehung der Mitarbeitervertretung

Arbeitsrechtliche Belange

Eine wichtige Instanz in unternehmenspolitischer Hinsicht ist die Mitarbeitervertretung, insbesondere der *Betriebsrat*. Durch die Einführung eines Kompetenzmanagements wird in arbeitsrechtliche Belange im Unternehmen eingegriffen, bei denen der Betriebsrat Mitspracherechte hat. Als institutionelle Mitarbeitervertretung muss deshalb der Betriebsrat zeitnah über Pläne und Vorgehen des Kompetenzmanagements informiert werden. Durch die frühzeitige Einbeziehung des Betriebsrates in die Entscheidungskette können potentielle rechtliche Probleme gelöst bzw. die Beendigung eines Projektes aufgrund einer Intervention durch den Betriebsrat ausgeschlossen werden. Folgendes Beispiel zeigt, wie eine Einbindung des Betriebsrates aussehen kann.

MVV: Einbindung des Betriebsrates in ein Kompetenzmanagement-Projekt | *Fallbeispiel 5-1*

Die MVV Energie AG zeigt ein Beispiel für die positive Zusammenarbeit zwischen Betriebsrat und den Verantwortlichen in einem Kompetenzmanagement-Projekt. Der Betriebsrat wurde schon früh in das Projekt „Kompetenzlandkarte" und später in alle Projektphasen einbezogen. Entscheidungen bezüglich Datenschutz und Wahrung der Persönlichkeitsrechte der Mitarbeiter unterlagen seiner Mitbestimmung. Der Betriebsrat begrüßte letztendlich die Einführung der Kompetenzlandkarte, da es durch dieses Werkzeug möglich ist, per Knopfdruck die geeigneten Mitarbeiter für ein Projekt oder eine spezifische Tätigkeit zu rekrutieren. Üblich war es, in diesem Unternehmen schwierige Projekte an externe Berater zu vergeben, da durch Zeitmangel und Unkenntnis die internen Experten für spezielle Aufgaben unbekannt waren. Die Folge waren hohe Kosten für externes Know-how und Frustration bei den Mitarbeitern, nicht selbst diese Projekte übernehmen zu können. Dies war für den Betriebsrat Grund genug, dem Projekt seine Zustimmung zu erteilen. Heute werden für Projekte intern Mitarbeiter rekrutiert. Folgen sind die Senkung von Kosten sowie der langfristige Wissensaufbau im Unternehmen. Durch ein ausgereiftes Datenschutzkonzept wurden die Integrität und der Schutz der Mitarbeiterdaten sichergestellt.

Quelle: Gottwald 1999

Das *Betriebsverfassungsgesetz* (BetrVG) regelt in Betrieben ab einer Mitarbeiteranzahl von fünf Mitarbeiten die Zusammenarbeit zwischen Arbeitgeber und Arbeitnehmer im Betrieb. Der Betriebsrat hat im Allgemeinen die Aufgabe, aufgrund des BetrVG die Individualrechte der Arbeitnehmer gegenüber dem Arbeitgeber zu vertreten und zu schützen. Laut §§ 92-95 BetrVG besitzt der Betriebsrat Mitwirkungs- und Mitbestimmungsrechte bei allgemeinen personellen Angelegenheiten. Das *Mitbestimmungsrecht* bezieht sich in diesem Fall auf die Möglichkeit, durch die Einführung von technischen Einrichtungen (z. B. IT-gestützte Kompetenzprofile) die Leistung und das Verhalten des Mitarbeiters zu überwachen bzw. Daten zu sammeln, die einen Ist-Soll-Vergleich der Leistungen eines Arbeitnehmers zulassen (vgl. § 87 ff. BetrVG). Eine latente Gefährdung des Persönlichkeitsrechts und des Rechts auf freie Entfaltung entsteht. | *Gesetzliche Grundlagen*

Der Betriebsrat muss sich, zur Beurteilung der Lage, ein klares Bild über die Einführung eines Kompetenzmanagements machen können, da der Kern des BetrVG – das Mitbestimmungsrecht – berührt wird. Ein Betriebsrat sollte der Lösung nur zustimmen, wenn die Mitarbeiter ihre Kompetenzinformationen freiwillig preisgeben. Das Unternehmen hat keinerlei Rechtsmittel, die | *Mitbestimmung und Gleichstellung*

Preisgabe zu erzwingen. Doch kennt man die unternehmerische Praxis, ergibt sich aus der Einführung eines solchen Systems oftmals ein psychischer Druck auf die Mitarbeiter. Wenn die Teilnahme *„erwünscht"* ist, wird derjenige, der nicht teilnimmt, dies an anderer Stelle zu spüren bekommen. Spätestens dann, wenn es um Beförderung geht, sinken seine Chancen. Durch Nichtteilnahme ergeben sich für den Mitarbeiter also zwangsläufige Nachteile. Dies tangiert den zweiten Kern des BetrVG, den *Gleichstellungsgrundsatz* (vgl. § 80 Abs. 2a BetrVG). Gleichbehandlung meint in diesem Zusammenhang: gleiche Chancen für alle Mitarbeiter für das berufliche Weiterkommen, gibt der Mitarbeiter seine Kompetenzinformationen preis oder auch nicht. Andererseits hat der Betriebsrat im Fall der Einführung eines Kompetenzmanagements kein Initiativrecht, d. h., der Betriebsrat kann weder die Einführung noch die Abschaffung einer einmal eingeführten *„Kontrolleinrichtung"* (Kompetenzprofile) verlangen, sondern hat bei der Planung einen Anspruch auf umfassende Unterrichtung. Lediglich das Mitbestimmungsrecht wird hierbei tangiert.

Einfluss des Betriebsrates

Entscheidend für eine Kompromisslösung, die mit dem Betriebsrat ausgearbeitet wird, sind die Möglichkeiten, die ein Kompetenzmanagement bietet. Wenn Rückschlüsse auf die Leistungen eines einzelnen Arbeitnehmers oder einer überschaubaren, gemeinsam verantwortlichen Arbeitsgruppe (z. B. Projektteam) möglich sind, begründet dies das Mitbestimmungsrecht. Folglich bedeutet dies, dass bei einer Anonymisierung der Daten, die nicht rückgängig gemacht werden kann, der Betriebsrat kein Recht auf Mitbestimmung ausüben kann. Für die Mitbestimmung reicht es allerdings aus, wenn lediglich ein Teil des *„Kontrollvorgangs"* unter Einsatz von IT durchgeführt wird, wie z. B. die Datenerfassung in einer Datenbank oder die Datenauswertung. Auch der Probebetrieb eines Kompetenzmanagement-Systems mit realen Arbeitnehmerdaten fällt unter das Mitbestimmungsrecht. Unerheblich ist dabei der Überwachungszeitraum, in dem ein Testbetrieb stattfindet. Ebenfalls unerheblich für die Aushebelung des Mitbestimmungsrechtes ist der Umstand, dass der einzelne Arbeitnehmer das System einfach ausschalten kann. Diese Entscheidung des Bundesarbeitsgerichtes lässt sich auf die zeitlich nicht durchgängig und freiwillig erfolgenden Angaben in Kompetenzprofilen übertragen, da der Arbeitnehmer sozusagen die mögliche Kontrolle ein- und ausschalten kann. Da keine Kontrollabsicht, sondern die objektive Eignung zur Kontrolle ausreicht, ist schon bei der Installation einer zur Auswertung einsetzbaren Software auf einem dem Arbeitnehmer zugänglichen Rechner das Mitbestimmungsrecht zu bejahen.

Beteiligungsrecht

Durch die Erhebung von Kompetenzinformationen ist grundsätzlich ein Missbrauch der Daten möglich. Eine *Leistungsbeurteilung* der Mitarbeiter könnte von Unternehmensseite durchgeführt werden. Der Betriebsrat hat schon in der Planungsphase für ein Kompetenzmanagement grundsätzlich ein Beteiligungsrecht (vgl. § 90 BetrVG). In der groben Planungsphase, in der noch zwischen Alternativen abgewogen wird, ist bereits der Betriebsrat unter Vorlage von erforderlichen Unterlagen mit einzubeziehen. Von praktischer Bedeutung ist diese Informations- und Unterrichtungspflicht des Arbeitgebers insoweit, als sie die Planung von *„technischen Anlagen"* umfasst (vgl. § 90 Abs. 1 Nr. 2 BetrVG). Unter den Sammelbegriff der technischen Anlagen fallen eben auch Softwaresysteme, wie z. B. IT-gestützte Kompetenzmanagement-Systeme. Unterscheiden muss man hier den Begriff der Ersatzbeschaffung, der zum Beispiel den Wechsel der Software, die zum Einsatz kommt, beschreibt. Sobald keine nachhaltigen Änderungen in den Bedingungen für den Arbeitnehmer durch die Ersatzbeschaffung entstehen, ist ein Beteiligungsrecht des Betriebsrates unbegründet. Das Beteiligungsrecht wird dann tangiert, wenn die Planung von Arbeitsverfahren (vgl. § 90 Abs. 1 Nr. 3 BetrVG) sich auf die Einführung oder Änderung von Arbeitsabläufen bezieht. Wird z. B. ein neues Kompetenzmanagement-System in die bestehenden Geschäftsprozesse integriert, bedeutet dies, dass die Mitarbeiter zusätzliche Aufgabengebiete bekommen. In diesem Fall geht das Gesetz von einer Leistungsverdichtung aus, die grundsätzlich mitbestimmungspflichtig ist.

Der Betriebsrat muss dann in die Planungsphase mit einbezogen werden, wenn die Neueinführung eine *Betriebsanlagenänderung* zur Folge hat (vgl. § 111 BetrVG). Eine Änderung liegt dann vor, wenn der Betriebsablauf in so großem Ausmaß geändert wird, dass dies Einfluss auf die Arbeitsweise und die Anzahl der Arbeitsplätze haben kann. Für die Beurteilung, ob es sich bei der Einführung eines Kompetenzmanagements um eine Betriebsanlagenänderung handelt oder nicht, kann als Orientierung der Anteil der von dieser Maßnahme betroffenen Arbeitnehmer dienen. Liegt dieser Anteil über zehn Prozent der Gesamtarbeitnehmer bei Unternehmen mit mehr als 20 Arbeitnehmern, ist laut Bundesarbeitsgericht in Anlehnung an das *Kündigungsschutzgesetz* (KSchG) von einer grundsätzlichen Änderung der Betriebsanlagen zu sprechen.

Betriebsanlagenänderung

Der Betriebsrat muss auch einbezogen werden, wenn eine grundlegende *Änderung der Betriebsorganisation* vorliegt, d. h. wenn die Art und Weise, wie Menschen und Betriebsanlagen koordiniert werden, in außerordentlichem Umfang geändert wird (vgl. § 111 Nr. 4 BetrVG). Das heißt, dass durch die Einführung eines Kompetenzmanagements eine Änderung der Betriebsorganisation anzunehmen ist. Der Betriebsrat muss auch dann informiert und in die Planungsphase einbezogen zu werden. Eine Änderung liegt allerdings dann nicht vor, wenn z. B. eine Kompetenzsuche als einzelne Funktion in das bestehende Intranet der Firma integriert wird. In diesem Fall liegt kein „technischer Sprung" vor, dessen Innovationswert hoch genug ist, um ein Mitbestimmungsrecht zu begründen.

Änderung der Betriebsorganisation

Mitbestimmung bei Kompetenzerfassung

Die *Kompetenzerfassung durch Fragebögen* unterliegt grundsätzlich, wie alle Aktivitäten eines Unternehmens im Zusammenhang mit Personalbefragungen, der Mitbestimmungspflicht des Betriebsrates. Hierunter fallen alle standardisierten Informationserhebungen des Arbeitgebers über Arbeitnehmerdaten, unabhängig vom Erhebungsmittel. Bei der Erfragung von Kompetenzprofilen muss der Arbeitnehmer z. B. Angaben über seine Qualifikation und Fähigkeiten machen, die über Dialoge am Bildschirm abgefragt werden können. Der Betriebsrat hat auch dann das Recht mitzubestimmen, wenn freiwillig an Befragungen teilgenommen wird. In diesem Sinne wäre zum Beispiel das Pflegen des eigenen Kompetenzprofils einzuordnen. Dieses Mitbestimmungsrecht, ohne Initiativrecht – d. h. ohne Einfluss darauf, ob eine bestimmte Befragung tatsächlich durchgeführt wird – umfasst auf jeden Fall die Abfassung der Fragebögen, die geplante Verwendung und die Art des Erfassens von personenbezogenen Daten auf Datenträgern.

Betriebsvereinbarung zum Kompetenzmanagement

Im Normalfall wird zur Schlichtung der *Interessenkonflikte* zwischen Arbeitgeber und Betriebsrat eine *Betriebsvereinbarung* ausgearbeitet. Eine Betriebsvereinbarung legt den Geltungsbereich, die Grundsätze der Vereinbarung, die Ziele und Rahmenbedingungen sowie die Kündigung fest. Je nach Geltungsbereich kann eine Betriebsvereinbarung für einen Betrieb oder den gesamten Konzern abgeschlossen werden. Ihre Rechtsnormen sind unabdingbar und zwingend. Um Ihnen bei der Ausarbeitung einer Betriebsvereinbarung eine Hilfestellung zu geben, haben wir an dieser Stelle einige Empfehlungen zu Inhalt und Ziel aufgeführt, an die Sie sich halten sollten. Die Angabe der Kompetenzinformationen, die über den üblichen Personalrahmen hinausgehen, ist generell freiwillig.

Praxistipp: Datenerhebung

Folgendes sollte beachtet werden:

◾ Die Teilnehmer haben jederzeit das Recht auf Korrektur oder Löschung ihrer Kompetenzprofile.

◾ Die Teilnahme oder die Verweigerung der Teilnahme wird keinerlei Konsequenzen für die berufliche Fortbildung haben.

◾ Der Rahmen umfasst die Speicherung beruflicher Fachkenntnisse nach zertifizierten Qualifikationsnachweisen, Angaben zu nicht zertifizierten beruflichen Fachkenntnissen, Branchen-Know-how, Kenntnisse spezieller Systeme, Beschreibung des Erfahrungsgrades nach vorgegebener Skalierung, weitere freiwillige Angaben des Mitarbeiters.

◾ Informationen zum sozialen Verhalten werden nicht erfragt.

◾ Alle Angaben sind nur durch den Mitarbeiter persönlich einsehbar.

◾ Es bedarf der eindeutigen Einwilligung des Mitarbeiters bei Einsicht durch Dritte in das System.

▪ Das System wird keine automatische Dispositionen hinsichtlich Qualifikationseignung vornehmen.

▪ Das System hat für die teilnehmenden Personen eindeutigen Aufgaben- oder Projektcharakter und dient der Unterstützung der Tätigkeit.

▪ Jeder Mitarbeiter im Unternehmen hat grundsätzlich Zugang zum System und kann seine Erfahrungen dokumentieren.

▪ Das System enthält ein Mitarbeiterforum, auf dem alle Jobausschreibungen innerhalb des Unternehmens zugänglich sind. Es dient somit der Neu- und Umorientierung in beruflicher Hinsicht.

▪ Jeder Teilnehmer hat das Recht, sich um eine Mitarbeit an ausgeschriebenen Aufgaben oder Projekten zu bewerben.

Die Gestaltung einer Betriebsvereinbarung hängt vorwiegend von der Zielrichtung der Kompetenzprofile ab. Liegt der Fokus auf einer Mitarbeiterunterstützung während der Arbeit, wird der Betriebsrat offener reagieren, als wenn die Informationen zu personalpolitischen Zwecken verwendet werden.

Im Anhang des Buches finden Sie eine beispielhafte Betriebsvereinbarung, die jedoch der aktuellen Rechtssprechung und den Gegebenheiten Ihres Unternehmens angepasst werden muss.

5.4 Datenschutz sicherstellen

Auch der *Datenschutz* ist bei der Einführung eines Kompetenzmanagements zu beachten. Dem Mitarbeiter wird ermöglicht, Informationen über seine Kompetenzen strukturiert in einer Datenbank abzulegen. Entweder werden die Daten von dem Mitarbeiter selbst eingepflegt oder eine andere Instanz (z. B. Administrator) übernimmt die Datenpflege.

Erfassung der Daten

In einer Datenbank befinden sich bei ausreichender Verbreitung im Unternehmen und über Unternehmensgrenzen hinweg hochsensible Daten zu allen im Unternehmen vorhandenen Kompetenzen und Kompetenzträgern. Die Datenbank dient dazu, nach den Kompetenzen oder einem Ansprechpartner zu recherchieren, um diese Information für bestimmte Zwecke einzusetzen.

Eine *informationstechnische Auswertung* lässt bei einer ausreichenden Menge von Informationen jegliche Auswertungen zu. Dazu zählt zum einen die Recherche nach Personen und Kompetenzen. Weiterhin können zusammen-

Informationstechnische Auswertung

gefasste Kompetenzbestände ausgewertet werden oder die Zugriffe auf die Kompetenzen, d. h. die Netzwerkbildung innerhalb des Kompetenzmanagements, lassen sich nachvollziehen. Die Möglichkeit der Auswertung bietet vielfache Möglichkeiten.

Probleme des Datenschutzes

Aufgrund des gespeicherten Kompetenzprofils in einer Datenbank ist es später möglich, *Kontrollen zum Verhalten und zu den Leistungen* von Mitarbeitern vorzunehmen. Durch Kompetenzprofile kann man Informationen darüber gewinnen, welcher Mitarbeiter wo am besten eingesetzt werden kann, wer am flexibelsten ist oder wer den Soll-Anforderungen eines Tätigkeitsbereiches am besten oder gar nicht entspricht.

Um zu vermeiden, dass solche sensiblen Informationen missbräuchlich genutzt werden und Rückschlüsse auf bestimmte Person zulassen, müssen mit dem Datenschutzbeauftragten Lösungen entwickelt werden, wie mit den Daten umzugehen ist: Wo und wie werden sie gespeichert? Wie abrufbar gemacht? Wer hat Einsicht in welche Daten? Wer kann Auswertungen über die Datenmenge vornehmen?

Der Lösungsspielraum ist aufgrund der in Deutschland gesetzlich streng geregelten Datenschutzbestimmungen im *Bundesdatenschutzgesetz* (BDSG) sehr eng. Angaben zur Person, die nicht für das Arbeitsverhältnis relevant sind, dürfen nicht ohne Erlaubnis der einzelnen Mitarbeiter aufgenommen werden. Darunter fallen auch die für die Kompetenzprofile benötigten Daten. Allerdings hat, nach einer entsprechenden Vereinbarung mit dem Betriebsrat, der Datenschutzbeauftragte in einem Unternehmen keine generelle Eingriffsbefugnis in die Art und Weise, wie und welche Daten erfragt werden.

Der *Datenschutzbeauftragte* besitzt lediglich eine Prüfkompetenz und kann Empfehlungen zum Datenschutz geben. Die Datenaufsicht darf nur dann tätig werden, wenn es klare Anhaltspunkte für Rechtsverstöße gibt. Natürlich wird es trotz bestehender Vereinbarung schwierig sein zu prüfen, wann eine Leistungsüberprüfung von Arbeitnehmern vorgenommen werden kann und wann nicht. Dass mit diesen Daten die Möglichkeit besteht, Restrukturierungsmaßnahmen einzuleiten, ist nicht von der Hand zu weisen.

So wird z. B. bei Microsoft, die eine Expertendatenbank im Bereich IT einsetzen, anhand von Kompetenzprofilen ermittelt, wer für die jeweilige Tätigkeit ungeeignet ist. Diejenigen, die aufgrund der Auswertung der Kompetenzprofile durch das Raster fallen, müssen mit Versetzungen und Entlassungen rechnen. Solch ein Vorgehen ist in Deutschland aufgrund des BDSG und des BetrVG ausgeschlossen.

Für weiterführende Informationen wenden Sie sich bitte an den Beauftragten für Datenschutz des Bundesverwaltungsamtes: http://www.bva.bund.de.

Zugriffsrechte

Eine Beispiellösung für den Datenschutz könnte so aussehen, dass der Zugriff auf ein Kompetenzmanagement-System differenziert gestaltet wird. Diese Differenzierung kann durch Zugriffsrechte für Nutzer auf folgenden Ebenen erfolgen: Kerngruppe, partizipierende Teilnehmer, Führungskräfte und Administration.

Differenzierung des Datenzugriffs

Auf Ebene der *Kernnutzer* (z. B. eine Abteilung, Projekt, Team) haben die Nutzer des Systems Einsicht in alle Kompetenzdaten der Teilnehmer. Personenbezogene Daten werden angezeigt, um einen direkten und schnellen Kontakt zu ermöglichen. Die Nutzer haben die Möglichkeit, alle Suchfunktionen zu nutzen und vom Administrator freigegebene Analysen einzusehen.

Kernnutzer

Auf Ebene der Zugriffsrechte von *Drittparteien* (z. B. externe Partner usw.) werden bei einer Suche nach Kompetenzen zwar Ergebnisse hinsichtlich der Kompetenz angezeigt. Die Daten der Kompetenzträger werden aber nicht in die Suche mit einbezogen, sondern sind vom System anonymisiert. Rückschlüsse auf die Person sind nicht möglich.

Drittparteien

Eine dritte Rechteklasse stellen die *Führungskräfte* oder entsprechend legitimierte Mitarbeiter innerhalb einer Abteilung dar. Sie haben das Recht, alle Daten ihrer Mitarbeiter/Kollegen einzusehen bzw. zu analysieren. Sie werden ebenfalls die Kompetenz- und Merkmalsstruktur pflegen.

Führungskräfte

Die vierte Ebene steht für die *Administratoren*. Je nach Konzept können dies entweder IT-Administratoren, Führungskräfte oder die Mitarbeiter selbst sein. Es ist genau zu definieren, welche Schreib- und Leserechte für die Administratoren vergeben werden. Dabei werden System-Administratoren Zugang zu Modulen haben, die für die Pflege der Datenbank nötig sind. Der Einblick in sehr sensible Daten ist dabei möglich und bildet eine Gefahr hinsichtlich des strafbaren Umgangs mit den Daten.

Administratoren

Personalrechtliche Kopplung

Es ist günstig, in Zusammenarbeit mit der Personalabteilung Stellen- oder Rollenbeschreibungen auszuarbeiten, die mit den im Kompetenzmanagement verwendeten Daten abgestimmt sind. In der *Stellenbeschreibung* werden

Aufnahme in die Stellenbeschreibung

üblicherweise die vom Arbeitgeber vorgesehene Funktion der Stelle im betrieblichen Ablauf, die geforderten Kompetenzen sowie die Einordnung in die betriebliche Hierarchie festgelegt. Bei der Stellenbeschreibung ist darauf zu achten, dass hier die Kompetenzen und Fähigkeiten ausgeführt werden, die auch in einem Kompetenzmanagement-System Verwendung finden. Dies hat den Vorteil, dass das Kompetenzmanagement mit dem Personalmanagement zusammengeführt wird. Entsprechende Schnittstellenprobleme können eliminiert werden und eine redundante Datenhaltung wird vermieden. Aus dem Kompetenzmanagement heraus können dadurch z. B. automatische Weiterbildungspakete definiert oder die richtigen Personen für eine offene Stelle leichter rekrutiert werden. Entsprechende Softwarelösungen (z. B. People Soft) haben sich diesem Problem angenommen und bieten dafür entsprechende Lösungen.

Integration in das Stellengesuch

Eine Integration der Ziele eines Kompetenzmanagements kann bereits in die *Stellensuche* eines Unternehmens einfließen. Dem Arbeitgeber ist es freigestellt, welche Informationen in eine Stellenbeschreibung aufgenommen werden. Ein Mitbestimmungsrecht des Betriebsrats gemäß § 93 BetrVG besteht laut dem Bundesarbeitsgericht in diesem Fall nicht. So können zum Beispiel in eine Stellenbeschreibung Forderungen, wie *„Fähigkeit zum Kompetenzaustausch und -teilung"* oder *„Offenlegung des Kompetenzprofils"* ohne weiteres ausgeschrieben werden. Dies fördert zum ersten die Kultur eines Kompetenzmanagements, und zweitens werden nur diejenigen Mitarbeiter auf die in das System einbezogenen Stellen rekrutiert, die auch an einem Kompetenzmanagement Interesse haben.

Aufnahme in den Arbeitsvertrag

Das Gleiche gilt für die Gestaltung neuer *Arbeitsverträge* für Mitarbeiter, die am Kompetenzmanagement teilnehmen sollen. Es erscheint sinnvoll, den Umgang mit einem Kompetenzmanagement schon im Arbeitsvertrag zu fixieren, damit dem Arbeitnehmer die Bedeutung des Kompetenzmanagements sowie die im Unternehmen vorhandene Kultur bewusst werden. Bereits im Arbeitsvertrag können vom Arbeitnehmer die Zustimmung zur Teilnahme am System und andere Zustimmungsarten (z. B. Zustimmung zu Datenschutzklauseln) eingeholt werden. Der Umgang mit dem Kompetenzmanagement kann direkt in einer Präambel des Vertrages verankert werden. Im deutschen Recht hat zwar die Präambel keine bindende Wirkung, jedoch kann sie zur Auslegung des Vertrages herangezogen werden. Die Klauseln im individualrechtlichen Arbeitsvertrag, die das Kompetenzmanagement betreffen, tangieren nicht das Mitbestimmungsrecht des Betriebsrates. Bestimmungen aus Betriebsvereinbarungen haben generelle Auswirkungen auf rechtliche Belange und können durch den Arbeitsvertrag nicht umgangen werden. Folglich haben arbeitsvertragliche Klauseln allein die Auswirkung, dass sie Bestandteil des Arbeitsverhältnisses werden und sich der Arbeitnehmer verpflichtet, an ihnen mitzuwirken. Die Formulierungen sollten eher allgemein gehalten und nicht im Detail beschreiben werden. Maßnahmen sollten als Arbeitnehmerpflicht umrissen werden, damit sie nicht das „*Günstigkeitsprinzip*" einer Betriebsvereinbarung tangieren und eventuell unwirksam werden. Betriebsvereinbarungen und Arbeitsverträge sind folglich inhaltlich aufeinander abzustimmen.

Im Rahmen des Kompetenzmanagements ist die Frage zu klären, inwieweit eine *Personalplanung* mit den vorhandenen Datenbeständen durchgeführt werden darf. Auch hier bietet das Betriebsverfassungsgesetz einen rechtlichen Rahmen, an den es sich auch im Zuge der Nutzung eines Kompetenzmanagements zu halten gilt. Im Grundsatz besteht bei der Personalplanung nur ein Unterrichtungs- bzw. Beratungsrecht des Betriebsrats in dem Umfang, in dem der Arbeitgeber die Personalplanung tatsächlich durchführt (vgl. § 92 BetrVG). Will der Arbeitgeber abstrakt die Möglichkeiten für eine Personalplanung erkunden (z. B. durch Sichtung, aber nicht Analyse der Kompetenzprofile), ist die tatsächliche Planung noch nicht erreicht und es besteht laut Bundesarbeitsgericht keine Unterrichtungspflicht. Wird eine Personalplanung in detaillierter Form in ein Kompetenzmanagement integriert, besteht wiederum für den Betriebsrat ein Mitbestimmungsrecht.

Personalplanung

5.5 Kompetenzen strukturieren

Zur Erstellung eines *Kompetenzkatalogs*, der die in der Organisation vorhandenen bzw. zukünftig erwarteten Kompetenzen beinhaltet, ist es empfehlenswert, eine kombinierte Vorgehensweise aus dezentraler Erfassung und Detaillierung und zentraler Begriffsabstimmung zu wählen. Zum einen müssen Kompetenzen nah am täglichen Geschäft beschrieben werden, zum anderen muss eine Kommunikation über das ganze Untenehmen hinweg eindeutig möglich sein.

Erstellung eines Kompetenz-katalogs

Es muss eine einheitliche Sprache und Bedeutung für die Kompetenzen, unabhängig von Hierarchie und Abteilung, geschaffen werden. Die Kompetenz „*Qualitätsmanagement*" einer Abteilung „*Feinmechanik*" unterscheidet sich z. B. vom Kompetenzverständnis der Abteilung „Medizinischer Kundendienst". Beide sind aber einzelne Bausteine in der Struktur eines Kompetenzmanagement-Systems. Will man hierbei Missverständnisse und Fehler bei der Suche nach den Kompetenzen vermeiden, müssen die Kompetenzen aufeinander abgestimmt und miteinander vergleichbar gemacht werden.

Einheitliches Kompetenz-Verständnis

In der Praxis stellt sich die Frage, nach welchen Kriterien Kompetenzen einfach und für jeden Mitarbeiter verständlich strukturiert werden sollen. Es bietet sich an, insbesondere für fachlich-methodische Kompetenzen von

Gliederungsprinzipien auszugehen, die im Tagesgeschäft gelebt werden: Prozesse, Produkte- oder Dienstleistungen, Technologien sowie Maschinen und Anlagen oder Projekte.

Fachbezogene Kompetenzen strukturieren

Im Folgenden geben wir einige Beispiele für die Erstellung von fachbezogenen Kompetenzkatalogen, orientiert an diesen Gliederungsprinzipien.

Prozessorientierung

Beschreiben Sie die Teilschritte Ihrer Prozesse. Für die Auftragsabwicklung bedeutet dies, dass Sie u. a. die Kompetenzen „Bonitätsprüfung", „Auftrag einbuchen" oder „Kommissionieren" erhoben werden. Die zur ISO-9001-Zertifizierung geforderten Qualifikationsmatrizen, mit denen die Prozessfähigkeit nachzuweisen ist, können eine Grundlage für die Kompetenzstrukturierung sein.

Orientierung an Produkten oder Dienstleistungen

Für Aufgaben des technischen Kundendienstes können Sie die Beratungs- oder Wartungskompetenz nach Produkten und Komponente gliedern. Ihr Produktkatalog kann Grundlage für die Kompetenzgliederung sein: „Wartungskompetenz für Produkt X". Im Fallbeispiel des Kompetenzrades von CSC Ploenzke haben wir gesehen, dass die fachlichen Kompetenzen, bezogen auf das Dienstleistungsangebot, nach Themen („Strategieberatung") und nach Branchenkompetenz („Versicherungen") strukturiert wurden. Diese Gliederung hat den Vorteil, dass Kompetenzen in Anbindung an das Leistungsangebot des Unternehmens am Markt formuliert werden und damit eine gute Abstimmung mit Unternehmensstrategie, vorhandenen und zukünftig benötigten Kompetenzen deutlich wird.

Technologieorientierung

Für Entwicklungsabteilungen bietet sich eine Kompetenzstrukturierung nach beherrschten Technologien (z. B. Verbindungstechnologien Schweißen, Löten, Kleben) oder Produkten an. In der Produktion kann eine Gliederung der Kompetenzen neben Prozessen auch nach den beherrschten Maschinen und Anlagen erfolgen.

Orientierung an Aufgaben der Abteilung oder Arbeitsgruppe

Ist ein Gesamtprozess nicht beschrieben oder zu komplex, können Kompetenzen auch orientiert an Aufgaben einer Abteilung oder Arbeitsgruppe beschrieben werden, dazu können ggf. Tätigkeitsbeschreibungen oder Organisationshandbücher herangezogen werden. Werden einzelne Abteilungsaufgaben einem Kompetenzfeld zugeordnet, entsteht eine Informationsbasis, in der die Kompetenzen von der vorliegenden Organisationsstruktur entkoppelt vorliegen. Kompetenzbestände können dadurch in organisationsunabhängige Kategorien überführt werden. Mit dieser Struktur wird es möglich, unabhängig von lokaler Verortung und Kompetenzart später eine Verteilung der Kompetenzen im gesamten Unternehmen zu realisieren.

Kompetenzmatrix: Technologiegliederung nach beherrschten Anlagentypen | *Abbildung 5-2*

Kompetenzmatrix Projektabteilung

Kernkompetenz	A	B	C	D	E	F
ADG-Anlagen		xx	x	xxx		x
Schussdosieranlagen		xxx	xxx	xxx		xx
Vakuum-Giessanlagen		xx	xxx	xxx		x
Silikonanlagen		xx	x			
Vapour-Phase-Anlagen	xxx	x			xx	
Imprägnieranlagen	xx	x		xxx		xx
Kondensatortrocknungs- und Imprägnieranlagen	xxx	x			x	
Pumpsätze	xx				xxx	
Ölaufbereitungsanlagen	xx	x			xx	x(xx)
Beschichtungsanlagen	x	x(xx)				
Patentwesen	x	xxx				
Entwicklung	xx	xx	x			

Kompetenzmatrix Konstruktion

Kernkompetenz	A2	B2	C2	D2	E2	F2
ADG-Anlagen	xx				xxx	
Schussdosieranlagen	x				xxx	
Vakuum-Giessanlagen	xx				xxx	
Vapour-Phase-Anlagen	xxx	x(xx)			x	

Soll nicht bis auf Ebene der Mitarbeiter gearbeitet werden, können einzelne Abteilungen oder Teams den Kompetenzfeldern zugeordnet werden. In der Abbildung 5-3 finden Sie dafür ein Beispiel. Der Abteilung „Vertrieb" wird sowohl die Produktkompetenz „Eismaschinen" als auch die Technologie-kompetenz „Kältetechnik" zugeordnet. Jeder Kompetenz können zusätzlich verschiedene Mitarbeitergruppen oder Jobprofile zugeordnet werden. Dies erhöht das Verständnis über den derzeitigen Kompetenzbestand und dient im späteren Verlauf zur Ableitung von Rollen-Profilen. Im Beispiel ist die Rolle des Vertriebsleiters der Kompetenz „Eismaschinen" zugeordnet, während der Techniker der Kompetenz „Kältetechnik" zugeordnet ist.

Schema zur Strukturierung von Kompetenzen | *Abbildung 5-3*

	Produktkompetenz		Prozesskompetenz		Technologiekompetenz	
	Produkte	Expertenrollen	Prozesse	Expertenrollen	Technologien	Expertenrollen
Vertrieb	Eismaschinen	Vertriebsmanager	n.a.	n.a.	Kältetechnik	Techniker
Technik	Rechenschieber	Vertriebsmanager	n.a.	n.a.	n.a.	n.a.
Grafik	n.a.	n.a.	Druckprozesse	Grafiker	n.a.	n.a.
Design	Designer-Lampen	Designer	Kreation	Kreativ Direktor	n.a.	n.a.

Methodenbezogene Kompetenzen strukturieren

Im Kapitel 2.2 haben wir bereits klar gemacht, dass sich fachliche und methodische Kompetenzbestandteile nur schwer voneinander trennen lassen und in der Leistungserbringung mit allen anderen Kompetenzbestandteilen zusammenwirken.

Für die Kompetenzanalyse ist es jedoch sinnvoll, methodische Kompetenzbestandteile, die über aktuelle Aufgaben hinaus mobilisierbar sind, getrennt zu erfassen. Unternehmen sollten hier auf bestehende Kompetenzkataloge zurückgreifen und sie für ihre Bedürfnisse ergänzen. Im Anhang finden Sie einen solchen Katalog methodischer Kompetenzen.

Darüber hinaus ist es sinnvoll, die benötigten Kompetenzen zur Beherrschung der Informations- und Kommunikationssysteme und der entsprechenden Anwendungsprogramme unternehmensweit zu systematisieren. Gleiches gilt für Sprachkenntnisse. Einen Beispielkatalog für Methodenkompetenz finden Sie im Kapitel 2.2.

Soziale Kompetenzen strukturieren

Aufgrund der Sensibilität, soziale, kommunikative und persönlichkeitsorientierte Kompetenzen zu beurteilen, verzichten viele Unternehmen völlig auf diese Kompetenzkomponenten, die jedoch für den Erfolg und Misserfolg von Organisationen außerordentlich bedeutsam sind. Wir empfehlen, auf bereits bestehende Kompetenzkataloge zurückzugreifen, und haben einen entsprechenden Katalog sozialer Kompetenzen im Kapitel 2.2 zur Verfügung gestellt.

Strukturierung nach sieben Kompetenzfeldern

Ein innovativer Ansatz von Lantz und Friedrich [2003], der schon im Fallbeispiel „Entlohnung auf Kompetenzbasis" im Kapitel 3.7 beschrieben wurde, geht von den Kompetenzen einer Arbeitsgruppe oder einzelnen Personen aus.

Kompetenzfelder nach Lantz und Friedrich

Das Kompetenzmodell geht davon aus, dass moderne Organisationen nur dann erfolgreich sein können, wenn ihre Mitarbeiter in einer Vielzahl unterschiedlicher Handlungs- und Gestaltungsfelder Kompetenzen besitzen und entwickeln können, die im Folgenden in sieben Kompetenzfelder differenziert werden:

▓ *Wertschöpfungs- oder funktionsnahe Kompetenz*; Kompetenzen zur Ausführung von Handlungen, die direkt darauf gerichtet sind, die mit der Funktion des Arbeitsplatzes verbundenen Ziele zu erreichen; wie z. B. Montage von Einzelteilen; Führung von Mitarbeitern, Erstellung eines Zuliefervertrages.

▓ *Kompetenz für die Prioritätensetzung und Koordination von Arbeitsaufgaben*; Handhabung von Situationen mit unterschiedlichen und auch konkurrierenden Arbeitsaktivitäten. Was wird getan (und von welcher Zielsetzung geleitet), um Gleichgewicht zwischen verschiedenen Aktivitäten zu schaffen, um zu priorisieren und trotzdem die gewünschten Resultate sicherzustellen?

▓ *Kompetenz für die Handhabung von Störungen und Neuigkeiten*; Aktivitäten, die sich mit Abweichungen von einem gedachten Normalverlauf auseinander setzen, das Entdecken/Lösen von akuten und potentiellen Störungen, das Auftreten von Neuigkeiten usw.

▓ *Kompetenz für die Handhabung von arbeitsbezogenen Kontakten und Kommunikation*; an den meisten Arbeitsplätzen ist die Kontaktaufnahme mit Kollegen, Kunden, Zulieferern, anderen Abteilungen usw. eine unabdingbare Notwendigkeit, um die konkreten Zielsetzungen in der eigenen Arbeit erreichen zu können. Es interessiert, was der Mitarbeiter im Rahmen dieser Kontakte tut und welche Ziele damit erreicht werden sollen.

▓ *Kompetenz für die Handhabung organisatorischer Voraussetzungen*; Aktivitäten, die darauf gerichtet sind, die gegebenen organisatorischen Verhältnisse (z. B. Arbeits- und Produktionsorganisation) für die Aufgabenerfüllung in den anderen Arbeitsfeldern zu nutzen bzw. zu verändern.

▓ *Kompetenz für die Ausführung von Qualitätsarbeit*; Handlungen, die darauf gerichtet sind, Qualitätsziele umzusetzen bzw. weiterzuentwickeln/zu verändern.

▓ *Kompetenz für die Handhabung der physischen Umgebung des Arbeitsplatzes (Milieukompetenz)*; Handlungen, die auf die aktive Auseinandersetzung des Mitarbeiters mit den physischen Voraussetzungen des Arbeitsplatzes gerichtet sind; Umgang mit speziellen Materialien, Handhabung gefährlicher Materialien, Entsorgung von Material, Berücksichtigung von Arbeitssicherheits- und Umweltvorschriften usw.

Diese Kompetenzen sind gewählt, um Bereiche abzudecken, die Veränderungen in der Umwelt des eigenen Arbeitsplatzes verursachen können und die dann Handlungen (von Individuen und Organisationen) erfordern.

Relevanzanalyse und Priorisierung

Die Kompetenzstruktur wird als Grundlage zur Priorisierung relevanter Kompetenzfelder herangezogen. Es werden die Kompetenzen selektiert, die z. B. für die Erschließung eines Kundenfeldes wichtig sind und somit schnell entwickelt und abgesichert werden müssen.

Das Vorgehen der Priorisierung wird am Beispiel des Kompetenzfeldes „Fremdsprachen" bei einer Expansion des Unternehmens in asiatische Märkte deutlich. Für jede beherrschte Sprache kann durch qualitative Beurteilung die Handlungsstärke im Sinne einer aktuellen und zukünftigen Anwendungswahrscheinlichkeit ermittelt werden. Das sich daraus ergebende Delta zwischen Ist- und Soll-Zustand gibt einen ersten Aufschluss zu Kompetenzlücken und -stärken.

Aufgrund der strategischen Wissens- und Kompetenzanalyse (siehe Kapitel 5.8) erhält die Unternehmensführung eine Entscheidungsgrundlage zur Priorisierung von Kompetenzen und Aufgaben im Unternehmen. Die Erkenntnisse können in die *Kompetenz-Taxonomie* einbezogen werden und weiter detailliert werden. Geht man einen Schritt weiter, kann die Verbreitung der Kompetenz im Unternehmen auf die Anzahl der Mitarbeiter analysiert werden.

In der Abbildung 5-5 bezieht sich die Größe einer „Blase" auf die Anzahl der Mitarbeiter, die diese Kompetenz im Moment beherrschen. Die Y-Achse steht für die heutige, die X-Achse die zukünftige Anwendungswahrscheinlichkeit der Kompetenzen.

Englisch hat heute wie auch in Zukunft eine große Bedeutung und wird von einer großen Anzahl von Mitarbeitern beherrscht. Deutlich wird allerdings, dass z. B. die asiatischen Sprachen in Zukunft an Bedeutung gewinnen werden, aber dass zum heutigen Zeitpunkt noch relativ wenige Mitarbeiter diese Sprachen beherrschen. Die Aufnahme unwichtiger Kompetenzen in den Kompetenzkatalog kann durch diese Methode vermieden werden. Eine Interpretation der Ergebnisse lässt Aussagen zu, welche Kompetenzbereiche detaillierter beschrieben werden müssen.

Beispiel einer Relevanzanalyse der Kompetenz „Fremdsprachen"

Abbildung 5-4

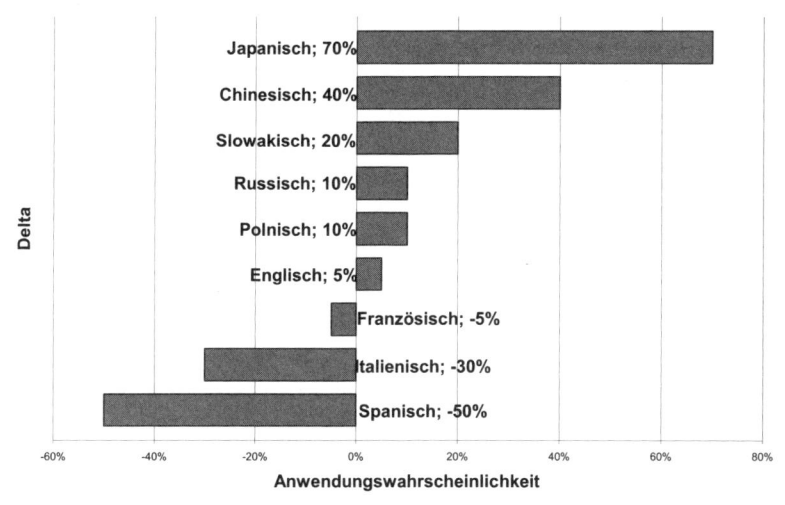

Beispiel einer Relevanzanalyse nach Mitarbeiteranzahl

Abbildung 5-5

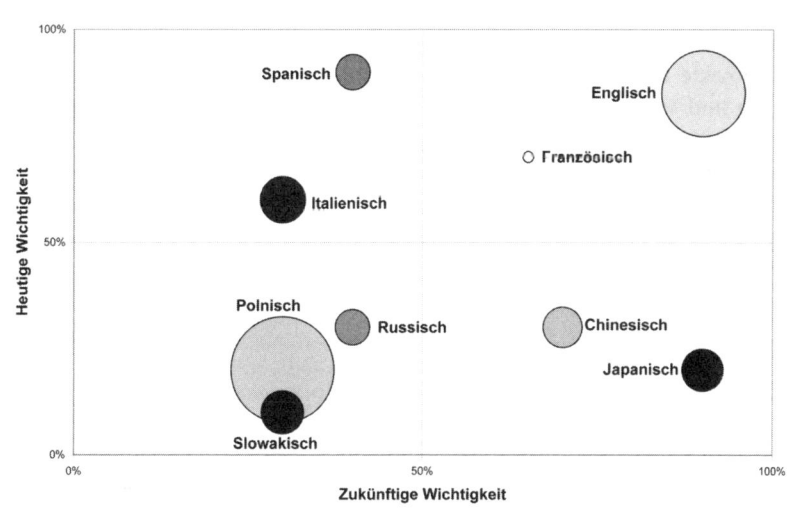

5.6 Kompetenzinformationen kodifizieren

Arten der Kodo-
fozierung

Sobald Informationen zur Kompetenzbasis des Unternehmens vorliegen, muss entscheiden werden, wie die Informationen *kodifiziert* werden, d. h. in welcher Form ein strukturierter Zugriff gesichert wird. Im einfachsten Fall handelt es dabei um eine Excel-Liste oder eine Mind Map, in der alle Kompetenzen sowie die entsprechenden Ansprechpartner aufgenommen wurden. Solche Lösungen lassen sich einfach und kosteneffizient realisieren. Mit weiterführenden Lösungen lassen sich Kompetenzinformationen so strukturieren, dass sowohl eine *„gemeinsame Sprache"* entwickelt werden kann als sich auch weitergehende Informationen wie z. B. die Ausprägung der Kompetenz, die Beziehungen zwischen einzelnen Kompetenzträgern usw. abbilden lassen.

Mehrdimensiona-
le Perspektiven

Verfahren der Kompetenzstrukturierung dienen der Organisation von Kompetenzobjekten (Kompetenzträgern, -quellen und -beständen). Kompetenzobjekte sind praktisch in jedem Unternehmen schon vorhanden (z. B. Experten, Dokumente, Projekte usw.). Die Strukturierung hat zum Ziel, den Zugriff und die Navigation auf und innerhalb der Kompetenzobjekte zu ermöglichen. In Abhängigkeit von der Komplexität der Kompetenzen (z. B. durch mehrere Abteilungen, verschiedene Rollen usw.) müssen in einer Kodifizierungsstrategie verschiedene Sichtweisen abgebildet werden. Eine Kompetenzstruktur deckt also immer verschiedene Kontexte mit jeweils verschiedenen Sichtweisen ab (mehrdimensionale Perspektiven). Das Endergebnis eines Strukturierungsverfahrens sind eine oder mehrere in einem Informationssystem abbildbare Kompetenzstrukturen, in denen alle Kompetenzobjekte miteinander vernetzt sind und somit eine unternehmensweite Suche und Vernetzung möglich ist. Ein System muss so gestaltet sein, dass es hinsichtlich der Vernetzungsmöglichkeiten – sprich der Suche aus jeder Hierarchie, Rolle oder Sichtweise heraus – keine Einschränkungen gibt. Um eine spätere Ortung von Kompetenzen zu ermöglichen, stehen dem Anwender diverse Konzepte zur Strukturierung von Kompetenzen zur Auswahl.

Indexierung

Stichwortsuche

Bei der *Indexierung* werden nur Teile eines Kompetenzobjektes (z. B. Name des Projektes, Name des Bearbeiters usw.) extrahiert, die als annähernd repräsentativ für das Gesamtobjekt angesehen werden. Mit den gesammelten Informationen wird ein gemeinsamer Index erstellt, dessen Einträge mit den jeweils dazugehörigen Kompetenzobjekten (z. B. andere Projektverantwortliche, Namen externer Berater, Kunden etc.) verknüpft werden. Indexierungsverfahren werden vor allem eingesetzt, um in kurzer Zeit Informationen zu strukturieren. Der Zugriff auf Kompetenzobjekte erfolgt anschließend durch Stichwortsuche. Der wesentliche Vorteil des Verfahrens ist vor allem die Automatisierbarkeit durch Software, da die Indizes leicht zu aktualisieren sind. Andererseits ist dadurch auch die Trefferquote bei der Suche in vielen Fällen unbefriedigend. Eine gezielte Verknüpfung von Kompetenzen mit den jeweiligen Personen ist mit Indizes praktisch nicht zu realisieren.

Katalogisierung

Bei der *Katalogisierung* wird im Gegensatz zur Indexierung die Kompetenzstruktur nicht erst während des Verfahrens erzeugt, sondern bereits zu Beginn durch die Erstellung eines Katalogs vorgegeben. Auf diese Weise wird eine Vereinheitlichung des gesamten Kompetenzbestandes erreicht, die das Suchen vereinfacht. Darüber hinaus verfügt ein Katalog über eine hierarchische Struktur, so dass sinn- und sachverwandte Begriffe leicht aufgefunden werden können. Diese Struktur ermöglicht zu einem späteren Zeitpunkt das logische Navigieren durch den Wissensbestand. Alternativ kann natürlich auch für einen Katalog eine Indexsuche erstellt werden. Dadurch lassen sich einzelne Begriffe im Katalog finden, die dann angesteuert und recherchiert werden können.

Hierarchische Struktur

Für eine praktikable Herangehensweise zur Katalogisierung eignet sich die Erstellung einer Sammlung organisationsbezogener, rollenbezogener und persönlicher Kompetenzen. Damit sind alle Kompetenzfelder eines Unternehmens abgedeckt, die in einem Kompetenzkatalog konsolidiert werden.

Im *Aufgabenkatalog* werden Kompetenzen abgebildet und strukturiert, die zur alltäglichen Arbeit des Mitarbeiters gehören. Die Struktur eines Aufgabenkataloges orientiert sich allgemein an den Jobprofilen im Unternehmen. Abteilungen mit ähnlichen Kompetenzbeständen werden in einem Katalog zusammengefasst. Bei sehr unterschiedlichen Kompetenzbeständen werden verschiedene Kompetenzkataloge pro Abteilung oder Einheit erstellt. Jedes Aufgabengebiet wird in spezielle Kompetenzbereiche unterteilt. Die Aufspaltung in Teilbereiche bildet die zweite Hierarchieebene des Aufgabenkataloges. Wie stark die Strukturierung eines Aufgabenkataloges erfolgt, hängt vom jeweiligen Fall ab.

Erstellung des Aufgaben-kataloges

Im folgenden Beispiel wurden der Abteilung „Sekretariat" die Aufgabengebiete „Koordination & Kommunikation" sowie „Sprache" zugeteilt (siehe Abbildung 5-6). Anhand der Gesamtheit aller Aufgaben für einen Unternehmensbereich lassen sich in einem Folgeschritt Einzelkompetenzen ableiten, die zur Ausführung der jeweiligen Aufgaben notwenig sind. Die Einzelkompetenzen bilden die dritte Hierarchieebene. Der Aufgabenkatalog umfasst nach Fertigstellung Kompetenzen für jede Abteilung.

Abbildung 5-6 | *Beispiel zur Strukturierung eines Aufgabenkataloges*

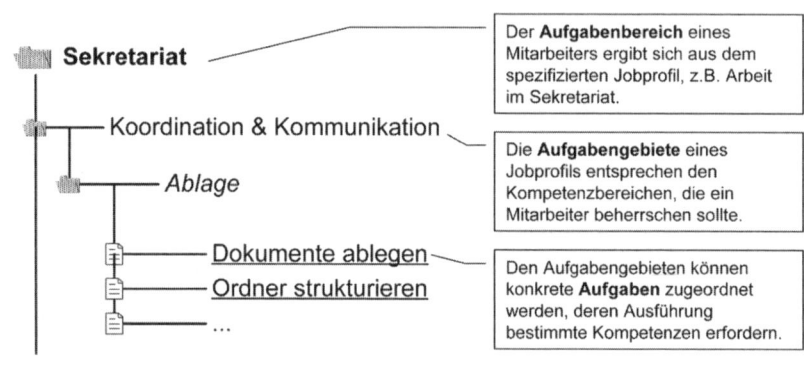

Erstellung eines Rollenkataloges

Weiterhin kann ein *Rollenkatalog* erstellt werden, in dem Kompetenzen rollenbezogen zusammengefasst sind. Neben dem von der Organisationsstruktur vordefinierten Arbeitsgebiet sind Personen in einem Unternehmen in bestimmte Rollen eingebunden. Jeder Mitarbeiter kann mehrere Rollen ausüben (z. B. Projektleiter, Kundenberater, Trainer). Für jede Rolle sind unterschiedliche Kompetenzen vonnöten. Rollen müssen erkannt und daraus die Kompetenzanforderungen für diese Rolle abgeleitet werden.

Identifizierung durch Interviews

Zur Identifizierung einzelner Rollen wird empfohlen, die wichtigsten Vertreter der Rollen in direkten explorativen Interviews zu befragen, um so das implizite Wissen offen zu legen und entsprechende Kompetenzfelder für diese Rollen zu definieren. Nach Identifizierung der wichtigsten Rollen werden auch diese in einem Katalog konsolidiert (siehe Fallbeispiel Allianz im Kapitel 4.4).

Beispiel zur Strukturierung eines Rollenkataloges

Abbildung 5-7

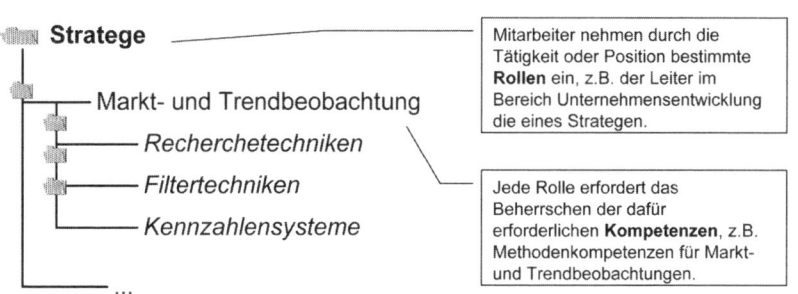

Wir verbinden organisations- und rollenspezifische Kompetenzen in einem Soll-Kompetenzkatalog. Bei der Vorgehensweise gehen wir von der Überlegung aus, dass für jedes Kompetenzfeld fachliche, methodische und soziale Kompetenzen vorhanden sein müssen. Als Grundstruktur eines *konsolidierten Kompetenzkataloges* schlagen wir die Strukturierung in folgende Kompetenzarten vor: persönliche Merkmale, fachliche, methodische und soziale Kompetenzen. Jede identifizierte Kompetenz wird einer Kompetenzart eindeutig zugeordnet.

Konsolidierter Kompetenz- katalog

Beispiel eines konsolidierten Kompetenzkataloges

Abbildung 5-8

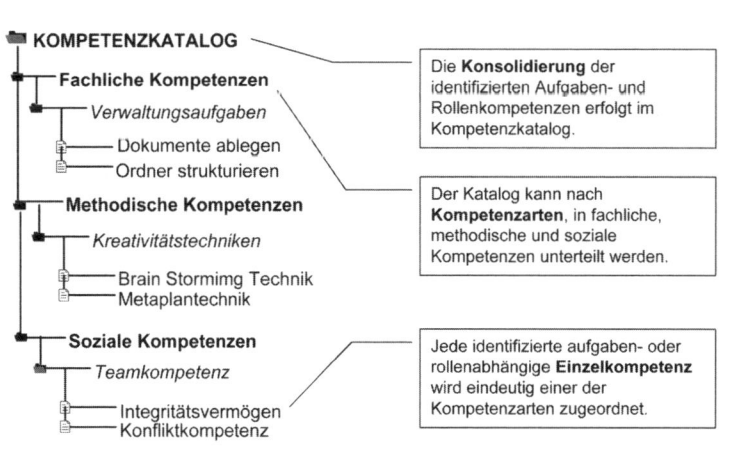

Aufgrund der Natur der Kompetenz wird eine vollständige Strukturierung aller Kompetenzbestände niemals möglich sein. Doch bietet der Kompetenzkatalog eine gute Basis für die Ausarbeitung eines weiterführenden Kompetenzmanagement-Konzeptes.

Hypertext- bzw. semantische Strukturen

Hypertext- bzw. semantische Strukturen basieren auf der Verknüpfung unterschiedlicher Objekte in einem Assoziationsnetz. Für eine genaue und valide semantische Strukturierung können technische Hilfsmittel eingesetzt werden. Dazu eignet sich spezielle Software, mit der ganze Kompetenznetze mit zugehörigen Kompetenzfamilien strukturiert werden können. Die Software erzeugt so genannte semantische Netze, die eine leistungsstarke Methode zur Strukturierung von Informationen darstellen. Anders als in hierarchischen Verzeichnisbäumen werden in einem semantischen Netz Zusammenhänge zwischen Begriffen, Aufgaben, Personen usw. modelliert und deren Beziehung untereinander abbildbar. Einzelne Kompetenzen eines Mitarbeiters können z. B. auf bestimmte Dokumente oder Projektberichte verweisen. Es können dadurch netzwerkartige Zusammenhänge zwischen unterschiedlichen Quellen und Objekten abgebildet werden. Für den Einsatz eines semantischen Netzes zur Indizierung von Dokumenten bedarf es dabei einer hohen begrifflichen Konsistenz zwischen den in den Dokumenten und dem Netz verwendeten Begriffen, die über Text-Mining-Verfahren sichergestellt werden kann.

Vorstrukturierung vorhandener Kompetenzen

Softwareanbieter, speziell aus dem Bereich der *Taxonomie*-Systeme, behaupten meist, dass bei Einsatz einer Software keinerlei Vorstruktur der Kompetenzen geschaffen werden muss, sondern das System beim Einsatz selbst eine Struktur erstellt. Entgegen dieser Behauptung hat sich in der Praxis gezeigt, dass für eine strukturierte Basis mindestens eine Vorstrukturierung von 30 Prozent aller im Unternehmen vorhandenen Kompetenzen gegeben sein sollte. Zwar existieren bereits Systeme, die fähig sind, aus einem großen unstrukturierten Bestand an Informationen eine Struktur automatisch abzuleiten. Doch darf man bei einem Kompetenzmanagement nicht die Tatsache vergessen, dass Kompetenzen nicht offen auf einem Unternehmensserver oder in Dokumenten vorliegen. Sie sind immer noch an Mitarbeiter und Aufgaben im Unternehmen gebunden. Vollkommen automatisch lässt sich also eine Kompetenzstruktur nicht erzeugen. Informationstechnische Systeme, die später im operativen Geschäft mit diesen Daten umgehen müssen, können mit einer solchen Vorstruktur „gefüttert" werden, damit eine valide und den realen Verhältnissen entsprechende Ausgangsbasis vorhanden ist.

5.7 Die geeignete Software auswählen

Ein adäquates *IT-Instrumentarium* ist neben der Schaffung geeigneter organisatorischer Grundlagen ein weiteres Bedingungsfeld für eine erfolgreiche Implementierung eines Kompetenzmanagements. Grundsätzlich muss eine unternehmensweit verteilte Applikation mit einheitlicher Oberfläche der Funktionalität, offener Skalierbarkeit zur Abbildung rollen- und kompetenzbezogener Strukturen zum Einsatz kommen.

Erfolgreiche Software-Unterstützung

Wesentlich für die Eignung einer Software-Lösung für den Einsatz im Unternehmen ist nicht zwingend der Umfang an Funktionalitäten, die enthalten sind. So verfügt bereits die meiste Personal-Software über Features, die wichtige Arbeiten im Personalbereich abdecken. So finden sich z. B. zunehmend Kompetenzmanagement-Module in Software-Lösungspaketen des Human Ressource Managements, wobei gewisse Grundelemente bereits zum Standard geworden sind (Kompetenzkataloge, individuelle Profile, Profilvergleiche, Suche über Kompetenzkategorien, Schnittstelle mit anderen Personaldaten).

Standardelemente in HR-Software

Kurzdiagnose: Haben Sie eine geeignete Software-Lösung?

Praxistipp

☑	**Kriterien zur Auswahl von Software**
☐	Für welche Unternehmensgröße suche ich eine Software? Ist die Software für den Einsatz in diesen Größenklassen geeignet?
☐	Welche Basisfunktionalitäten sind für meine Organisation wichtig?
☐	In welchen wichtigen Unternehmensprozessen benötige ich Unterstützung im Kompetenzmanagement? Unterstützt die Software genau diese Prozesse?
☐	Ist die Software für den einzelnen Mitarbeiter leicht und intuitiv zu bedienen?
☐	Wird durch den Einsatz der Software der einzelne Mitarbeiter entlastet und seine Produktivität in Kompetenz-Prozessen gesteigert?
☐	Bis wann können durch den Einsatz eine Verbesserung der Kompetenz-Prozesse herbeigeführt werden?
☐	Stehen die Aufwendungen und laufenden Betriebskosten den Verbesserungspotenzialen verhältnismäßig positiv entgegen?

Die Auswahl einer Software darf also nicht daran gemessen werden, ob die dort enthaltenen Module theoretisch im Unternehmen genutzt werden könnten, sondern ob die enthaltenen Funktionen die praktisch vorhandenen Organisationsstrukturen stärken und unterstützen. Zum Beispiel ist für

Unterstützung der vorhandenen Strukturen

einen mittelständischen Betrieb mit 30 Mitarbeitern kein ausgeklügeltes Rechtesystem zur Verwaltung von Kompetenzinformationen vonnöten. Sofern ein Unternehmen an nur einem Standort über wichtiges Expertenwissen verfügt, sind Funktionen, wie Multi-Sprachfähigkeit oder multidimensionale Kompetenzkataloge, nicht zwingend notwendig.

Einfachheit der Lösung

Die Devise lautet also immer: Weniger ist mehr. Nicht immer ist der Einsatz neuer Werkzeuge im Unternehmen produktiv. Fehler werden begangen, indem kompliziert zu handhabende Tools zur Lösung einfacher Probleme eingesetzt werden. Dabei muss die Einsicht gegeben sein, dass eine Software genau das Gegenteil leisten sollte: die Komplexität der Unternehmens- und Kompetenzprozesse auf ein Minimum zu reduzieren und dies in eine einfach zu bedienende Lösung überzuführen. Fragen Sie sich selbst einmal, welche Funktionalitäten Ihrer derzeitigen Software Sie wirklich nutzen und brauchen. Im Durchschnitt wird davon ausgegangen, dass ca. 70 Prozent aller Funktionen in Software-Applikationen selten oder nie genutzt werden. Um ein derartiges *„Over-Engineering"* Ihrer Kompetenzmanagement-Lösung zu vermeiden, sollten Sie darauf achten, dass die neue Software sich an den Produktivitätspotenzialen, den vorhandenen Organisationsstrukturen und den Nutzergewohnheiten ausrichtet. Niemals aber an den Software-Funktionalitäten allein.

Keine Spezial-Software wählen

Gerade mit der Anpassung an dynamische, schnell veränderliche Kompetenzkategorien weisen viele Lösungen Probleme auf. Ebenfalls ist die Nutzerfreundlichkeit oftmals sehr unterschiedlich ausgeprägt. Einige Lösungen scheinen eher davon auszugehen, dass Spezialisten aus der Personalentwicklung das Tool nutzen, während andere Anbieter auf die Führungskraft als gelegentlichen Nutzer abstellen.

Praxistipp | *Informationen für den „Kompetenz-Administrator" zur Auswahl von Software [2]*

Bei der Auswahl und der Einführung eines computergestützten Kompetenzmanagements werden häufig die Besonderheiten dieses Anwendungsbereichs nicht entsprechend berücksichtigt. Gerade das Kompetenzmanagement als Teil wertschöpfender Mitarbeiterprozesse unterscheidet sich grundlegend von administrativen Prozessen wie Finanzbuchhaltung oder Produktionssteuerung. Für alle Prozesse, die auf einem Kompetenzmodell basieren, ob Bewerbermanagement, Personalentwicklung, Laufbahn- und Nachfolgeplanung, Zielvereinbarung und Beurteilung: Die wertschöpfenden HR-Prozesse stellen grundsätzlich andere Anforderungen an die Administratoren eines IT-Systems. Welche Besonderheiten sind also bei der IT-Administration eines Kompetenzmanagement-Systems zu beachten?

---

[2] Autor: Herrmann Arnold, Geschäftsführer BrainsToVentures-AG | umantis (www.umantis.com, hermann.arnold@umantis.com).

Das System wird selten und anlassbezogen genutzt. Der Großteil der Nutzer einer Kompetenzmanagement-Software sind Führungskräfte und Mitarbeiter, die ein solches System nur anlassbezogen, wenige Male im Jahr nutzen. Die erforderlichen Arbeitsschritte werden niemals zur Gewohnheit. Daraus ergibt sich, dass eine Software selbsterklärend und intuitiv bedienbar sein muss, ähnlich erfolgreicher Internetanwendungen, wie Google oder Yahoo. Im Gegensatz zum administrativen System, das möglichst auf effiziente Bedienung ausgelegt ist und eine Vielzahl von Optionen bietet, muss ein System für Kompetenzmanagement möglichst einfach und überschaubar gehalten werden, um den Benutzer nicht zu überfordern.

Das System verarbeitet weiche, nicht erzwingbare Daten. Während administrative Systeme hauptsächlich finanzielle, berechenbare Daten verarbeiten, beinhalten kompetenzbasierte Systeme hauptsächlich „weiche", subjektive Daten, selbst wenn diese aufwendig objektiviert werden. Dies hat weit reichende Auswirkungen. Z. B. besteht die Möglichkeit, Nutzer bei einer Spesenabrechnung zur Eingabe einer eindeutigen Kostenstelle zu „zwingen". Ganz im Gegensatz zum Kompetenzmanagement. Hier kann der Nutzer zu keiner Zeit zu einer qualitativ guten Eingabe gezwungen werden. Selbst durch Unterstützung gewisser Anreizsysteme ist noch nicht sichergestellt, dass Kompetenzinformationen regelmäßig aktualisiert und vollständig gepflegt werden. Aus diesem Grund wird ein System für Kompetenzmanagement nur dann den gewünschten Erfolg erzielen, wenn für die Anwender der Lösung der persönliche Nutzen klar sichtbar und spürbar wird. Bei der Einführung einer Lösung sollte man deshalb immer die Frage stellen, warum ein Anwender Daten eingeben will, welchen konkreten und unmittelbaren Nutzen sie damit erzielen können. Gewinnt der Nutzer die Auffassung, durch leichte Bedienung des Systems und qualitativ hochwertige Ergebnisse einen Vorteil für seine Arbeit zu gewinnen, ist ein erster Schritt getan und die Datenqualität wird sich auf Dauer verbessern.

Ein Kompetenzmanagement muss unzählige Informationen verwalten. Im Gegensatz zu Software z. B. der Lagerverwaltung muss ein Kompetenzmanagement theoretisch unbegrenzte Informationen verwalten. Dies ist, abgesehen vom Speicheraufwand, ein nicht zu realisierendes Ziel. Wenn man Kompetenzen von Mitarbeitern in einem System abbilden will, so ist gerade die Fokussierung auf unternehmensrelevante Daten erfolgskritisch, und nicht – wie oft postuliert – alle Pflege und Erfassung aller Kompetenzinformationen eines Mitarbeiters. Durch eine Fokussierung auf wenige relevante Kompetenzen verliert ein Kompetenzmanagement nicht, sondern gewinnt das Kompetenzmanagement im Gegenteil dadurch an Schlagkraft. Eine Fokussierung auf relevante Daten benötigt weiter eine gewisse Offenheit des Systems durch Freitextfelder. Mit Freitextfeldern zur näheren Beschreibung von kategorischen Kompetenzen können beispielsweise Besonderheiten der spezifischen Stelle hinreichend genug abgebildet werden. Es genügt die kategorische Kompetenz „Textverarbeitung". Die genauen Programme und Versionen sowie Spezialkenntnisse können als Schwerpunkt in einem Freitextfeld erfasst und genutzt werden. Profile gewinnen damit zusätzlich an Aussagekraft, da die einzelnen Profile unterscheidbar und operativ einsetzbar werden.

Das System bildet keine einheitlichen Prozesse ab. Gerade im Kompetenzmanagement sind viele Prozesse je nach Situation unterschiedlich. Denken wir an die Fremdbeurteilung eines Mitarbeiterprofils. Im Normalfall (70 Prozent der Fälle) wird das Profil vom Vorgesetzten bewertet und objektiviert. Die restlichen 30 Prozent der Fälle verhalten sich anders. Der Vorgesetzte hat gerade gewechselt und dadurch sollte noch der vorherige Vorgesetzte die Beurteilung vornehmen. Für bestimmte Mitarbeitergruppen sollen auch Fremdbewertungen durch weitere Personen durchgeführt werden. Was früher mit Papier einfach eine Weitergabe war, entpuppt sich in Systemen oft als unnötig kompliziert oder gar unmöglich. Ein gutes Kompetenzmanagement begreift den Nutzer als Teil des Systems und überlässt ihm die Entscheidung – auf dem Papierweg war dies ja auch so. Der Vorteil von Systemen besteht in der elektronischen Abwicklung und in der Transparenz, beispielsweise bei wem die Beurteilung noch unerledigt liegt.

▪ **Das System muss eine Fehlertoleranz und -transparenz enthalten.** Ob am Schluss die richtigen Personen ein Mitarbeiterprofil bewertet haben, mussten auf Papierformularen die Verantwortlichen entscheiden – zu verantworten hatte es der Linienvorgesetzte. Im systemunterstützten Kompetenzmanagement muss dies ähnlich gehandhabt werden. Wenn man nicht den Anspruch stellt, Fehler im Vorhinein zu vermeiden, sondern lediglich frühzeitig transparent und gut kontrollierbar zu machen, gewinnt ein System die notwendige Flexibilität für wertschöpfende Kompetenzmanagement-Prozesse. Bei der Einführung von HR-Systemen entsteht zu häufig das Bild, man könne Entscheidungsträgern nicht (zu-)trauen, richtige Entscheidungen zu treffen und man müsse das System stabil dagegen machen – eine unnötige Starrheit des Systems ist die Konsequenz.

▪ **Mitarbeiter sind gleichzeitig Inhalt und Anwender.** Kompetenzen entstehen bei Mitarbeitern und können von diesen am besten aktualisiert werden. Somit ist operatives Kompetenzmanagement keine Aufgabe des Stabes, sondern muss in der Linie verankert sein. Der Stab kann Prozesse definieren, Strukturen zur Verfügung stellen und die Abwicklung überwachen und begleiten. Letztendlich sind es der Mitarbeiter und die Führungskraft, die operatives Kompetenzmanagement betreiben. Aus diesem Grund stellen sich neben den organisatorischen und inhaltlichen Anforderungen auch spezifisch technische, die beachtet werden müssen.

Im Folgenden möchten wir Ihnen eine allgemeine – und sicher nicht vollständige – Auflistung wichtiger Anforderungen, die an eine Softwarelösung zum Kompetenzmanagement gestellt werden, geben. Die Auflistung kann Anhaltspunkte für die Auswahl eines geeigneten Produktes liefern.

Kompetenz-
abbildung

Kompetenzabbildung

▪ Möglichkeiten zur Hinterlegung von Kompetenzprofilen und verschiedenen Kompetenzarten (z. B. fachlich, methodisch, sozial)

▪ Aufnahme und Zuordnung von wichtigen Metadaten zu den einzelnen Profilen (funktions- und organisationsbezogene Daten, Erfahrungsbiografien, Kontakte und Netzwerke)

▪ Zusatzinformationen zur Verbesserung der Nutzerfreundlichkeit im Umgang mit Kompetenzen (z. B. Beispiele von Profilen und Hilfetexte)

▪ Anschlussfähigkeit an externe Datenbestände von Kunden und Lieferanten

Kompetenzstrukturierung

▨ Integrierte Lösung, d. h., die Lösung sollte einerseits auf bestehenden Stammdatensystemen aufsetzen und andererseits bestehende Prozesse unterstützen

▨ Möglichkeit zu mehrdimensionalen und mehrstufigen Kompetenzstrukturen (z. B. in komplexen Unternehmensstrukturen)

▨ Freie Skalierung einzelner Expertisestufen und Referenzstrukturen zur besseren Differenzierung der Kompetenz-Level

▨ Ggf. Möglichkeit der Abbildung heterogener Abteilungsstrukturen zur Abbildung der hierarchischen Strukturen

▨ Abbildung mehrerer Kompetenzebenen basierend auf den jeweiligen Bedingungen des Unternehmens (z. B. prozessbezogen, technologiebezogen etc.)

▨ Integrierte Selbst- und Fremdeinschätzung

Kompetenzverteilung und -vernetzung

▨ Möglichkeiten des schnellen Zugriffs auf fremdes Expertenwissen, innerhalb und außerhalb des Unternehmens

▨ Einbindung und Aggregation verschiedener Kompetenzkataloge, die dezentral im Unternehmen verteilt sind

▨ Integrierte Community-Funktionalitäten zur dauerhaften Stärkung der Kompetenzbasis, wie z. B. Pin Boards, Diskussionsforen, Real Time Chats usw.

▨ Möglichkeit der Visualisierung von Kompetenzinformationen zur besseren und schnelleren Verständlichkeit der hinterlegten Informationen

▨ Unabhängigkeit von den im Einsatz befindlichen Betriebssystemen und Interfaces, z. B. durch freie Wahl des Repräsentationsformates oder der Browser-basierten Informationsanzeige

▨ Effiziente Suchalgorithmen über alle Bereiche der hinterlegten Kompetenzinformationen hinweg (z. B. Freitextsuche, hierarchische Navigation, Push- und Pull-Funktionalitäten zur Informationsabfrage)

▨ Zugriff und Anzeige durch Zugang über verschiedene Schnittstellen (HTML, XML, Word, Excel etc.)

Unterstützung von Führungsprozessen

◼ Integrierte Funktionen des Personalmanagements, wie Stammdatenverwaltung, Stellenverwaltung, Bewerbermanagement, Karriere- und Nachfolgeplanung, Personaleinsatzplanung, Weiterbildung, Personalmarketing, Personalcontrolling

◼ Integrierte Funktionen der Organisationsentwicklung, wie Budgetierungen, Kompetenz-Workflows, Organisationsstrukturen/Organigramme, strategische Personalplanung

◼ Möglichkeit der Abbildung individueller und kollektiver Kompetenzprofile für Reflexions- und Kommunikationsprozesse

◼ Integrierte Statistik- und Analysefunktionen auf Kompetenzebene, ggf. Einbindung eines Berichtssystems

◼ Filterung auf bestimmte Datenteilmengen bzw. kompetenzabhängige Subsets

Unterstützung der Benutzerfreundlichkeit

◼ Integrierte Funktionen zum Employee Self Service, d. h. zur selbständigen Verwaltung, Pflege und Organisation der eigenen Kompetenzen des Mitarbeiters

◼ Einfache Formulare mit wenigen Datenfeldern und nur wo notwendig strukturierte Dateneingabe – Freitextfelder genügen häufig

◼ Schnelle Lösung, d. h., der Seitenaufbau darf nicht lange dauern, einfache Seitengestaltung ist einer „modernen" vorzuziehen

◼ Einfach und intuitiv zu bedienende Funktionen zur Eingabe und Aktualisierung des eigenen Kompetenzprofils

◼ Benutzerfreundliches und intuitives Benutzer-Interface (Browser-Maske, eigenes Benutzer-Interface)

◼ Benutzerfreundliche Hilfefunktionalität

Datenschutz und Rechtesystem

◼ Flexible Zugriffsrechte, d. h., je nach Unternehmenskultur dürfen Profile nur von bestimmten Benutzergruppen gesehen oder bearbeitet werden

■ Funktionen zur Rechte- und Zugriffsverwaltung für verschiedene Nutzergruppen und Administratoren-Levels innerhalb und außerhalb des Unternehmens

■ Hohe Verschlüsselung sensibler Daten und Ausschluss von Missbrauch der Kompetenzdaten

■ Möglichkeiten für den Mitarbeiter, am System nicht teilzunehmen, ohne jedwede Beeinträchtigungen in der eigenen Arbeitsleistung

Administration der Software

■ Möglichkeit der zentralen Administration der Datenbank

■ Einfache Wartung und Pflege der Kompetenzmerkmale und -strukturen

■ Automatisierte Datenkonsolidierung ohne hohen Speicherbedarf und Beeinträchtigung der Performanz der bestehenden Software-Architektur

■ Integrationsmöglichkeit in die unternehmensindividuelle IT-Architektur

■ Lauffähigkeit auf gängigen Systemen und Plattformen: Windows, Linux, Unix, Apple

■ Integration in ein bestehendes Groupware-System oder Intranet (Lotus-Notes) sowie zu eingesetzten Datenbanken (Oracle, MS Access, Oracle, MS Excel, dBase, Sybase , Microsoft SQL Server)

■ ODBC-Schnittstellen für gängige Anwendungen und für Webserver

■ Sicherstellung der Zukunftsfähigkeit durch Wahl von Standardlösungen

Administration der Software

Vergleichen Sie unbedingt vor Anschaffung einer neuen Lösung verschiedene Anbieter miteinander. Holen Sie sich Rat bei anderen Unternehmen und evaluieren Sie deren Erfahrungen. Eine Übersicht über aktuelle HR-Software, die das Thema Kompetenzmanagement abbildet, können, Sie z. B. in der jährlichen Veröffentlichung des ISMAS Institutes [vgl. Hormann 2005] finden.

Im Folgenden möchten wir einige ausgewählte Software-Anbieter mit ihren Lösungen vorstellen, um Ihnen Anregungen und Hinweise für eine eigene Auswahl an die Hand zu geben.

Anbieter vergleichen

Die SAP-Lösung [3]

Kompetenzmanagement ist ein integriertes, dynamisches System der Personalrekrutierung, des Personaleinsatzes und der Personalentwicklung. Auf Basis dieses Grundverständnisses sind bei der Gestaltung eines Kompetenzmanagements die Zielrichtung bzw. die zentralen Anwendungsfälle genauer zu betrachten, die von den Funktionalitäten der SAP-Lösung abgebildet werden.

Zentrale Ablage

Da das Kompetenzmanagement eine integrative Aufgabe innehat, wird es in der SAP-Lösung zentral abgelegt und definiert. In der SAP-Produktphilosophie wird diese Funktionalität in der so genannten Anwendungsbasis bereitgestellt. Diese Anwendungsbasis dient dann allen anderen Prozessen als Grundlage. Somit stehen Änderungen des Kompetenzkataloges sofort in allen anderen Anwendungen wie Personalbeschaffung, Personaleinsatzplanung, Beurteilung etc. zur Verfügung.

Flexibilität

Da sich die Anforderungen sowohl über die Zeit als auch entlang der verschiedenen Prozesse ändern können, ist die Lösung in der Lage, jeder denkbaren Strukturierung des Kunden Rechnung zu tragen. Über eine Baumstruktur und Gruppen (z. B. Managementkompetenzen, Sprachen, etc) von Qualifikationen kann dieser Katalog aufgebaut werden. Auch wenn eine zentrale Ablage Vorteile bietet, kann dies dazu führen, dass Ad-hoc-Qualifikationen nicht direkt erfasst werden können. Hierfür hat SAP vorgesehen, dass in Freitextfeldern für einen bestimmten Bedarfsfall Qualifikationen erfasst werden können. Diese sind dann auch innerhalb der Lösung suchbar.

Globalisierung

In einer immer mehr globalisierten Welt ist es notwendig, Kompetenzen auch über Länder- und somit Sprachgrenzen hinweg vergleichbar zu machen. Alle Einträge des Kompetenzkataloges sind sprachenabhängig und können somit in der Muttersprache des Endanwenders zur Verfügung gestellt werden.

Komplexität

Kompetenzkataloge können sehr schnell umfassend werden. Um diese Komplexität zu verhindern, bietet die Lösung die Option, Ersatzqualifikationen zu definieren. Dies führt dann zu einem Netz von Kompetenzen. Dadurch ist sichergestellt, dass bei Auswertungen auch diejenigen Mitarbeiter

---

[3] Autor: Sven Dormann, Produkt Direktor SAP E-Recruiting.

gefunden werden, welche nicht mit der originären Qualifikation versehen sind. Ferner können für spezielle Anwendungen Sichten auf den Kompetenzkatalog definiert werden, welche die Anzahl der relevanten Einträge reduziert. Exemplarisch sei hier eine spezielle Sicht für Einsatzplanungsanwendungen genannt, innerhalb derer sehr spezielle Qualifikationen gefordert werden, welche für die restliche Organisation nicht relevant sind.

Zeitbezug

Ziel vieler Unternehmen mit der Einführung eines Kompetenzmanagements ist es, die Entwicklung des Wissens und Know-hows der Organisation zu überwachen und zu steuern. Alle Daten des SAP-Kompetenzmanagements werden mit Zeitbezug gespeichert. Dies führt dazu, dass sowohl Vergangenheitsbetrachtungen also auch Auswertungen über den Zeitverlauf möglich sind.

Skalen

Eine zentrale Rolle bei der Entwicklung des zentralen Kataloges ist die Definition von Skalen. Das System erlaubt sowohl die Abbildung von Quantitätsskalen (Punktwerte) als auch Qualitätsskalen. Ferner können pro Qualifikations-Bereich oder -gruppe verschiedenen Skalen angeboten werden. Als Beispiel seien hier die Sprachqualifikationen genannt. Hier ist es üblich, eine Skala mit Muttersprachler, verhandlungssicher, gut in Schrift und Wort etc. zu definieren. Diese Skala ist für andere Kompetenzen sicherlich nicht hilfreich, so dass das System hier die Flexibilität bietet, dies auf Ebene der Gruppen zu definieren.

Beobachtbares Verhalten

Neben einer einfachen Skala ist es möglich, in einem erklärenden Text das zu beobachtende Verhalten zu beschreiben, damit die Selbsteinschätzung oder die Einschätzung der Führungskraft transparenter und vergleichbarer wird.

Reduzierte Datenpflege

Alle Mitarbeiter- und Anforderungsprofile können über Self-Service-Funktionen den Nutzern im Unternehmen zur Verfügung gestellt werden. Durch die zentrale Ablage werden diese Daten nur einmal erfasst und können dann in allen Teilprozessen genutzt werden.

Ad-hoc-Analysen

Ist es im Rahmen von Personalauswahlprozessen notwendig, Bewerber oder Mitarbeiter über spezielle Qualifikationen, welche noch nicht im Katalog vorhanden sind, zu vergleichen, so ist es möglich, über einen flexibel definierbaren Fragebogen diese speziellen Qualifikationen in einem Online-

Szenario zu erfragen. Das Ergebnis ist ein Ranking der Bewerber über die Eignung entlang der Ad-hoc definierbaren Anforderungen.

Profilvergleich

In fast allen Prozessen des Einsatzes oder der Einschätzung eines Mitarbeiters hinsichtlich Eignung, Potenzial, Verfügbarkeit, Wünsche ist gefordert, dass man Mitarbeiterprofile mit einem Anforderungsprofil vergleicht. Dies wird von der Lösung unterstützt. Das Ergebnis kann in grafischer Form aufbereitet werden.

Die efiport-Lösung

Die efiport Skill-Management-Software findet insbesondere im Bankenbereich Anwendung und ist aus den Bedürfnissen des Weiterbildungsmanagements entstanden. Voraussetzung für ein in der Praxis funktionierendes und akzeptiertes Skill-Management-System ist eine sinnvolle Definition der zugrunde liegenden Skills. Hierbei sind je nach Unternehmen unterschiedliche Anforderungen vorhanden. Es werden vornehmlich fachlich-methodische Kompetenzen oder so genannte Soft-Skills oder eine Kombination aus beidem abgebildet.

Wie fein die Abgrenzung der einzelnen Skills untereinander sein muss, kann ebenfalls zwischen unterschiedlichen Unternehmen stark differieren. efiport Skill Manangement ist in der Lage, unterschiedlichste Skill-Kataloge abzubilden. Um das System effizient zu gestalten, ist es dabei sinnvoll, die Skills lediglich in Grob- und Fein-Skills zu unterteilen. Diese Vorgehensweise hat den Vorteil, den eigentlichen Skill-Katalog konsistent und überschaubar zu halten. Um den Nutzern den Zugang zu den Skills zu erleichtern, bietet efiport Skill Management die Möglichkeit, den Skills Themen zuzuordnen, wodurch eine Gliederung für die Skill-Auswahl ermöglicht wird. Personalentwickler können hierdurch über die Themen Stellenprofile zusammenstellen und Mitarbeiter können über diesen Weg ihr eigenes Skill-Profil erstellen. Die thematische Gliederung kann dabei sehr viel feiner sein als die Gliederung der Skills.

Abbildung 5-9

Skill-Selektor im efiport Skill Management

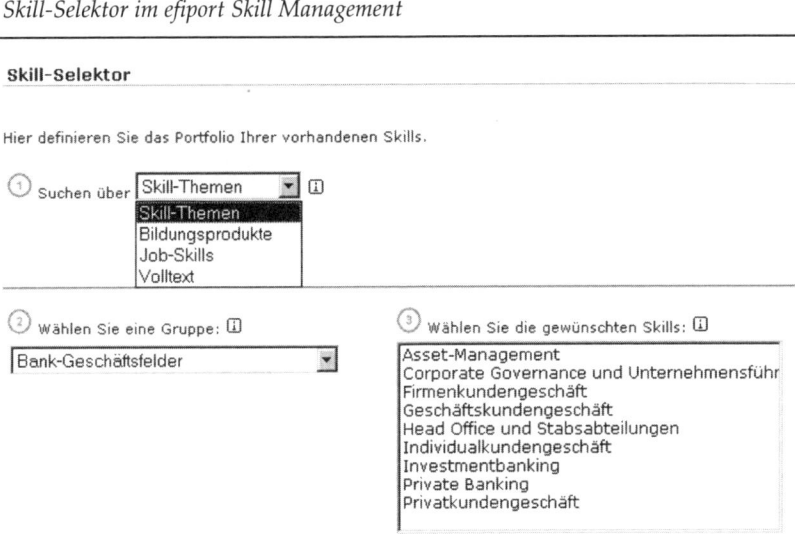

Skill-Selektor

Hier definieren Sie das Portfolio Ihrer vorhandenen Skills.

① Suchen über [Skill-Themen ▾] ⓘ

| Skill-Themen |
| Bildungsprodukte |
| Job-Skills |
| Volltext |

② Wählen Sie eine Gruppe: ⓘ

[Bank-Geschäftsfelder ▾]

③ Wählen Sie die gewünschten Skills: ⓘ

Asset-Management
Corporate Governance und Unternehmensführ
Firmenkundengeschäft
Geschäftskundengeschäft
Head Office und Stabsabteilungen
Individualkundengeschäft
Investmentbanking
Private Banking
Privatkundengeschäft

Ein Skill kann mit beliebig vielen Themen verknüpft werden. So können beispielsweise die gleichen Stammdaten in unterschiedlichen Geschäftsbereichen verschiedenen Themenbäumen zugeordnet werden. Es wäre sogar möglich, dass mehrere Firmen sich auf eine Sammlung von Skills verständigen und diese im Intranet unter einem firmenspezifischen Themenbaum zugänglich machen. Dadurch, dass aber die gleichen Skills zugrunde liegen, sind Verknüpfungen zu einem gemeinsamen externen Anbieter, wie einem Bildungsanbieter oder einer Jobbörse, möglich.

Um ein Skill-Profil zu erstellen, müssen die einzelnen Skills mit einer Ausprägung belegt werden. Mit efiport Skill Management kann hierfür unternehmensindividuell eine gewünschte Taxonomie für das Gesamtsystem gewählt werden, die geeignet ist, die Wertigkeit eines Skills für die Speicherung des Profils ordinal zu skalieren. In der Praxis hat sich eine aussagekräftige nominale Skalierung wie z. B. Anfänger, Anwender, Fortgeschrittener, Professional und Experte bewährt, wobei diese Ausprägungen einmalig in einer Taxonomie definiert werden sollten. Das Ist-Profil eines Mitarbeiters kann dabei durch

▪ Selbsteinschätzung,

▪ Tests und/oder

▪ Konsensgespräche mit dem Vorgesetzten

ermittelt werden und wird gleichzeitig elektronisch erfasst.

Abbildung 5-10
| *Abbildung von Themenbäumen im efiport Skill Management* |

Soll-Profile wie z. B. Stellenprofile werden vom Personalentwickler oder Fachverantwortlichen zusammengestellt. Um später eine automatisierte Bildungsberatung durchführen zu können, werden die Bildungsmaßnahmen ebenfalls im System erfasst. Für jede Maßnahme wird angegeben, welche Skills mit der Maßnahme in welcher Ausprägung erreicht werden. Ebenso kann angegeben werden, wenn ein bestimmtes Skill-Niveau Voraussetzung für die Teilnahme an einer Maßnahme ist.

Im konkreten Profil können zusätzlich die Angaben gespeichert werden, wann der Skill zuletzt in der Praxis zur Anwendung gekommen ist und wie lange er praktisch angewendet wurde. Diese Angaben können sowohl im Ist-Profil des Mitarbeiters als auch im Sollprofil ergänzt werden. So kann ein Stellenprofil Auskunft darüber geben, wie viele Monate oder Jahre Berufs-praxis für einen bestimmten Skill vorausgesetzt werden. Weiterhin können im Ist-Profil des Mitarbeiters Belege, wie Zeugnisse, Zertifikate, Bescheini-gungen oder Testergebnisse, für einen Skill hinterlegt werden.

Um einem Mitarbeiter geeignete Bildungsprodukte anzubieten, ermittelt eine Gap-Analyse durch Abgleich von tatsächlichem Ist- und angestrebtem Soll-Profil des Mitarbeiters automatisch Kompetenzlücken und bietet Bil-dungsprodukte an, die zur Schließung der Lücken geeignet sind. Hierdurch erhält der Mitarbeiter individuell auf ihn abgestimmte Vorschläge von Bildungswegen und -empfehlungen, die er ohne zeitaufwändige Bildungsberatung selbständig ermitteln kann. Durch die technologische Unterstützung wird die Komplexität der Bildungsauswahl für den Einzelnen reduziert, da Bildungsprodukte nicht manuell aus einem Gesamtkatalog ausgewählt werden müssen, sondern nur solche vorgeschlagen werden, die die identifizierten Kompetenzlücken schließen können. Somit entsteht mehr Transparenz- und Qualifizierungsmaßnahmen können gezielt durch den Mitarbeiter ausgewählt werden.

Beispiel einer Kompetenz-Gap-Analyse im efiport Skill Management **Abbildung 5-11**

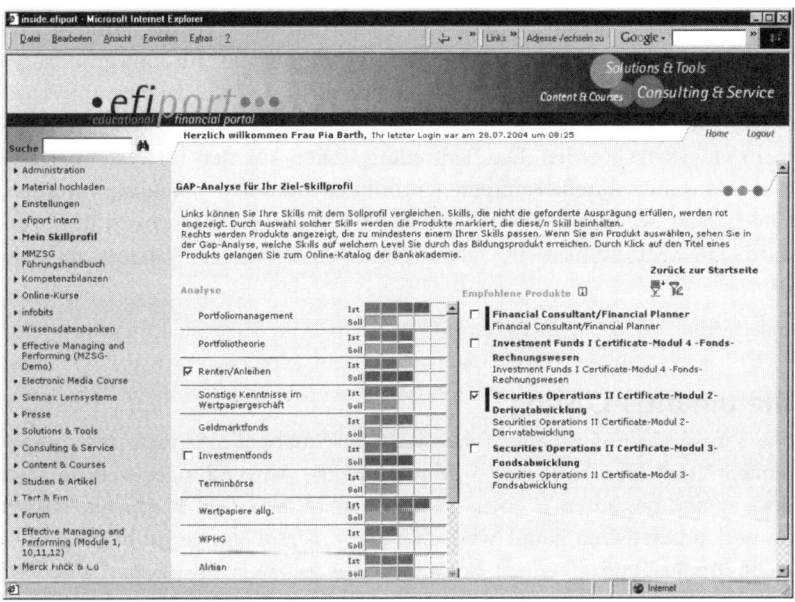

Aber nicht nur die Mitarbeiter können die Bildungsprodukte zielgerichtet auswählen, sondern die Maßnahmen können auch gezielt geplant werden. Aggregiert auf Funktions-, Abteilungs-, Divisions- oder Unternehmensebene können die Skill-Profile eingesehen werden und mit zukünftigen Anforderungen abgeglichen werden. Hierdurch können Kompetenzlücken identifiziert und entsprechende Maßnahmen zur Schließung konzipiert und/oder angeboten werden. Neben der bedarfsgerechten Planung von Weiterbildungsmaßnahmen lassen sich auf Basis der in efiport Skill Management vorhandenen Kompetenzprofile bei der Planung eines Projektes gezielt geeignete Projektteams zusammenstellen. Dies ermöglicht einen optimalen Einsatz der Mitarbeiter. Über die Kompetenzprofile können darüber hinaus Kompetenzträger im Unternehmen vernetzt werden. Wird spezielles Know-how gesucht, ist es über die Kompetenzprofile schnell und unkompliziert möglich, die entsprechenden Kompetenzträger im Unternehmen zu identifizieren und anzusprechen.

Da efiport Skill Management im Application Service Providing (ASP) online weltweit ohne zusätzliche Software verfügbar ist, sind die Möglichkeiten zum weiteren Einsatz vielfältig. Das System könnte ebenso bei der externen Besetzung von Vakanzen genutzt werden, wenn die unternehmenseigene Jobbörse mit dem System vernetzt ist. Bewerber können ihr Ist-Profil hinterlegen und über die Soll-Profile der Stellen für sie geeignete Stellenanzeigen selektieren. Eine Vorselektion der Bewerber über einen Online-Test, der für die Stelle relevante Skills prüft, wäre ebenso möglich wie die automatische Generierung eines Skill-gestützen Interviewleitfadens für Bewerbungsgespräche zur Unterstützung des Personalbereichs und der Fachverantwortlichen. Auch im Bereich Mitarbeiterburteilung könnte efiport Skill Management eingesetzt werden. Die Beurteilungsdaten könnten im System erfasst und in das individuelle Kompetenzprofil des Mitarbeiters integriert werden. Gleichzeitig erfüllt das System grundsätzlich die Anforderungen des Standards HR-XML, so dass ein Datenaustausch mit anderen Systemen möglich ist.

Die umantis-Lösung [4]

Fokus auf kompetenzbasiertem HR-Management

Die Softwarelösung umantis fokussiert konsequent alle Aspekte des kompetenzbasierten Human Resource Managements. Anwendungen von umantis decken den gesamten „Lebenszyklus" von Mitarbeitern kompetenzbasiert ab und unterstützen somit wertschöpfende Personalprozesse an der Basis einer Organisation.

Kein zusätzlicher Aufwand

Dieses Verständnis führt zu einer Orientierung am Nutzen der Vorgesetzten und der Mitarbeiter als Endanwender. Das Kompetenzmanagement ist mehr oder weniger „nebenbei" in die Führungsarbeit eingebunden. So ist mit Hilfe der Software die Definition von Stellenanforderungen für einen Linienvorgesetzten einfacher und schneller zu erstellen. Ebenso erfolgt die Auswahl von geeigneten Kandidaten effizienter, die Laufbahnplanung für Mitarbeiter kann systematischer vorgenommen werden, die Ausbildungsplanung und Erfolgskontrolle geht zielgerichteter vor sich, die Beurteilung von Mitarbeitern sowie die Vereinbarung von Entwicklungszielen ist über-

---

[4] Autor: Hermann Arnold, Geschäftsführer BrainsToVentures-AG | umantis (www.umantis.com, hermann.arnold@umantis.com).

schaubarer. Ein Expertennetzwerk liefert für den Mitarbeiter tatsächlich den benötigten Experten und macht auch das Know-how ehemaliger Mitarbeiter einfacher zugänglich.

Informationen eines Mitarbeiters in der umantis Software

Abbildung 5-12

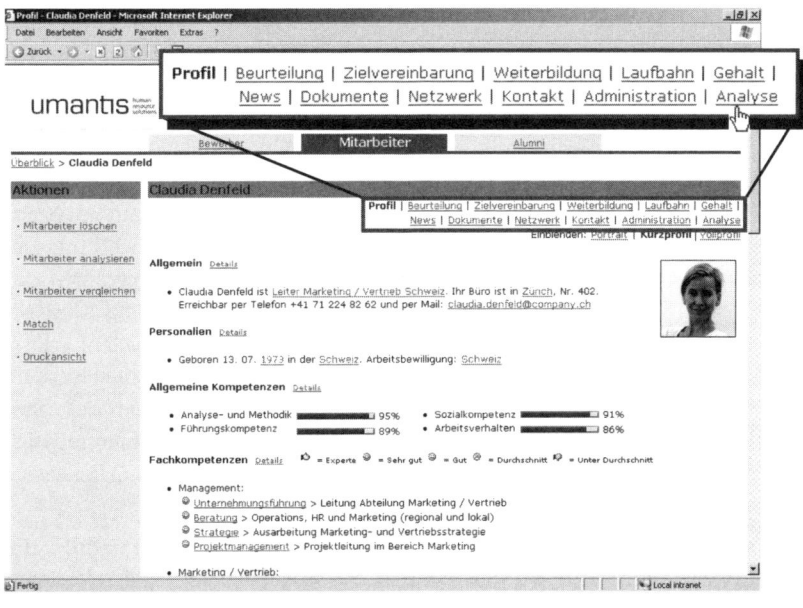

Die Endanwender verwenden die Software nicht täglich, sondern lediglich anlassbezogen. Aus diesem Grund ist wichtigstes Ziel von umantis, die Benutzung so einfach wie das Surfen im Internet zu gestalten. Um diesem Anspruch gerecht zu werden, orientiert sich umantis an den Erkenntnissen erfolgreicher Internetanwendungen wie Google, Yahoo oder eBay. Die Einfachheit der Bedienung entsteht durch eine bewusste Reduktion des möglichen Funktionsumfanges auf das notwendige Minimum und durch Beachtung der Richtlinien des „Usability-Guru" Jacob Nielsen[5]. Prozesse sind entsprechend der Natur des Personalmanagements möglichst offen und flexibel gestaltet. Der Benutzer entscheidet darüber, auf welche Art die Software seine Arbeit unterstützen soll und nicht umgekehrt.

Einfache Bedienung

---

[5] www.useit.com.

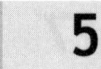

| Abbildung 5-13 | *Soll-Ist-Vergleich für Stellenbesetzung und Bildungsbedarfsanalyse mit umantis* |

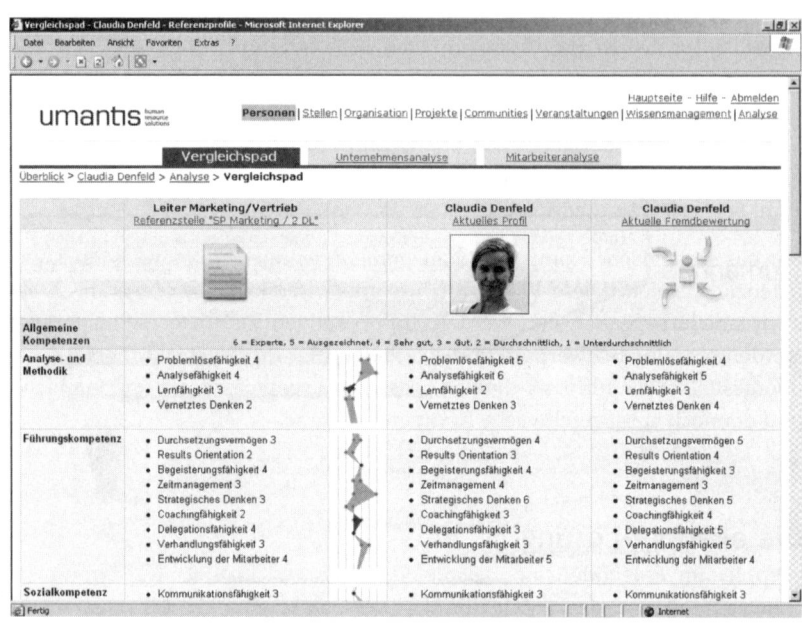

Je integrierter,
desto wirksamer

Ein weiteres wichtiges Merkmal ist Integriertheit der Lösungsmodule, die schrittweise eingeführt werden können. So sind einerseits alle relevanten Informationen über Mitarbeiter auf einen Blick verfügbar und nicht in verschiedenen Systemen verstreut. Andererseits wird umantis auch unkompliziert an bestehende Stammdatensysteme wie beispielsweise SAP HR angebunden. Dies erhöht nicht nur den Komfort, sondern ermöglicht erst ein wirksames und zielgerichtetes Kompetenzmanagement. So können beispielsweise im Rahmen der Zielvereinbarung Entwicklungsziele definiert werden, weil Kompetenzlücken durch den Vergleich des Stellenprofils mit dem Mitarbeiterprofil strukturiert dargestellt werden.

Zur Unterstützung der Kompetenzentwicklung können entsprechende Kurse im System gebucht werden. Das Kompetenzmodell von umantis wird jeweils flexibel auf die unternehmensspezifischen Anforderungen abgestimmt. In der Regel beinhaltet es fachübergreifende Kompetenzen (Kernkompetenzen, allgemeine Kompetenzen) und fachspezifische Kompetenzen. Fachübergreifende Kompetenzen sind meist klar definiert und können mit Hilfe von Verhaltensankern (behavioural anchors) objektiviert werden. Für fachspezifische Kompetenzen hat umantis ein eigenes System entwickelt. Es erlaubt eine genügend genaue Strukturierung und kann dennoch die große

Anzahl sich schnell entwickelnder Fachkompetenzen abbilden. Dazu wird jede konkrete Fachkompetenz durch den Benutzer in eine Kompetenzkategorie eingeteilt und durch ein Freitextfeld näher beschrieben. Beispielsweise lautet die kategorische Fachkompetenz „Textverarbeitung". Die genaue Ausprägung, ob Produktname, Versionsnummer oder detaillierte Fähigkeiten wie Serienbrief, Vorlagen oder Makro-Programmierung, wird in einem Freitextfeld erfasst. Mitarbeiter können auf diese Weise in umantis sogar Kompetenzen erfassen, die bei der Definition des Kompetenzrasters gar nicht berücksichtigt wurden.

Für das strategische Kompetenzmanagement genügen standardisierte Kompetenzkategorien. Diese können in umantis interaktiv sowohl grafisch als auch tabellarisch analysiert werden. Im operativen Kompetenzmanagement werden einzelne Schwerpunkte des Soll- und Ist-Profils strukturiert gegenübergestellt. Dies führt zu deutlich besseren Ergebnissen als umfangreiche und dennoch aussageschwache Kompetenzbäume.

Die ePeople-Lösung [6]

ePeople, im Folgenden am Beispiel der DaimlerChrysler AG dargestellt, bietet eine integrierte Lösung für den Personalbereich an, der angefangen von der Personalanwerbung über den Personaleinsatz und die Personalabrechnung, wie auch die Verwaltung der Kompetenzen der Mitarbeiter das komplette Spektrum der Personalwirtschaft in einem Unternehmen abdeckt.

Durch das System ist es möglich, alle Aktivitäten eines Mitarbeiters während seiner Zugehörigkeit im Unternehmen in einem Mitarbeiter-Lebenszyklus abzubilden. Man schafft sich über diesen Weg einen digitalen – nicht transparenten – Mitarbeiter in allen seinen Phasen der Unternehmenszugehörigkeit. Dieser Prozess beginnt direkt bei der Bewerbung, die bereits elektronisch erfolgt. Er endet erst mit dem Austritt des Mitarbeiters, der ebenfalls durch das System unterstützt wird. Der Nutzen des Systems liegt vor allem in der mit dem Begriff „Self-Service" bezeichneten Idee. Der Self-Service bietet dem Mitarbeiter Zugang zu seinen persönlichen Daten. Er kann hier selbständig Informationen abrufen und Bescheinigungen erstellen. Ferner gibt es für Führungskräfte den so genannten „Manager-Self-Service", der die Vorgesetzten durch Funktionalitäten im Führungsprozess unterstützt, wie z. B. online Prozesse anstoßen, mit dem Personalberater interagieren und Reports aufrufen.

---

[6] Autor: Ernst Biesalski, DaimlerChrysler AG, Werk Wörth.

Abbildung 5-14 | *Lebenszyklus eines Mitarbeiters im Kompetenzmanagement bei DaimlerChrysler*

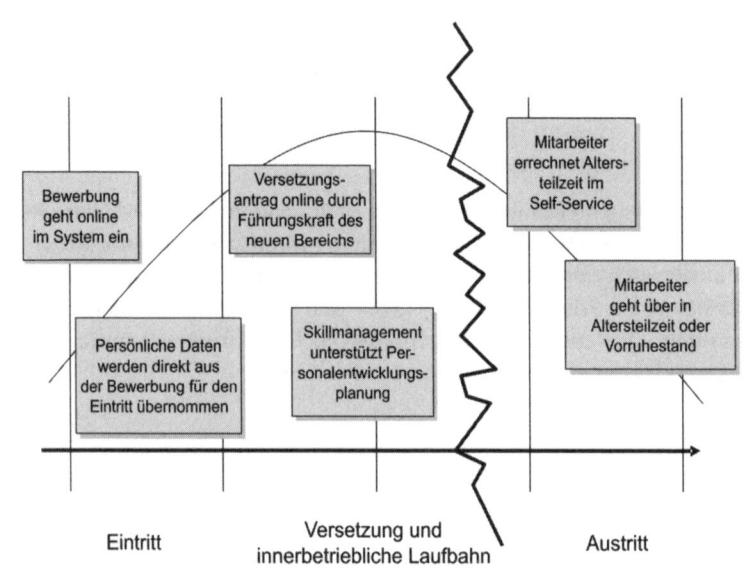

Wie aus der Abbildung 5-14 ersichtlich bildet das Kompetenzmanagement einen wesentlichen Bestandteil des Unternehmens-Lebenszyklus eines Mitarbeiters. Das Kompetenzmanagement ist dabei aus zwei unterschiedlichen Perspektiven zu betrachten. Einerseits bietet es den Mitarbeitern die Möglichkeit, ihre Sprachkenntnisse, Kompetenzen und Zeugnisse online zu dokumentieren und sich und ihre Kenntnisse und Qualifikationen damit transparent zu machen. Die andere Sichtweise ist die der Führungskraft, die das Kompetenzmanagement benutzt, um sich einen Überblick über die Kompetenzen der Mitarbeiter zu verschaffen. Diese Informationen geben einen Überblick über die Zusammensetzung und den aktuellen Bildungsstand der Mitarbeiter einer Führungskraft, aus dem sich dann z. B. Qualifikationsempfehlungen für Mitarbeiter ableiten lassen. Ein weiterer Nutzenaspekt für Führungskräfte ist die Möglichkeit, gezielt nach mit entsprechenden Fähigkeiten ausgestatteten Mitarbeitern unternehmensweit zu suchen und diese unter Umständen dann auch zu rekrutieren.

Ein weiteres entscheidendes Kriterium ist die stärkere Einbindung der Mitarbeiter und Führungskräfte bei der Bearbeitung von Prozessen des Personalmanagements. Dies bedeutet für die Mitarbeiter, dass sie ihre Daten eigenverantwortlich aktualisieren können. Weiterhin können Bescheinigungen, wie beispielsweise Arbeitsbescheinigungen, erstellt und ausgedruckt werden. Für die Führungskräfte bedeutet die Umstellung einen vereinfachten Zugriff durch Online-Führungsprozesse und den direkten Zugriff auf die relevanten Daten ihrer Mitarbeiter. Für die Mitarbeiter bedeutet die Einführung einen vereinfachten Zugriff auf die eigenen Daten.

Um spezielle – teilweise auch gesetzliche – Anforderungen der Daimler-Chrysler AG an ein Softwaresystem zur Verwaltung von Mitarbeiterdaten zu erfüllen, wurden nicht im Standardumfang von ePeople enthaltene Module selbst entwickelt: eine Mitarbeiterbörse, in der sich Mitarbeiter intern initiativ bewerben können, ein Modul Bewerbermanagement für interne wie externe Bewerber und ein Modul zur Verwaltung der Kompetenzen von Mitarbeitern. Die Module sind integriert, d. h., Daten, die in einer Anwendung eingegeben wurden, können von anderen Anwendungen genutzt werden. So ist es z. B. nur einmal nötig, seine Kompetenzen einzugeben, die dann von allen Modulen genutzt werden.

Ein weiteres wichtiges Kriterium war die Einführung einer Softwarelösung, die folgende drei Grundanforderungen der DaimlerChrysler AG für den Personalbereich weitgehend abdeckt:

- Die erste Säule – das integrierte Kompetenzmanagement – betrachtet vorrangig die individuellen Entwicklungsziele und Interessen der Mitarbeiter. Durch die Bedeutung des lebenslangen Lernens und die zunehmende Knappheit der Humanressourcen, unter anderem durch geburtenschwache Jahrgänge, hat sich dieses Themengebiet heute zu einem harten Kriterium strategischer Wettbewerbsfähigkeit entwickelt. Ein weiteres Kriterium für die Anwendung des Kompetenzmanagements ist der Einsatz des Mitarbeiters auf einer Stelle, die seinen Qualifikationen entspricht. Damit wird eine stärkere Mitarbeiterbindung erreicht.

- Die zweite Säule – Transparenz über die aktiven und passiven Kompetenzen der Mitarbeiter zu gewinnen – bildet den Ausgangspunkt für das Kompetenzmanagement.

- Die dritte Säule wird durch die Nachweispflichten für Qualifikationen begründet, die sich in der Regel aus Sicherheitsbestimmungen und gesetzlichen Auflagen ergeben. Für die Personalbereiche ergibt sich aus diesen Nachweispflichten ein umfangreicher Verwaltungsaufwand, sowohl bei der Steuerung des erforderlichen Bildungsangebots als auch bei der Verwaltung der Nachweise, z. B. für den Fall der Prüfung durch die Aufsichtsbehörden. Diesen Bereich der Nachweispflichten deckt ePeople bereits von seiner Grundfunktionalität ab.

Die Personalverwaltung von ePeople bildet die Basis des HRM-Systems. Alle relevanten Daten der Mitarbeiter werden in diesem System erfasst, dazu zählen z. B. die Stammdaten, die Kommunikationsdaten bis hin zu den Vergütungsdaten. Die Pflege der Stammdaten erfolgt nur noch an einer zentralen Stelle im System. Alle Daten unterliegen einer Historienführung, so dass sich der gesamte Werdegang eines Mitarbeiters nachvollziehen lässt. Die Historienführung ist weiter unterteilt in speziellere Sichten wie z. B. Tätigkeitshistorie oder Einkommenshistorie. Die Abbildung 5-15 vermittelt einen Überblick über die Prozesse im Personalbereich der DaimlerChrysler AG.

Mit der Personalbeschaffung von ePeople ist es nun möglich, die einzelnen Schritte der Bewerberabwicklung zu verfolgen, zu analysieren und bis zur Einstellung effektiv zu gestalten. Dabei ist der gesamte Prozess der Beschaffung, beginnend mit der Ausschreibungsanforderung und abschließend mit der Einbindung des Betriebsrates in ePeople abgebildet. Die Führungskraft kann systemgestützt die so genannte Ausschreibungsanforderung einleiten. Damit wird der Wille bekundet, eine genehmigte Stelle zu besetzen. Wird aus der Ausschreibungsanforderung eine Ausschreibung, so kann der Personalberater über ePeople sowohl im Internet (extern) als auch im Intranet (intern) die Stelle ausschreiben und Ausschreibungstexte an Agenturen senden. Intern im Konzern wird es mit ePeople nur noch eine überregionale Ausschreibung für Angestellte und Arbeiter online im Intranet geben. Dabei gilt die Regel: Alle Ausschreibungen, die extern im Internet veröffentlicht werden, erscheinen automatisch auch im Intranet, um für interne Bewerber die Chancengleichheit zu wahren. Sukzessive ist eine Entwicklung hin zu reinen Online-Bewerbungen geplant. Das System bietet eine Matching-Funktion an, mit der eine Zuordnung von geeigneten Bewerbern auf vorhandene freie Stellen erfolgen kann. Initiativbewerbungen liegen für alle Personal- und Fachbereiche überregional vor. Die klassischen Aufgaben des Bewerbermanagements wie die Verwaltung der Bewerberkorrespondenz und die Zeit- und Ressourcenplanung für Bewerbergespräche werden von ePeople standardmäßig geboten.

Teilbereiche eines kompetenzbasierten Personalmanagements bei DaimlerChrysler

Abbildung 5-15

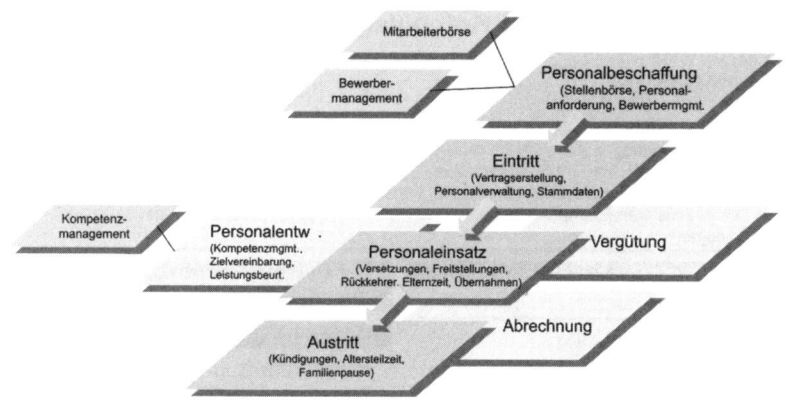

Die bedeutendste Neuerung bei der Personalbeschaffung ist die durchgängige Abbildung des Prozesses von der Ausschreibungsanforderung bis zur Einstellungsentscheidung. Eine weitere Neuerung ist der einheitliche Auftritt bei Ausschreibungen.

Ein weiteres entscheidend wichtiges Führungsinstrument in Unternehmen ist die Laufbahn- und Nachfolgeplanung. Ein häufig auftretendes Problem bei der Unternehmensorganisation liegt darin, den richtigen Mitarbeiter zum richtigen Zeitpunkt auf die richtige Stelle zu versetzen. Dazu muss man feststellen, welche Mitarbeiter geeignet sein könnten und herausfinden, wo es an Führungskräften und Talenten im Unternehmen mangelt. Sind diese Daten sorgfältig im Personalsystem gepflegt, lassen sich Personalengpässe voraussehen und alternative Laufbahnpläne für einzelne Mitarbeiter entwickeln, die sich für eine verantwortungsvolle Position eignen. Für diese gerade geschilderten Problemstellungen bietet das Kompetenzmanagement von ePeople die Erfassung und Verwaltung der Qualifikationen und Kompetenzen der Mitarbeiter oder Bewerber an. Die Kompetenzen werden in einem so genannten „Kompetenzbaum" abgebildet, in dem die einzelnen Qualifikationen abgebildet sind und mit einer Ausprägung gewichtet werden können. Das Kompetenzmodell von ePeople ist somit als stark strukturiert zu bezeichnen. Die Abbildung 5-16 zeigt exemplarisch den Kompetenzbaum.

Abbildung 5-16 | *Beispiel für einen Kompetenzbaum eines Mitarbeiters bei DaimlerChrysler*

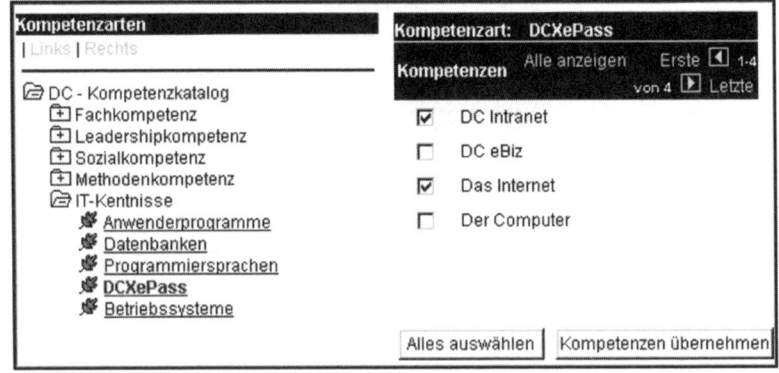

Eigenbewertung Ihrer Kompetenzen

Johannes Schwarz

Anweisungen: Wählen Sie die Art der Kompetenz im Baum auf der linken Seite aus. Danach werden die zugehörigen Kompetenzen auf der rechten Seite angezeigt. Klicken Sie auf das Kontrollkästchen bei der Einzelkompetenz, die Sie hinzufügen möchten. Nachdem Sie alle Einzelkompetenzen für die verschiedenen Kompetenzarten ausgewählt haben, klicken Sie auf die Schaltfläche 'Kompetenzen übernehmen', um diese Kompetenzen zu Ihrer Eigenbewertung hinzuzufügen.

Um Kompetenzmanagement-Systeme im Sinne eines von allen Beteiligten getragenen Führungsinstruments zu nutzen, sind die folgenden Voraussetzungen als grundlegend anzusehen, die auch bei der DaimlerChrysler AG als Eckpunkte bei der Einführung eine Rolle gespielt haben:

- Ein Kompetenzmanagement-System ist ein lebendes System, das vielfältige Möglichkeiten zur Interaktion zwischen System und Beteiligten aufweisen sollte. Diese Interaktivität ist Voraussetzung für die Abbildungstreue des Systems – im Sinne einer „Echtheit der Informationen". Dies ist nicht nur ein wichtiges Qualitätsmerkmal, sondern bildet auch eine wesentliche Grundlage für die Akzeptanz des Systems durch die Beteiligten. Bei der DaimlerChrysler AG ist der Mitarbeiter selbst für die Echtheit seiner Angaben verantwortlich. Eine Überprüfung ist nicht vorgesehen.

- Die Integration einer Steuerungsfunktion, d. h. Zielsetzung, Planung, Steuerung sowie das Einleiten von Optimierungsprozessen sind die Grundlage für die Nutzung des Skill-Management-Systems als Führungsinstrument. Diese Funktionalität setzt im Bereich der Qualifikationsentwicklung die Möglichkeit zur Abbildung von Zielen, Planung und Kontrolle von Zielerreichung und Budget voraus.

- Granularität: Hierunter wird die Möglichkeit verstanden, auf den unterschiedlichen Ebenen eines Unternehmens diese Steuerungsfunktionen entsprechend den jeweiligen Anforderungen zur Verfügung zu stellen.

- Berücksichtigung der unterschiedlichen Interessen aller Beteiligten: Skill-Management-Systeme berühren die Interessen aller in einem Unternehmen beschäftigten Personen: Mitarbeiter, Mitarbeitervertretung, Personalmanagement und die unterschiedlichen Führungsebenen. Wesentlich ist es, diese Interessen in allen Phasen zu berücksichtigen – bei der Konzeption, Einführung und beim Einsatz des Systems, da ein erfolgreicher Einsatz Akzeptanz, Beachtung der Mitbestimmungsrechte, Mitwirkung bei der Gestaltung sowie erkennbaren Nutzen und Aktionspotenziale für alle Beteiligten voraussetzt.

Die Einführung von ePeople schafft viele der oben skizzierten Erleichterungen – macht aber auch Lust auf neue Ideen. Konkret geht es um den Einsatz von Ontologien zur Abbildung von Kompetenzkatalogen und Profilen verschiedener Ausprägung: z. B. Stellenanforderungsprofile, Mitarbeiterkompetenzprofile etc. Der Einsatz von Ontologien bietet sich an, da Kompetenzkataloge mit ihrer taxonomischen Struktur sich hervorragend abbilden lassen. Weiter bieten Ontologien die Möglichkeit, Altsysteme semantisch zu integrieren und weiter lassen sich sehr elegant Ähnlichkeitsmaße für den Profilvergleich berechnen. Prototypische Lösungen zu dieser Vorgehensweise der Abbildung von Kompetenzkatalogen werden momentan getestet.

5.8 Kompetenzmanagement verankern

Kopplungspunkte in der Organisation

Methoden und Werkzeuge müssen an einzelne *Subsysteme* der Organisation gekoppelt werden, damit ein Kompetenzmanagement im Unternehmen wertschöpfend wirken kann. Die Ergebnisse einer Befragung von Experten aus dem Bereich Kompetenzmanagement geben Aufschluss, welche Kopplungspunkte mit Geschäftsprozessen in der Unternehmenspraxis als relevant erachtet werden.

Verbindung der Subsysteme

Tabelle 5-17	*Die Top-10 der Kopplungspunkte eines Kompetenzmanagements*

■ Personalmanagement-Prozesse (Anreiz- und Entlohnungssysteme, Personalplanung, Personalbeurteilung, Nachfolge- und Stellenbesetzung, Qualifizierungsplanung etc.)

■ Kompetenzbasierte Gestaltung von Prozessketten (Produktionsprozesse, Geschäftsprozesse etc.)

■ Strategieplanung (Planung der Geschäftsfelder, Ableitung Personalmanagement-Strategie etc.)

■ Kompetenzbasiertes Projektmanagement (Projektteam-Zusammenstellung, Teamvernetzung etc.)

■ Kompetenzfördernde Lernprozesse (Action Learning, Lessons Learned, Promotoren etc.)

■ Elektronische Vernetzungsprozesse (Wissensmarktplatz, Intranet, Dokumentationen, Qualifikationsmatrix etc.)

■ Kopplung mit Qualitätsmanagement-Prozessen

■ Kopplung mit Controlling-Prozessen

■ Kopplung mit Produktentwicklungs-Prozessen

■ Kopplung mit Innovations- und Wissensmanagement

Quelle: Reinhardt 2004

Spezifika der Kopplungspunkte

Laut der Studie des Fraunhofer Instituts IFF [vgl. Reinhardt 2004] nehmen die Bereiche Personalmanagement (24 Prozent), kompetenzbasierte Analyse, Design und Steuerung von Geschäftsprozessen (19 Prozent), die Ausgestaltung organisatorischer Prozesse (13 Prozent), das Projektmanagement (12 Prozent) sowie die Kopplung an Strategieprozesse (10 Prozent) und Kommunikations-Prozesse (10 Prozent) Spitzenpositionen bei den Kopplungspunkten in der Praxis ein. An diesen Aussagen ist zu erkennen, dass eine unternehmensweite Ausgestaltung eines Kompetenzmanagements eine komplexe Herangehensweise erfordert. Die Spezifika der wichtigsten Kopplungspunkte werden im Nachfolgenden erläutert.

Kopplungspunkt Personalmanagement

Synchronisation von Mitarbeiter- und Unternehmenskompetenz

Das zentrale Ziel einer Kopplung des Kompetenzmanagements mit Prozessen im Personalmanagement ist die *Synchronisation von Mitarbeiter- und Unternehmenskompetenzen*. Dabei geht es vor allem um Personalentwicklungsprozesse bzw. -maßnahmen (Mitarbeitergespräche, Stellenbesetzung, Nachfolge- und Karriereplanung etc.) mit strategischem Impetus. Kompetenzmanagement verknüpft strategische Ziele direkt mit der Kompetenzsteuerung im Personalmanagement.

Vorhandene Personalmanagement-Aktivitäten müssen grundlegend von einer Verwaltungs- zu einer Service-und-Consulting-Einheit umgebaut werden. Reine Verwaltungsakte von Kompetenzen werden dem Unternehmen keine langfristige Verbesserung bringen.

Einbindung in Personalprozesse

Interne und externe Neu- oder Umbesetzung von Mitarbeitern wird kompetenzbasiert vorgenommen. Mitarbeiter und Vorgesetzter bekommen die Möglichkeit, in zeitlichen Abständen die Planung der Karriere anhand fähigkeitsbezogener Kriterien vorzunehmen. Auch in wissenschaftlichen Einrichtungen mangelt immer noch an einer kompetenzbasierten Personalplanung, die oftmals starr nach vorgegebenen Karrieremustern stattfindet.

Neu- oder Umbesetzung

Nachfolgeplanung als auch eine Projektbesetzung können aufgrund von Kompetenz-Gap-Analysen durchgeführt und auf andere Bereiche des Unternehmens ausgeweitet werden. Z. B. können in Stellenbeschreibungen die erforderlichen Kompetenzen explizit durch die Nutzung von Visualisierungstechniken wie dem Kompetenzrad dargestellt werden (Soll-Profile), um eine bessere Trefferquote zu erzielen. Weiterhin können generell Kompetenzprofile für eine interne Suche nach Nachfolgern o.Ä. eingesetzt werden.

Kompetenz-Gap-Analysen

Bei regelmäßiger Evaluation durch Einsatz entsprechender Methoden, wie Mitarbeitergespräche, Zielvereinbarungen oder anderweitige Feedbacksysteme, kann der Mitarbeiter beurteilt und dabei seine persönlichen und die unternehmensrelevanten Ziele berücksichtigt werden. Auch überfachliche Kompetenzen (jobunabhängige Kompetenzkriterien) sollten in die Beurteilung neben fachlichen Kompetenzen einfließen. Zu beachten ist, dass die Kompetenzinformationen schnell veralten, d. h. eine regelmäßige Aktualisierung erforderlich ist.

Personalbeurteilung und -entwicklung

Das Kompetenzmanagement muss in der Entlohnungspolitik des Unternehmens eingebunden werden. Es müssen Systeme und Möglichkeiten gefunden werden, die den einzelnen Mitarbeiter anhand der Kompetenz, die er für das Unternehmen einsetzt, entsprechend vergüten (z. B. Competency Growth Concept). Ändern sich die Anforderungen an das Unternehmen, müssen die Entlohnungs- und Anreizsysteme und das damit verbundene Führungsverhalten sich ändern.

Anreiz- und Entlohnungs-Systeme

Die normale Qualifizierungsplanung sollte von einer kompetenzbasierten Qualifizierungs- und Weiterbildungsplanung abgelöst werden. Dabei geht es vor allem um eine Reduktion der Kosten in diesem Feld, da es immer noch gang und gäbe ist, Qualifikation und Weiterbildung als eine Art Zufallsprinzip oder Gießkannenprinzip zu betreiben. Kompetenzmanagement muss als Maßnahme in die Qualifizierungsplanung Einzug halten und mit allen anderen Personalmanagement-Prozessen gekoppelt werden. Nur so kann die erforderliche Qualifikation für Abwicklung der Geschäftsprozesse bei den Mitarbeitern sichergestellt werden.

Bildungs- und Qualifizierungsplanung

Abbildung 5-18	Kompetenzaufbau und Wissenstransfer

Kompetenzaufbau und Wissenstransfer im Beurteilungssystem verankern

Was haben Sie im letzten Jahr getan ...
- um Ihre **eigene Kompetenz** zu steigern?
- um die **Kompetenz Ihrer Mitarbeiter** zu steigern?
- um Ihr **Wissen an Kollegen weiterzugeben** bzw. Im Informationssystem zu verankern?
- um zur **Entwicklung neuer Produkte** beizutragen?

Zielvereinbarung ➡ Beurteilung ➡ Zielvereinbarung

Kopplungspunkt Prozessmanagement

Steuerung und Gestaltung der Prozessketten

Eine Reihe von Unternehmen nähert sich dem Kompetenzmanagement über den in der Qualitätszertifizierung geforderten Nachweis der Prozessfähigkeit. Die so genannten Qualifikationsmatrizen bilden eine Grundlage für eine kompetenzbasierte Steuerung und Gestaltung der Prozessketten. Fragen sind zu beantworten, welche Kompetenzen in Prozessen Anwendung finden und wie sich eine Änderung der eingesetzten Kompetenzen auf den Output der Prozesse auswirkt. Gerade bei der Neugestaltung einzelner Workflows und der Verbindung einzelner Prozesse zu komplexen Prozessketten sollten Kriterien eines Kompetenzmanagements unbedingt einfließen.

Einsatz von Entwicklungs-landkarten

Operativ kann dies z. B. über die Methode der Entwicklungslandkarte realisiert werden, durch die eine Verbindung zwischen Verantwortungsbereichen des Einzelnen mit den dafür benötigten Kompetenzen und dem Geschäftsprozess bzw. der -strategie hergestellt wird. Anforderungen an erfolgskritische Geschäftsprozesse werden damit sichtbar und transparent. Mit einer Entwicklungsstrategie können z. B. für alle existierenden Positionen die Kernprozesse und Kernaufgaben in Abhängigkeit ihrer Kompetenzen erfasst und ausgearbeitet werden. Somit gelingt es, die hinter den Geschäftsprozessen liegenden Kompetenzanforderungen auf Individualebene abzubilden. Durch die Operationalisierung auf Ebene von Kompetenzprofilen kann z. B. konkret geprüft werden, welche fachlichen Fähigkeiten und

Fertigkeiten bei der Ausführung eines bestimmten Geschäftsprozesses erforderlich sind.

Die Struktur eines Kompetenzprofils sollte deshalb im Bereich der Fachkompetenz nach Prozessschritten gegliedert werden. Ein Soll-Ist-Vergleich und damit ein entsprechendes Controlling und eine Erfolgsmessung sind dabei integriert. Ein semi-automatischer Abgleich der Anforderungen mit den tatsächlich vorhandene Kompetenzen kann über technische Lösungen bewerkstelligt werden. Insbesondere die zukünftigen Herausforderungen des Unternehmens und die damit verbundenen Veränderungen in den einzelnen Prozessen werden dadurch besser steuer- und regulierbar. Die Aufgabe des Managements wird in dieser Wechselbeziehung deutlich: Die Führungskräfte sind verantwortlich dafür, eine Balance zwischen Geschäftsabläufen und den verfügbaren Mitarbeitern herzustellen bzw. Lücken schnellstmöglich zu schließen.

Prozessorientierte Struktur der Kompetenzprofile

Kurzdiagnose: Haben Sie Kompetenzmanagement in Prozessen verankert?

Praxistipp

---

	ja	nein
• Kompetenzmatrix für Prozess ist aktualisiert verfügbar	■	□
• Mehrere MA beherrschen jeden Prozessschritt	■	□
• Wissensweitergabe über Schnittstellen funktioniert gut	■	□
• Erfahrungen werden systematisch erfasst	■	□
• Probleme werden rasch gelöst	■	□
• Kontinuierliche Verbesserung ist etabliert	■	□
• Wir lernen von außen (Kunden, Konkurrenz...)	■	□

Kopplungspunkt Strategie

Die Anbindung an die *Strategie* sowie Entwicklung eines *unternehmensspezifischen Kompetenzmodells* ist ein weiterer zu beachtender Kopplungspunkt. Dabei entstehen Schnittstellen sowohl zur kompetenzbasierten Planung der Geschäftsfelder als auch der bereits angesprochenen kompetenzbasierten Personalmanagement-Strategie. Bei der Strategiefindung muss sowohl auf Kernkompetenz- als auch auf Mitarbeiterkompetenzebene gearbeitet werden. Auf Kernkompetenzebene gehören dazu die Identifikation und Innovation der Kernkompetenzen. Aus den Kernkompetenzen folgen wiederum

Unternehmensspezifisches Kompetenzmodell

Kernprozesse, die als Soll-Prozesse neu definiert werden oder bereits vorhanden sind und der Kompetenzentwicklung entsprechend angepasst werden müssen. Ein Herunterbrechen der Strategie auf Unternehmens- und Bereichsebene ist dabei anzustreben.

Prüfung von Kompetenzen und Ressourcen

Für jedes einzelne Cluster können im Nachgang die Aufgabenfelder und die dafür zur Verfügung stehenden Mitarbeiter mit entsprechenden Fähigkeiten identifiziert bzw. entwickelt werden. Wiederholt man diesen Strategieprozess (z. B. jährlicher Strategieprozess), kann man von einer gewissen Dynamisierung der Prozesse sprechen. Die Entwicklung einer Strategie zur Implementierung eines Kompetenzprofil-Systems ist von zahlreichen unternehmensinternen und externen Faktoren abhängig. Aufgrund der strukturellen Komplexität bei der Implementierung muss für jedes Unternehmen eine individuelle Konfiguration aller Faktoren erstellt werden. Auf dieser Konfiguration baut die Kompetenzprofil-Strategie ihre Existenz auf.

Praxistipp

Kurzdiagnose: Haben Sie eine strategische Kompetenzanalyse durchgeführt?

☑	**Strategische Kompetenzanalyse**
☐	Welche Kompetenz(-en) erwarten unsere Kunden von uns in den nächsten drei Jahren?
☐	Welche Technologien müssen wir in der Zukunft beherrschen?
☐	Welche Kompetenzen müssen wir dafür erwerben?
☐	Was machen wir besser als unsere Konkurrenten?
☐	Wie können wir diese Kompetenzen ausbauen?
☐	Was machen unsere Konkurrenten besser als wir?
☐	Was können wir daraus lernen?

Kopplungspunkt Projektmanagement

Projektbesetzung und Kompetenztransfer im Projekt

Eine hohe Bedeutung wird der Kopplung des Kompetenzmanagements mit dem *Projektmanagement* zugesprochen. Dabei geht es hauptsächlich um die Aufgabe, Projekte kompetenzbasiert zu besetzen und innerhalb eines Projektes den *Kompetenztransfer* so effizient wie möglich zu gestalten. An dieser Stelle werden klare Bezüge zu Ansätzen des Wissensmanagements deutlich. Methoden wie z. B. Lessons Learned als Werkzeug zur Erfassung von Projektkompetenzen nach Ende eines Projektes können dabei Anwendung finden. Die Integration dieses Werkzeuges in das operative Tagesgeschäft führt langfristig zu einer Verbesserung der Gesamtkompetenz des Unternehmens. Daraus abgeleitete Lösungen können aus vergangenen in neue Projekte transferiert werden und sorgen dort für entsprechende Kompetenzsicherung und -aufbau. Unternehmensweit eingesetzte technische Lösungen zur Vernetzung von Projektteams mit den entsprechenden Unternehmenseinheiten und Workflows verstärken die Effizienz eines kompetenzbasierten Projektmanagements erheblich.

In der Abbildung 5-19 haben wir wichtige Werkzeuge eines Kompetenzmanagements orientiert am Projektzyklus dargestellt.

Werkzeuge des Kompetenzmanagements im Projektzyklus

Abbildung 5-19

Projektanbahnung	Angebot erstellen	Projekt besetzen	Vorgehensweise festlegen	Probleme erkennen/ lösen	Ergebnisse aufbereiten
• Prozessdokumentation über Kunden • CRM-System (mit Kompetenzinformationen) • Wer hat Erfahrungen aus ähnlichen Projekten?	• Angebotsvorlagen • Wer kann mir helfen? • Projektprofile • Referenzlisten • CVs, • Help Desk • Netzwerke	• Kompetenzprofile • Gelbe Seiten • Netzwerke	• Methodenhandbücher • Manuals • Help Desk • Kompetenzzentren • Communities of Practice • Projektdatenbanken	• Supervision • Coaching • interne Präsentationen • Projektdatenbanken	• Systematische Projekdoku. (QM) • Lessons Learned • Konsolidierung durch Netzwerke • Aktualisierung von Kompetenzprofilen

Kopplungspunkt Kommunikation

Wie schon an einigen Stellen erwähnt, muss eine Kopplung mit verschiedenen kompetenzfördernden Lernprozessen erfolgen. Zum einen bezieht sich dies auf bewusste Integration von *Lessons Learned* (siehe Projektmanagement). Andererseits wird für einen direkten und inhaltlich intensiven Kompetenztransfer mit der Methode des *Action Learnings* [vgl. Schnauffer, Stieler-Lorenz, Peters 2004] gearbeitet. Zwar handelt es sich hier um keine direkte Prozesskopplung, aber diese Methode ist in nahezu jedem interaktiven Prozess einsetzbar, um eine direkte Übertragung von Handlungswissen zwischen Mitarbeitern sicherzustellen.

Förderung direkter Kommunikationsformen

Gezielte Doku-
mentation

Als weitere Formen für einen direkten Kompetenztransfer können z. B. Werkstattkreise, Lernzirkel und allgemeine Formen der Gruppenarbeit Anwendung finden. Ebenso wie die Förderung direkter Kommunikatsformen ist eine Kompetenztransparenz über Dokumentationen zu erzielen. So wird der Rat gegeben, abgeschlossene Arbeitsschritte in einer frei zugänglichen Form (z. B. Intranet) zu dokumentieren und den Mitarbeitern Möglichkeiten zu geben, direkt auf diese Dokumente zuzugreifen. In diesem Fall wird davon ausgegangen, dass eine selbstorganisatorische Kompetenz (Selbstdisposition) bei den Mitarbeitern vorhanden ist und verstärkt wird.

6 Die Zukunft des Kompetenzmanagements

Im Laufe des Buches haben wir einen breiten Überblick über alle Facetten des Kompetenzmanagements gegeben. Sowohl strategische als auch operative Belange wurden eingehend diskutiert. Es wurde geklärt, welche Basiskonzepte dem Kompetenzmanagement zugrunde liegen und wie diese sich in der Praxis tatsächlich konstituieren. Anhand eines praxisnahen Leitfadens wurde gezeigt, wie Unternehmen es schaffen können, selbst ein Kompetenzmanagement im Unternehmen zu etablieren. Zahlreiche Praxisbeispiele helfen dabei, sich ein Bild davon zu machen, wie im eigenen Arbeitalltag ein Kompetenzmanagement aussehen könnte.

Abschließend dazu soll ein kurzer Überblick darüber gegeben werden, wohin die Reise in Zukunft gehen könnte, sofern Unternehmen das Ziel verfolgen, Kompetenzmanagement weiter auszubauen und weiterzuentwickeln.

Ein großes Potenzial liegt im weiteren Ausbau und der Entwicklung von Modellen zur Messung und Bewertung von Kompetenzen. Noch immer gibt es zu wenige Messverfahren, die sich an den grundsätzlichen Eigenarten der Kompetenz orientieren. Allen Messmethoden fehlt bisher der einheitliche Rahmen, d. h. wie konkret Kompetenzen zu erheben und der Erfolg ihrer Verteilung und Entwicklung zu messen sind. Obwohl Forschungsaktivitäten in diesem Feld schon relativ weit voran geschritten sind, sind in der Praxis nur wenige anwendungsfreundliche Methoden zu finden. Dies ist ein Feld, das uns auch in der Zukunft beschäftigen wird.

Messung und Bewertung

Ein weiterer Schwerpunkt wird auf der Verbesserung von Integrations- und Vernetzungsfunktionen zwischen Mitarbeitern liegen. Erfolgreiche Umsetzungen zu integrativen Kompetenzmanagement-Modellen sind in der Praxis selten zu finden. Unternehmen trennen immer noch zwischen der Bewertung individueller und organisationaler Kompetenz. Hier muss sowohl die Praxis als auch die Wissenschaft aktiver werden. Zwar existieren zahlreiche theoretische Ansätze, doch an einer praktischen Umsetzung mangelt es nach wie vor. Praxisnahe System müssen entwickelt und eine verbesserte organisatorische Prozesskopplung und Verankerung herbeigeführt werden.

Integration und Vernetzung

Ebenfalls eine technische Verbesserung könnte eine spürbare Wirkungserhöhung des Kompetenzmanagements zur Folge haben. Dabei sind Entwicklungen hin zu Strukturierungs-, Taxonomie- sowie Datenbestandskonzepten

Technische Verbesserung

wie Data Mining oder Profiling System immer noch nicht ausgereift genug, um im breiten Feld angewendet zu werden.

Volkswirtschaftlicher Zusammenhang

Allgemein sei an dieser Stelle noch einmal darauf hingewiesen, dass Konzepte rund um das Thema Kompetenzmanagement nicht nur mikroökonomisch betrachtet werden sollten. Auch makroökonomisch ist dieses Thema von äußerster Wichtigkeit. Eine stärkere Auseinandersetzung mit dem Thema in Wirtschaft und Politik muss zum Ziel haben, den Standort Deutschland zu einer Verbesserung zu führen, da der internationale Kompetenzwettbewerb nicht einfach vor Ländergrenzen stehen bleiben wird.

Weiße Flecken gibt es somit noch genügend und es bedarf noch vieler Anstrengungen, ein Kompetenzmanagement operativ und praxisorientiert auszubauen.

Die Autoren wünschen den Lesern eine für alle Beteiligten zufrieden stellende Implementierung des Kompetenzmanagements in ihrer Organisation. Aktuelle Informationen zum Buch finden Sie unter www.kompetenzen-managen.de. Für Anregungen zur Weiterentwicklung unseres Buches sind wir dankbar.

Glossar

Aufgabenkatalog ist Ergebnis der strukturierten Erfassung von Aufgaben der Mitarbeiter. Die Struktur des Aufgabenkataloges orientiert sich an den Abteilungsstrukturen.

Eignung kennzeichnet die Übereinstimmung von Anforderungen einer Tätigkeit und den Voraussetzungen einer Person, diese Tätigkeiten auszuführen. Eignung ist somit eine Aussage über die Wahrscheinlichkeit, eine Tätigkeit erfolgreich durchzuführen.

Experten sind in der Lage, vollkommen selbstorganisiert und intuitiv Probleme zu antizipieren sowie neue Lösungswege zu finden. Sie zeichnen sich durch eine profunde Kenntnis ihres Spezialgebietes aus. Sie beherrschen das Management komplexer und neuartiger Aufgaben und liefern dabei wertvolle Beiträge zur Weiterentwicklung des Unternehmens.

Expertise ist Kompetenz auf hoher Niveaustufe. Expertise beinhaltet die Motivation und Befähigung einer Person zur selbständigen Weiterbildung von Wissen und Können.

Expertisemodell ist ein in verschiedene subjektiv vordefinierte Kompetenzstufen unterteiltes System zur Bestimmung des Kompetenzgrades. Obwohl die Einteilung der Kompetenzstufen eher willkürlich ist, lässt sich damit eine Beurteilung von Personen und deren Kompetenzen vornehmen. Für eine praktische Anwendung wird das dreistufige Modell Kenner – Könner – Experte vorgeschlagen.

Fachkompetenz umfasst alle zur Erfüllung einer konkreten beruflichen Aufgabe notwendigen professionsspezifischen Fähigkeiten, Fertigkeiten und Kenntnisse.

Fähigkeiten (englisch: abilities) bezeichnen nach Hacker [1998] verfestigte Systeme verallgemeinerter psychologischer Handlungsprozesse. Fähigkeiten werden auch als zeitlich relativ stabile Grundlage für die Entwicklung von Kompetenzen angesehen. In letzter Zeit wird der Begriff der Fähigkeiten auch synonym mit Kompetenz verwendet.

Fertigkeiten (englisch: skills) beziehen sich auf spezifische Tätigkeiten und beinhalten durch Übung weitgehend automatisierte Komponente bzw. Abläufe, z. B. Autofahren, Stricken.

■ **Fremdeinschätzung** ist eine Reflexion der Kompetenz des Beurteilers über die Kompetenzen des Beurteilten.

■ **Individualkompetenz** ist die Kompetenz einer einzelnen Person. Sie kann in Fachkompetenz, Methodenkompetenz und Sozialkompetenz unterteilt werden.

■ **Kenner** ist die erste Stufe zum Experten. Kenner verfügen über theoretisches Wissen mit geringer Anwendungserfahrung und sind in der Lage, vorstrukturierte Problemlösungen aus der Theorie auf praktische Fragestellungen anzuwenden.

■ **Kernkompetenz** eines Unternehmens ist das Ergebnis der einzigartigen Vernetzung einzelner Mitarbeiterkompetenzen. Daraus resultieren spezifische Fähigkeiten einer Organisation, die sich von anderen Organisationen unterscheidet.

■ **Kompetenz** beschreibt die Relation zwischen den an eine Person oder Gruppe herangetragenen oder selbst gestalteten Anforderungen und ihren Fähigkeiten bzw. Potenzialen, diesen Anforderungen gerecht zu werden. Kompetenzen sind Dispositionen selbstorganisierten Handelns.

■ **Kompetenzabsorption** ist die Fähigkeit eines Unternehmens, Lernprozesse so zu gestalten, dass Mitarbeiter benötigtes Wissen aufnehmen und daraus eigene Erfahrungen generieren können. Die Kompetenzabsorption ist Grundlage für eine proaktive Kompetenzanpassung.

■ **Kompetenzanpassung** ist die Abstimmung und Ausgestaltung der individuellen Mitarbeiterkompetenzen im Hinblick auf die vom Unternehmen benötigten Kompetenzen. Das Kompetenzportfolio eines Unternehmens wird aktiv gestaltet und den Marktanforderungen angepasst.

■ **Kompetenzart** kennzeichnet die Art der Kompetenz, z. B. fachliche, methodische oder soziale Kompetenzen.

■ **Kompetenzbasis** bezeichnet alle internen und externen Kompetenzen und Kompetenzquellen einer Organisation. Sie bildet die Ausgangsbasis zur Fortentwicklung der Organisation als Ganzes.

■ **Kompetenzbiografisches Moment** bezeichnet den zeitlichen Bezug einer Kompetenz.

■ **Kompetenzeinheiten** sind Teams, Gruppen, Abteilungen oder einzelne Organisationseinheiten, die für die Bearbeitung spezieller Kompetenzen innerhalb determinierter Organisationsstrukturen verantwortlich sind.

■ **Kompetenzgrad** bezeichnet das Niveau/die Stufe einer Kompetenz von Kenner bis Experte, nicht vorhanden bis ausgeprägt.

- **Kompetenzlogistik** umfasst die Prozesse im Unternehmen, relevante Kompetenzen zum richtigen Zeitpunkt, am richtigen Ort verfügbar zu machen. Die Kompetenzlogistik ist ein Kernprozess der wissensorientierten Unternehmensführung.

- **Kompetenzmanagement** geht als Kernaufgabe wissensorientierter Unternehmensführung über das traditionelle Verständnis von Aus- und Weiterbildung hinaus, indem Lernen, Selbstorganisation, Nutzung und Vermarktung der Kompetenzen integriert werden. Kompetenzmanagement ist eine Managementdisziplin mit der Aufgabe, Kompetenzen zu beschreiben, transparent zu machen sowie den Transfer, die Nutzung und Entwicklung der Kompetenzen, orientiert an den persönlichen Zielen des Mitarbeiters sowie den Zielen der Unternehmung, sicherzustellen.

- **Kompetenzportfolio** einer Person beschreibt alle Fähigkeiten und Fertigkeiten, die eine Person besitzt, um Aufgaben zu bewältigen oder zu gestalten. Das Kompetenzportfolio kann in fachliche, methodische und soziale Kompetenz unterteilt werden.

- **Kompetenzprofil** ist ein Werkzeug des Kompetenzmanagements. Es ermöglicht es, vorhandene Mitarbeiterkompetenzen zu identifizieren, transparent zu machen, in visualisierter Form zu kommunizieren und zu nutzen.

- **Kompetenzquellen** bezeichnen bzw. „kartografieren" den Ort, wo sich die Kompetenz im Unternehmen befindet.

- **Kompetenztransparenz** ist die vollkommene Einsicht in Kompetenzbestand, Kompetenzträger und Kompetenzquellen.

- **Könner** besitzen vielfache Erfahrung in der Anwendung ihres Wissens in konkreten beruflichen Situationen, Projekten oder Prozessen. Sie reagieren auf neue, unvorhergesehene Situationen mit entsprechender Professionalität, verfügen aber noch nicht über die Erfahrung und Problemlösungsstrategien von Experten.

- **Management by Objectives** ist ein Führungskonzept, das auf der klaren Definition von Zielen beruht, ohne den Weg zur Zielerreichung vorzugeben.

- **Methodenkompetenz** ist die Fertigkeit einer Person, erworbenes Fachwissen in komplexen Arbeitsprozessen zielorientiert einzusetzen.

- **Organizational IQ**: Beschrieben wird damit die Fähigkeit, bis zu welchem Grad ein Unternehmen in der Lage ist, Informationen aufzunehmen, schnell zu verarbeiten, effektive Entscheidungen zu treffen und diese umzusetzen.

- **Performanz** bezeichnet das messbare Ergebnis von Handlungen. Aus der Performanz wird auf die wirkenden Kompetenzen rückgeschlossen.

- **Qualifikationen** sind fertig ausgeprägte, von dritter Stelle bewertete, bestätigte, beglaubigte oder zertifizierte Fähigkeiten einer Person. Qualifikation ist Kompetenz in einem determinierten Handlungsbezug.

- **Rollenkatalog** ist die strukturierte Erfassung von Mitarbeiterrollen, die eine Tätigkeitsausführung ermöglichen.

- **Selbsteinschätzung** ist eine Einschätzung der eigenen Kompetenz.

- **Skalierung**: Zuordnung von Ausprägungen (z. B. von Kompetenzen) zu Zahlen (z. B. Ordinalskalen) oder qualitativen Beschreibungen(z. B. ausgeprägt, weniger ausgeprägt, nicht vorhanden).

- **Sozialkompetenz** sind alle sozial-kommunikativen Kompetenzen einer Person oder Gruppe, die sich auf die kreative Gestaltung sozialer Beziehungen und Prozesse in der Gruppe oder Organisation beziehen.

- **Talente** stellen latente und erst zu entwickelnde Kompetenzen dar.

- **Wissen** ist die Gesamtheit der Kenntnisse und Fähigkeiten, die Personen zur Lösung von Problemen einsetzen. Dies umfasst sowohl theoretische Erkenntnisse als auch praktische Alltagsregeln und Handlungsanweisungen. Wissen stützt sich auf Daten und Informationen, ist im Gegensatz zu diesen jedoch immer an Personen gebunden. Wissen entsteht als individueller Prozess in einem spezifischen Kontext und manifestiert sich in Handlungen.

Anhang: Beispiel einer Betriebsvereinbarung

Das folgende Beispiel einer Betriebsvereinbarung gibt Ihnen Anhaltspunkte, wie eine Betriebsvereinbarung für ein Kompetenzmanagement aussehen kann. Die Autoren übernehmen für die folgenden Informationen keinerlei rechtliche Gewährleistung. Vielmehr muss das Beispiel der aktuellen Rechtssprechung sowie den jeweiligen Gegebenheiten des Unternehmens angepasst werden. Die Veröffentlichung erfolgt mit freundlicher Genehmigung der TSE –Gesellschaft für Technologieberatung und Systementwicklung mbH Hamburg. Weitere Informationen unter www.tse-hamburg.de.

Zusammenfassung

Die Speicherung von Kompetenzprofilen für als „Kompetenzen" bezeichnete Aufgabenfelder wird erlaubt. Dabei dürfen nur Fach- und Methodenkompetenzen erhoben werden. Die Erfassung von Verhaltenskompetenzen wird ausdrücklich ausgeschlossen. Der Betriebsrat hat ein Veto-Recht bei der Einführung neuer oder der Veränderung bestehender Methoden-Kompetenzen. Die Erfüllung dieser Anforderungen durch die Mitarbeiter wird nicht im System erfasst, es darf lediglich in Ja/Nein-Form gespeichert werden, welche „Rollen" eine Mitarbeiterin oder ein Mitarbeiter ausfüllen kann.

Die in den persönlichen Entwicklungsgesprächen vereinbarten Qualifizierungsmaßnahmen werden im System dokumentiert; die Durchführung soll kontrolliert werden. Die MitarbeiterInnen können alle über sie gespeicherten Daten einsehen und erhalten eine Rückmeldemöglichkeit zu den dokumentierten Kompetenzprofilen. Die Mitbestimmung des Betriebsrats wird durch Einführung eines Initiativrechts als „unverbraucht" vereinbart.

Das Unternehmen will eine vorausschauende Personalplanung und Personalentwicklungsplanung einführen und einen Überblick über die derzeit bei den verschiedenen Mitarbeitergruppen vorhandenen Qualifikationen und Qualifikationsdefizite erhalten. In einem ersten Schritt sollen vor dem Hintergrund eines – sehr umfangreich ausgefallenen – Kategoriengerüsts die Kompetenzanforderungen der jeweiligen Funktionen beschrieben werden. Es handelt sich also nicht um klassische Stellenbeschreibungen, auch nicht um bloße Arbeitsplatzanforderungen, sondern um Rollenbeschreibungen. Dahinter steckt die Auffassung, dass ein Beschäftigter durchaus mehrere solcher Rollen innehaben kann und dann alle diese Qualifikationsanforderungen, die mit den verschiedenen Rollen verbunden sind, erfüllen muss. Beispiele für solche Rollen sind Anwendungsentwickler, Netzwerkadministrator oder Sachbearbeiter Innendienst, Sachbearbeiter Außendienst, aber auch Projektleiter oder Abteilungsleiter Vertrieb.

Im nächsten Schritt sollen dann die Beschäftigten selber ihre Kompetenzen beschreiben (Selbsteinschätzung). Sie sollen dazu dasselbe Formular benutzen, mit dessen Hilfe die Qualifikationsanforderungen beschrieben sind. In einem persönlichen Gespräch mit ihrem Vorgesetzten wird die Selbsteinschätzung der Kompetenzen erörtert und ein Kompetenzprofil des Mitarbeiters erstellt. Alle beschriebenen Profile werden in einer Datenbank gespeichert. Auswertungen sollen konkrete Recherchen nach Personen mit bestimmten Kompetenzen erlauben. Außerdem soll der Qualifizierungsbedarf für das zukünftige Aus- und Weiterbildungsangebot ermittelt werden. Der Betriebsrat des betroffenen Unternehmens hatte Einwände gegen dieses geplante Vorgehen und hat seinerseits das folgende Konzept erarbeitet:

1. Gegenstand und Geltungsbereich

Diese Vereinbarung regelt die Einführung und Anwendung eines computergestützten Kompetenzprofil-Systems bei Firma XY. Sie gilt für alle Mitarbeiterinnen und Mitarbeiter, deren Daten mit Hilfe des Systems verarbeitet werden. Die im Einzelnen eingesetzten Softwarekomponenten sind mit einer stichwortartigen Beschreibung ihres Leistungsumfangs in Anlage aufgelistet.

2. Zielsetzung

Mit Hilfe des Systems sollen Aufgaben der Personalentwicklung unterstützt werden, insbesondere die persönliche Qualifikationsentwicklung der Mitarbeiterinnen und Mitarbeiter, die Prognose des mittel- und längerfristigen Qualifikationsbedarfs und darauf aufbauend eine verlässliche und am künftigen Bedarf orientierte Planung des betrieblichen Qualifikationsangebots. Aufgabe dieser Vereinbarung ist es, die genannten Unternehmensziele zu verbinden mit dem Schutz der Persönlichkeitsrechte für die betroffenen Mitarbeiterinnen und Mitarbeiter.

3. Architektur des Systems

Entlang der definierten Kerngeschäftsprozesse werden Rollen definiert; sie stellen Beschreibungen der von den Mitarbeiterinnen und Mitarbeitern zu erfüllenden Aufgaben dar, für die sich Kompetenzanforderungen in Form von Kompetenzprofilen beschreiben lassen. Rollen im Sinne dieser Vereinbarung können auch Aufgabenfelder sein, die einer Projektgruppe zugeordnet werden, die dann in eigener Kompetenz über die weitere Aufteilung entscheidet. Die Nutzung des Qualifikationsmoduls erfolgt nur in dem in dieser Vereinbarung beschriebenen Umfang.

4. Kompetenzprofile

Kompetenzprofile stellen Soll-Anforderungen der zur Erfüllung eines in einer so genannten Rolle beschriebenen Tätigkeits- bzw. Aufgabenmusters dar. Sie haben die Vorgaben aus der Unternehmensstrategie zu berücksichtigen und werden in Workshops, an denen betroffene Mitarbeiterinnen und Mitarbeiter beteiligt sind, näher konkretisiert.

4.1 Dokumentation

Der jeweilige Stand der definierten Rollen ist – gegliedert nach den Organisationsbereichen des Unternehmens – dokumentiert. Es besteht Einvernehmen darüber, dass die Zahl der unterschiedlichen Rollen überschaubar bleibt und die den Rollen zugewiesenen Aufgaben nicht zu differenziert sind. Sie sollen vielmehr dem Grundsatz ganzheitlicher Sachbearbeitung folgen.

4.2 Fach- und Methodenkompetenz

Bei der Definition der Kompetenzprofilanforderungen wird unterschieden zwischen Fachkompetenz und Methodenkompetenz. Unter Fachkompetenz wird die Beherrschung sachlicher Inhalte verstanden, die für die Ausübung einer „Rolle" erforderlich sind. Der folgende Abschnitt wurde aufgenommen, um die an diesem Punkt sehr weit reichenden Vorstellungen der Arbeitgeberseite in deutlich engere Grenzen zu verweisen: Methodenkompetenz dagegen umfasst das auf das Vorgehen bei der Erfüllung einer Rolle konzentrierte Wissen. Im Sinne dieser Vereinbarung fallen darunter jedoch keine Beschreibungen von Charaktereigenschaften oder Verhaltensweisen, wie sie in den (halbjährlich durchgeführten) Mitarbeitergesprächen unter Zusammenarbeit, Leistungsbereitschaft, Einsatz und Initiative, Entscheidungsfähigkeit oder Kundenorientierung beschrieben werden. Auch Fähigkeiten kognitiver Art (z. B. etwas schnell begreifen) oder emotionaler Art (z. B. positives Denken) fallen nicht unter Methodenkompetenz im Sinne dieser Vereinbarung. Verhaltensweisen wie schnelles sich Einstellen auf veränderte neue Sachlagen, schnelle Reaktion bei akuten Problemen und Behalten der Übersicht, Erkennen von Aufgaben und Problemen aus eigenem Antrieb, Bereitschaft zur Fortbildung beschreiben Charaktereigenschaften, Fähigkeiten oder Verhaltensweisen und gehören daher ebenfalls nicht zur Methodenkompetenz. Der Betriebsrat kann den beschriebenen Anforderungen widersprechen. Macht er von diesem Recht Gebrauch, so ist über die Angelegenheit mit dem Ziel einer einvernehmlichen Regelung zu verhandeln.

4.3 Abgrenzung gegen Verhaltenskompetenz

Die Beschränkung auf die Berücksichtigung von Fach- und Methodenkompetenz und damit die Ausklammerung von Verhaltens- und sozialer Kompetenz erfolgt zum derzeitigen Zeitpunkt wegen der Schwierigkeiten, die sich aus der nicht objektivierbaren Messbarkeit dieser Kompetenzen ergeben, wenn es um deren Ausprägung bei den Mitarbeiterinnen und Mitarbeitern geht. Die Feststellung, wer in welcher Abstufung über eine solche Kompetenz verfügt, stellt eher eine Beurteilung dar. Deren Durchführung setzt aber einen auf breiter Basis gelebten und erfahrbaren Grundkonsens der Unternehmenskultur voraus. Unternehmen und Betriebsrat bekräftigen ihre Absicht, diesen Grundkonsens zu entwickeln, so dass er für alle Mitarbeiterinnen und Mitarbeiter eine erfahrbare Realität darstellt. Beide Seiten teilen aber die Auffassung, dass es zur Zeit noch zu früh ist, Fragen der Verhaltens- oder Sozialkompetenz in das – weitgehend formalisierte – Kompetenzprofil-System aufzunehmen. Unter Verhaltenskompetenz sind vielmehr übergeordnete Ziele (Meta-Ziele) angesprochen, die von grundsätzlicher Bedeutung in jeder Arbeitssituation sind und daher an nahezu alle Rollen als Anforderungen zu richten wären (wie z. B. Bereitschaft zur Zusammenarbeit mit Kollegen und Führungskräften, Teamfähigkeit, Engagement, schnelle und präzise Informationsweitergabe, selbständiges Arbeiten etc.).

4.4 Abstufungen der Anforderungen

Die in den Kompetenzprofilen aufgeführten Kompetenzen werden in drei Abstufungen qualifiziert:

- Null entfällt: keine Kenntnisse

- 1 = kennen: Mitarbeiterin oder Mitarbeiter hat Überblickswissen, kann das Thema einordnen und unter Anleitung in dem Thema arbeiten;

- 2 = können: Mitarbeiterin oder Mitarbeiter hat bereits praktische Erfahrungen mit dem Thema und kann (im Rahmen der 80:20-Regel) in dem entsprechenden Sachgebiet bzw. gemäß dem Thema selbständig arbeiten;

- 3 = beherrschen: Mitarbeiterin oder Mitarbeiter kann selbständig und routiniert in dem Thema arbeiten.

Alle Soll-Anforderungsprofile beschreiben die durchschnittlich zu erwartenden Normalanforderungen, nicht die Mindestanforderungen an die jeweilige „Rolle".

5. Bewertung der Qualifikationsanforderungen

5.1 Selbsteinschätzung

Den Mitarbeiterinnen und Mitarbeitern wird im Intranet eine Softwarefunktion zur Verfügung gestellt, mit deren Hilfe sie sich die Anforderungen an die für ihre Arbeit zutreffenden Rollen für sich selbst als Tabellen-Datei ausgeben oder sich ausdrucken können. Diese Hilfsmittel stehen ihnen zur

Verfügung, um den Erfüllungsgrad der Anforderungen als Selbsteinschätzung zu dokumentieren. Es erfolgt keine Speicherung an einer anderen Stelle, insbesondere nicht im Zentralsystem des Kompetenzprofil-Systems. Für den Fall, dass sie von dem Angebot Gebrauch machen, ihr Kompetenzprofil als Datei zu speichern, steht ihnen dafür Speicherplatz in ihrem persönlichen Laufwerk zur Verfügung, auf das nur sie selbst (oder von ihnen ausdrücklich autorisierte Personen) Zugriff haben. Die Systemadministratoren sind darauf zu verpflichten, diese Regelung einzuhalten. Ein Ausdruck dieses Profils oder das ausgefüllte Formular kann von den Mitarbeiterinnen und Mitarbeitern im Rahmen ihres halbjährlich stattfindenden Mitarbeitergesprächs verwendet werden; die Entscheidung über die Benutzung des Profils liegt allein bei den betroffenen Mitarbeiterinnen und Mitarbeitern.

5.2 Fremdeinschätzung

Im Rahmen des Mitarbeitergesprächs hat der Vorgesetzte die Möglichkeit, seine Bewertung des Erfüllungsgrades der einzelnen Kompetenzanforderungen der von ihm einzuschätzenden Personen vorzunehmen. Dazu werden geeignete Formulare zur Verfügung gestellt, die sich mit Hilfe des Systems ausdrucken lassen. Das Ergebnis der Bewertung wird nur als schriftliches Dokument festgehalten und nicht an zentraler Stelle gespeichert. Im System werden pro Mitarbeiterin bzw. Mitarbeiter lediglich die Rollen, die sie zurzeit ausfüllen können, dokumentiert, ohne dass dabei eine Abstufung des Erfüllungsgrades dieser Rollen vorgenommen wird. Diese Dokumentation wird in erster Linie als Hilfsmittel für die Planung der Zusammensetzung von Projektgruppen zur Verfügung gestellt.

5.3 Dokumentation der Qualifizierungsmaßnahmen

Alle im Rahmen von Zielvereinbarungs- bzw. Mitarbeitergesprächen mit den Mitarbeiterinnen und Mitarbeitern vereinbarten Qualifizierungsmaßnahmen werden an einer zentralen, bei der Personalentwicklung anzusiedelnden Stelle gesammelt und im System dokumentiert. Die Speicherung dient dem Nachweis der geplanten und durchgeführten Maßnahmen; Auswertungen dienen vor allem der Prognose des künftigen Qualifizierungsbedarfs. Zugriff haben die Personalabteilung, die zentral für Personalentwicklung zuständige Stelle auf alle Daten, die jeweiligen Führungskräfte auf die Daten der Personen ihrer Organisationseinheit sowie die betroffenen Personen selbst auf ihre eigenen Daten. Die Durchführung vereinbarter Qualifizierungsmaßnahmen wird als Muss-Ziel in alle Zielvereinbarungen aufgenommen, die mit Führungskräften abgeschlossen werden.

6. Rechte der Mitarbeiterinnen und Mitarbeiter

Die Kompetenzprofile sind im unternehmensinternen Intranet allen Mitarbeiterinnen und Mitarbeitern zur Einsicht zugänglich. Diese Einsicht-

Funktion sollte in einer ansprechenden interaktiven Form präsentiert werden, z. B. durch diverse Visualisierungsmöglichkeiten. Die Mitarbeiterinnen und Mitarbeiter erhalten die Möglichkeit, ihre Meinung, Kommentare oder Fragen zu den Kompetenzanforderungen in einer Problem- und Lösungsdatenbank zu äußern. Diese wird von einer zentralen, bei der Personalentwicklung anzusiedelnden Stelle bearbeitet. Die Mitarbeiterinnen und Mitarbeiter haben ebenfalls das Recht, das gesamte Qualifizierungsangebot sowie unter einem persönlichen Kennwort die über sie gespeicherten Rollen-Eignungen und Qualifizierungsmaßnahmen (geplante und durchgeführte) einzusehen.

7. Änderungen und Erweiterungen

Einmal jährlich oder auf Antrag einer Seite findet eine gemeinsame Beratung zwischen Unternehmen und Betriebsrat statt, bei der insbesondere die in Anspruch genommenen Qualifizierungsmaßnahmen, das aktuelle Qualifizierungsangebot sowie die längerfristigen Konsequenzen für die Personalentwicklung erörtert werden. Über alle Änderungen und Erweiterungen der sich auf die Methodenkompetenz beziehenden Anforderungen wird der Betriebsrat vor Aufnahme in die Anlage schriftlich informiert. Widerspricht der Betriebsrat nicht innerhalb einer Frist von sechs Wochen, so wird die Anlage entsprechend ergänzt. Gleiches gilt, wenn in einer streitigen Frage über die Aufnahme einer Methodenkompetenz Einvernehmen erzielt worden ist. Änderungen und Erweiterungen der persönliche Datenfelder und Auswertungen bedürfen des gegenseitigen Einvernehmens. Ergeben sich aus der Anwendung des Systems neue Probleme, die mit der Überwachung von Leistung oder Verhalten der Mitarbeiterinnen und Mitarbeiter zu tun haben, so kann der Betriebsrat verlangen, dass über die Angelegenheit mit dem Ziel einer einvernehmlichen Regelung verhandelt wird. Kommt in den Fällen, in denen diese Vereinbarung das Einvernehmen vorsieht, eine Einigung nicht zustande, so entscheidet eine gemäß § 76 Abs. 5 BetrVG zu bildende Einigungsstelle.

8. Schlussbestimmungen

Diese Vereinbarung tritt mit Unterzeichnung in Kraft. Sie kann mit einer Frist von ... gekündigt werden. Sie erlischt ferner, wenn sie durch eine neue Vereinbarung über die Computerunterstützung des gesamten Personalmanagements (Kompetenzen, Beurteilungs- und Entwicklungsgespräche, Zielvereinbarungen, Personalplanung, Nachwuchsförderung) abgelöst wird („Personalwirtschaft aus einem Guss"). Im Falle einer Kündigung wirkt sie nach bis zum Abschluss einer neuen Vereinbarung. Werden Informationen unter Verletzung von Bestimmungen dieser Vereinbarung gewonnen oder weiterverarbeitet, so sind sie als Beweismittel zur Begründung personeller Maßnahmen nicht mehr zulässig.

Literaturverzeichnis

Adams, D. (1998): Komplexitätsmanagement – Schriften zur Unternehmensführung, Band 61, Wiesbaden, Gabler Verlag.

Allmendinger, J.; Hackman, R. (1994): A comparative multivariate study of musicians in 78 symphony orchestras in the US and Europe, Report 7, Boston, Harvard Business School Press.

Argyris, C.; Schön, D. A. (1996): Organizational Learning II – Theory, Method, and Practice, Reading, Massachusetts.

Bach, V.; Österle, H.; Vogler, P. (Hrsg.) (2000): Business Knowledge Management in der Praxis – Prozessorientierte Lösungen zwischen Knowledge Portal und Kompetenzmanagement, Berlin, Springer-Verlag.

Bäumer, J. (2002): Kompetenzmanagement im mittelständischen Unternehmen, herausgegeben bei Kienbaum Management Consultants GmbH, Download unter: http://www.kienbaum.de.

Bellmann, K.; Freiling, J.; Hamann, P.; Mildenberger, U. (Hrsg.) (2002): Aktionsfelder des Kompetenzmanagements, Wiesbaden, Deutscher Universitäts-Verlag.

Bellmann, M.; Krcmar, H.; Sommerlatte, T. (2002): Praxishandbuch Wissensmanagement: Strategien – Methoden – Fallbeispiele, Düsseldorf, Symposion Verlag.

Bergmann, B. et al. (2000): Kompetenzentwicklung und Berufsarbeit, Edition QUEM, Band 11, Münster, Waxmann Verlag.

Bieger, T.; Pechlander, H.; Liebrich, A.; Beritelli, P. (2003): Kompetenzmanagement in virtuellen Unternehmen, Artikel aus den Konferenzunterlagen der Konferenz „SKM – Strategisches Kompetenz Management 2003".

Biesalski, E. (2003): Kompetenzmanagement mit ePeople am Beispiel der DaimlerChrysler AG, Werk Wörth, nicht veröffentlichter Beitrag, Wörth.

BMWA o. A. (2002): Einführung von Wissensmanagement in KMU, Dokumentation zum Expertenworkshop, Mannheim.

Brückner, T. (2002): Knowledge Communities – Virtuelle Wissensgemeinschaften zur Unterstützung des Wissensaustauschs in Organisationen und organisationalen Netzwerken, veröffentlicht auf dem Kongress der KnowTech 2002, München.

Burmann, C. (2002): Wissensmanagement als Determinante des Unternehmenswertes, in: zfo Zeitschrift für Führung und Organisation, 6/2002, S. 334-341.

Cell Consulting (2002): Studie Kompetenzmanagement, herausgegeben von Cell Consulting AG, Download unter: www.cell-consulting.de.

Davenport, T. H. (1997): Knowledge Management Case Study: Knowledge Management at Microsoft, Download unter: http://www.mccombs.utexas.edu/kman/pubs.htm.

Davenport, T. H.; De Long, D. W.; Beers, M. C. (1997): Building successful Knowledge Management Projects, New York, Ernst & Young LLP.

Deckstein, D. (1997): Produktionsfaktor Wissen, in: Süddeutsche Zeitung vom 06.01.1997.

Deelmann, T.; Loos, P. (2004): Skill-Management in einer Unternehmensberatung – Praxisbeispiel, Tagung der Gesellschaft für Informationstechnologie GI 2004.

DIHK o. A. (2004): Fachliches Können und Persönlichkeit sind gefragt – Ergebnisse einer Umfrage bei IHK-Betrieben zu Erwartungen der Wirtschaft an Hochschulabsolventen, Studie des DIHK.

Dilg-Gruschinski, K.; Müller, M. (2003): Solution Center – Wissensmanagement mit System, in: Innovationen im E-Business, 5. Paderborner Frühjahrstagung, in: Dangelmaier, W.: Logistikorientierte Betriebswirtschaft, Paderborn, ALB FhG.

Dilg-Gruschinski, K.; Frank, S. (2002): eLearning mit Wissenslandkarten – Ein Wissensmanagement-Tool aus dem BMBF-Leitprojekt SENEKA zur Unterstützung von Lernprozessen in Unternehmen, in: LIMPACT, 6/2002, Bonn, Bundesinstitut für Berufsbildung (BIBB).

Dilg-Gruschinski, K.; Schiefelbein, F.; Müller, M. (2004): Vernetzung von Kompetenzträgern durch Wissensprofile, nicht veröffentlichter Beitrag, Aachen, Aixonix GmbH.

Dingsøyr, T.; Røyrvik, E. (2002): Skill Management as Knowledge Technology in a Software Consultancy Company, Department of Computer and Information Science, Trondheim, Norwegian University of Science and Technology.

Dulisch, F. (2004): Psychologie der Personalbeurteilung – ein Lernprogramm, Download unter: www.personalbeurteilung.de.

Erpenbeck J.; von Rosenstiel L. (2003): Handbuch Kompetenzmanagement, Stuttgart, Schäffer-Poeschel.

Erpenbeck, J.; Heyse, V. (1999): Kompetenzbiographie – Kompetenzmilieu – Kompetenztransfer: Zum biologischen Kompetenzerwerb von Führungskräften der mittleren Ebene, nachgeordneten Mitarbeitern und Betriebsräten, QUEM-report, Heft 62, Berlin.

Erpenbeck, J.; Heyse, V. (1999): Die Kompetenzbiographie, Münster, Waxmann.

Faix; W. G., Buchwald, C; Wetzler, R. (1991): Skill-Management: Qualifikationsplanung für Unternehmen und Mitarbeiter, Wiesbaden, Gabler Verlag.

Fank, M.; Felser, W.; Hauß, I.; Reinhardt, K.; Schloen, T.; Tenbieg, M. (2004): Kompetenzmanagement 2004 – Verbreitung, Akzeptanz und Entwicklung eines neuen Managementkonzeptes, Köln, Institut für e-Management e.V.

Fincham, R.; Fleck, J.; Procter, R.; Scarbrough, H.; Williams, R. (1994): Expertise and innovation: IT in the Financial Service Sector, Oxford, Oxford University Press.

Fischer; Wiswede (1997): Grundlagen der Sozialpsychologie, München, Oldenbourg Verlag.

Freiling, J. (2001): Ressource-based View und ökonomische Theorie, Wiesbaden, Deutscher Universitäts-Verlag.

Fromm, L. (2004): Systematischer Wissensaustausch bringt Umsatzwachstum, in: wissensmanagement – Das Magazin für Führungskräfte, 09/2004.

FTD o. A. (2004): Deutsche Bank hätschelt Spitzenkräfte, in: Financial Times Deutschland, 03/2004.

Gebert, H.; Kutsch, O.; Jaggi, P. (2003): Fallstudie Helsana: Helsana Potenzialbewirtschaftungssystem – Skill-Management als kundenorientiertes Human Resource-Instrument, Institut für Wirtschaftsinformatik, St. Gallen, Universität St. Gallen.

General Electric (1995): Annual Report.

Gottwald, J. (1999): Interne Experten per Mausklick suchen und finden, in: Office Management 06/1999.

Graf, N. (2002): Intelligente Mitarbeiter = Intelligentes Unternehmen?, in: wissensmanagement – Das Magazin für Führungskräfte, 06/2002.

Gruber, H.; Renkl, A. (1997): Wege zum Können – Determinanten des Kompetenzerwerbs, Bern, Verlag Hans Huber.

Haarmann, A.-R.; Burski, L. (2003): Wenn das Wissen geht – die Wissensstafette bei Volkswagen, in: wissensmanagement – Das Magazin für Führungskräfte, 08/2003.

Hacker, W. (1998): Allgemeine Arbeitspsychologie, Bern, Verlag Hans Huber.

Hagemann, M.; Mühlbauer, H.; Bartl, P.; Risterucci, L. C. (2002): ADAC-BrainPool: Ein Qualifizierungsprogramm mit Bottom-up-Ansatz, in: wissensmanagement – Das Magazin für Führungskräfte, 05/2002.

Handy, C. (1989): The Age of Unreason, Boston, Harvard Business School Press.

Hänggi, G. (1998): Macht der Kompetenz: Ausschöpfung der Leistungspotenziale durch zukunftsgerichtete Kompetenzentwicklung, Frechen-Königsdorf, Datakontext-Fachverlag GmbH.

Hedberg, B.; Dahlgren, G.; Hansson, J.; Olve, N. (1997): Virtual Organizations and Beyond – Discover Imaginary Systems, Chichester, John Wiley & Sons.

Herbst, D. (1998): Corporate Identity, Berlin, Cornelsen Verlag.

Herbst, D. (2000): Erfolgsfaktor Wissensmanagement, Berlin, Cornelsen Verlag .

Heuer, S. (2004): Die Wende einer Legende, in: brand eins, 7/2004.

Hofstede, G. (1991): Cultures and Organizations: Software of the Mind, New York, McGraw-Hill.

Hormann, K. (2005): Hightech für Personalexperten, in: Personalwirtschaft, 03/2005.

Huber, B.; Knöpfel, H. (1999): Wissensmanagement in Bezug auf Stellenwechsel, St. Gallen, KS Kaderschule St. Gallen.

IWD (2001): Duale Studiengänge: Praxis auf dem Vormarsch, Köln, iwd – Informationsdienst des Instituts der deutschen Wirtschaft.

IWD (2002): Mittelstand in Deutschland – Wunsch und Wirklichkeit, Köln, iwd – Informationsdienst des Instituts der deutschen Wirtschaft.

Kohlgrüber, M.; Jaeger, D.; Ollmann, S.; Lange, R. (2004): Mit dem Potenzialscanner neue Geschäftsfelder entdecken, in: wissensmanagement – Das Magazin für Führungskräfte, 03/2004.

König, E. (1992): Soziale Kompetenz, in: Gaugler, E.; Weber, W.: Handwörterbuch des Personalwesens, Stuttgart, Schaeffer-Pöschl.

Könnecker, H. (2003): Benötigte Skills zur richtigen Zeit am richtigen Ort bereitstellen, in: wissensmanagement – Das Magazin für Führungskräfte, 02/2003.

Kremin-Buch, B.; Unger, F.; Walz, H. (2000): Lernende Organisation, Band 1, Sternenfels, Verlag Wissenschaft & Praxis.

Krey, G. (2001): Wissensmanagement im Mittelstand – Wo steckt der Nutzen?, in: Bellmann, M.; Krcmar, H.; Sommerlatte, T.: Praxishandbuch Wissensmanagement: Strategien – Methoden – Fallbeispiele, Düsseldorf, Symposion Verlag.

Kriegesmann, B. (2004): Leidensdruck des Mittelstandes ist Motor für Innovationen, in: VDI nachrichten, Bochum 01/2004.

Krüger, W.; Homp, C. (1997): Kernkompetenz-Management, Wiesbaden, Gabler Verlag.

Lantz, A; Friedrich, P. (2003): ICA-Instrument for Competence Assessment, in: Erpenbeck, J.; von Rosenstiel, L. (Hrsg.): Handbuch Kompetenzmessung, Stuttgart, Schäffer-Poeschel.

Lau, P. (2003): Weiter denken – Wie funktioniert das Gehirn?, in: brand eins, 01/2003.

Lorscheid, S. (2004): Corporate University, Berlin, Vdm Verlag.

Luhmann, N. (2001): Soziale Systeme: Grundriss einer allgemeinen Theorie, Frankfurt a. M., Suhrkamp Verlag.

Macher, H.-J. (2003): Transparenz im Projektgeschäft als globaler Wettbewerbsfaktor, in: wissensmanagement – Das Magazin für Führungskräfte, 01/2003.

Mathy, G. (2001): Rollen und Kompetenzen – ein Konzept zur Synchronisierung von strategischen Zielen und Mitarbeiterentwicklung, nicht veröffentlichter Beitrag, München, Allianz Versicherung.

Mendelson, H; Ziegler, J. (2001): Organisations-Intelligenz, Wiesbaden, Gabler Verlag.

Mertins, K.; Döring-Katerkamp, U. (2004): Kompetenzmanagement – Der Faktor Mensch entscheidet, Stuttgart, Fraunhofer IRB Verlag.

Mildenberger, U. (2002): Wissensmanagement versus (Kern-)Kompetenzmanagement – Ein Versuch der Abgrenzung, in: Bellmann, K.; Freiling, J.; Hamann, P.; Mildenberger, U. (Hrsg.): Aktionsfelder des Kompetenzmanagements, Wiesbaden, Deutscher Universitäts-Verlag.

Mucksch, H. (1996): Das Data-Warehouse-Konzept, Wiesbaden, Gabler Verlag.

Müller, A.; Englisch, P.; Teigland, J. L. (2004): Mittelstandsbarometer 2004: Der deutsche Mittelstand – Stimmungen, Themen, Perspektiven, mannheim, Ernst & Young AG.

Nonaka, I.; Takeuchi, H. (1995): The Knowledge-Creating Company, Oxford, Oxford University Press.

North, K. (2002): Wissensorientierte Unternehmensführung, 3. Auflage, Wiesbaden, Gabler Verlag.

North, K. (2003): Das Kompetenzrad, in: Erpenbeck, J.; von Rosenstiel, L. (Hrsg.): Handbuch Kompetenzmessung, Stuttgart, Schäffer-Poeschel.

North, K. (2003): Kompetenz schafft Vertrauen, in: Jakob, R.; Naumann, J. (Hrsg): Wege aus der Vertrauenskrise, Frankfurt a. M., Verlag Moderne Industrie.

North, K. (2004): Das Kompetenzrad, Download unter: www.wirtschaft-lahndill.de/wissen.

North, K. (2004): Kompetenzmanagement in kleinen und mittelständischen Unternehmen, in: Hasebrook, J. et al.: Kompetenzkapital, Frankfurt a. M., Bankakademie-Verlag.

North, K.; Friedrich, P. (2002): Kompetenzentwicklung zur Selbstorganisation, Forschungsbericht des ABWF, Edition QUEM, Darmstadt/Stocksund.

North, K.; Friedrich, P.; Lantz, A. (2003): Kompetenzentwicklung zur Selbstorganisation, Edition QUEM, Band 18, Münster, Waxmann.

North, K.; Romhardt, K.; Probst, G. (2000): Wissensgemeinschaften – Keimzellen lebendigen Wissensmanagements, in: io-Management, 06/2000.

Oldigs-Kerber, J. et al. (2002): Experten finden und verbinden – ein Knowledge-Management-Ansatz bei Aventis Pharma, in: wissensmanagement – Das Magazin für Führungskräfte, 04/2002.

Peritsch, M. (2000): Wissensbasiertes Innovationsmanagement, Wiesbaden, Deutscher Universitäts-Verlag.

Peters, T. (1990): Get Innovative or Get Dead, in: California Management Review, Berkeley, Haas School of Business.

Piller, F. (2001): Mass Customization: Ein Wettbewerbskonzept für das Informationszeitalter, Wiesbaden, Gabler Verlag.

Prahalad, C. K.; Hamel, G. (1994): Competing for the Future, Boston, Harvard Business School Press.

Probst, G.; Büchel, B. (1994): Organisationales Lernen: Wettbewerbsvorteil der Zukunft, Wiesbaden, Gabler Verlag.

Probst, G. (1987): Selbst-Organisation: Ordnungsprozesse in sozialen Systemen aus ganzheitlicher Sicht, Berlin, Parey Verlag.

Probst, G.; Deussen, A.; Eppler, M. J.; Raub, S. P. (2000): Kompetenzmanagement – Wie Individuen und Organisationen Kompetenz entwickeln, Wiesbaden, Gabler Verlag.

Quinn, J. B.; Anderson, P.; Finkelstein, S. (1996): Making the most of the best, Harvard Business Review Nr. 2, 04/1996.

Reinhardt, K. (2004): Studie Betriebliches Kompetenzmanagement – Chancen und Herausforderungen für die Praxis, Magdeburg, Fraunhofer IFF.

Reinhardt, K.; North, K. (2003): Transparency and transfer of individual competencies: A concept of integrative competence management, in: Journal of Universal Computer Science, 09/2003, Graz.

Reinhardt, K.; Schnauffer, H.-G. (2004): Vom innovativen System zur systematischen Innovation: die Hypertext-Organisation in der Praxis, in: Der Unternehmensberater, 01/2004.

Reinhart, G.; Weber, V.; Broser, W. (2002): Kompetenz und Kooperation – Kompetenznetzwerke als Organisationsmodell für die Produktion der Zukunft, in: Milberg, J.; Schuh, G. (Hrsg.): Erfolg in Netzwerken, Berlin, Springer Verlag.

Reinmann-Rothmeier, G. (2001): Wissen managen: Das Münchener Modell, Forschungsbericht Nr. 131, München, Ludwig-Maximilians-Universität.

Romhardt, K. (1998): Die Organisation aus der Wissensperspektive: Möglichkeiten und Grenzen der Intervention in die organisationale Wissensbasis, Wiesbaden, Gabler Verlag.

Sattelberger, T.; Weiß, R. (1999.): Humankapital schafft Shareholder Value – Personalpolitik in wissensbasierten Unternehmen, Köln, Dt.-Inst.-Verlag.

Schmidt, M.-P. (2000): Knowledge Communities – Mit virtuellen Wissensmärkten das Wissen in Unternehmen effektiv nutzen, München, Verlag Addison-Wesley.

Schnauffer, H.-G. ; Stieler-Lorenz, B.; Peters, S. (2004): Wissen vernetzen – Wissensmanagement in der Produktentwicklung, Berlin, Springer Verlag.

Schnauffer, H.-G.; Voigt, S. ; Staiger, M. (2004): Der Inno-how-Ansatz der Hypertextorganisation in der Praxis – Einführung und Überblick der Fallbeispiele, in: Schnauffer, H.-G.; Stieler-Lorenz, B.; Peters, S.: Wissen vernetzen – Wissensmanagement in der Produktentwicklung, Berlin, Springer Verlag.

Schöne, R.; Freitag, M.; Ehrlich, A. (1999): Wissensmanagement in KMU-Netzwerken – das Beispiel AMTEC, Beitrag zu den Dresdner Innovationsgesprächen, 05/1999.

Schöppe, A.; Schwarzenbart, D. (1999): Von der lernenden Organisation zum Community-Konzept, in: Gabler Magazin, Wiesbaden, Gabler Verlag.

Schwering, M. G.; Staudt, E. (2001): Kopflos im Haifischbecken, in: Frankfurter Allgemeine Zeitung, 10/2001.

Senge, P. M. (1990): The Fifth Discipline – The art and practice of the learning organization, London, Random House.

Staudt, E. (2001): Innovationsforschungsbericht 2001, Nr. 199, Bochum, Institut für angewandte Innovationsforschung e. V.

Sternberg, R.; Bergmann, H.; Lückgen, I. (2003): Global Entrepreneurship Monitor (GEM), Länderbericht Deutschland 2003, Köln, Wirtschafts- und Sozialgeographisches Institut Universität Köln.

Stewart, T. A. (2000): How to Map an Employee's Skills, in: Business 2.0, 12/2000.

Stroebe, R. W.; Stroebe, G. H. (1996): Führungsstile: Management by Objectives und situatives Führen, Heidelberg, Sauer Verlag.

Szadkowski, K. (2000): o. T., Unterlagen zum Skill Based Routing, Micrologica Consulting.

Tochtermann, K. (2001): Wissensmanagement für den Mittelstand, Informationspapiere zur I-Know 2001, Graz.

Trillitzsch, U. (2003): Wissensnetzwerke transparent und zugänglich machen – Die KN-Gelbe Seiten bei der Siemens AG, nicht veröffentlichter Beitrag, Siemens AG.

Vogel, J. (2002): The M&A Opportunity – Kompetenzmanagement und Umgestaltung, in: Die Zukunft des Managements – Perspektiven für die Unternehmensführung, Zürich, Deutscher Manager Verband e. V.

Vogelsang, K. (2000): Personalinformations-Systeme und ihr Beitrag zum Wissensmanagement, in: wissensmanagement – Das Magazin für Führungskräfte, 03/2000.

Verzeichnis der Fallbeispiele

Stichwortverzeichnis

Über die Autoren

Prof. Dr. Klaus North

Lehrt internationale Unternehmensführung am Fachbereich Wirtschaft der Fachhochschule Wiesbaden. Er verfügt über lange Praxiserfahrung aus der Beratung führender Unternehmen und ist Autor des Gabler-Buches „Wissensorientierte Unternehmensführung". Weiterhin berät er internationale Unternehmen und lehrt an europäischen Wirtschaftshochschulen.

Kontakt: k.north@gmx.de
Internet: www.bwl.fh-wiesbaden.de

Dipl.-Betrw. Kai Reinhardt, MBA

Studierte Internationale Unternehmensführung in Deutschland und Japan. Schwerpunkt während seiner Forschungs- und Praxisarbeit am Fraunhofer Institut war das Thema Kompetenzmanagement. Neben zahlreichen Artikeln und Vorträgen veröffentlichte er u. a. die Studie „Betriebliches Kompetenzmanagement – Chancen und Herausforderungen für die Praxis". Mit seiner Firma ICO Conceptual Works entwickelt er für Unternehmen aus Industrie und Handel Strategien und Konzepte auf den Gebieten der Organisationsentwicklung und des E-Commerce.

Kontakt: kai.reinhardt@ico-concepts.de
Internet: www.ico-concepts.de

Erfolgreich führen

Führung auf den Punkt gebracht

Das Buch vermittelt praktische und nachvollziehbare Erfahrungen anhand von Praxisbeispielen, die der Leser auf seine individuellen Fragestellungen transformieren kann. Hochrangige Wirtschaftsexperten schildern ihre Erfahrungen. Neueste wissenschaftliche Erkenntnisse werden mit immer wiederkehrenden Eckpunkten der Führung verbunden. Dabei gilt immer: Führung ist vor allem eine Frage der eigenen Persönlichkeit.

Gerhard Hölzerkopf
Führung auf den Punkt gebracht
12 praktische Handreichungen
2005. Ca. 212 S. Geb.
Ca. EUR 36,00
ISBN 3-409-12721-6

Praktische Mitarbeitermotivation – gerade in schwierigen Zeiten

Die erfahrenen Berater zeigen, wie der auch unter zunehmendem Druck stehende Entscheidungsträger künftig alle fachlichen, sozialen und psychologischen Faktoren von Führung erfolgreich beherrschen und situativ anpassen kann: Jenseits einer Gebrauchsanweisung bieten Sie einen "Baukasten der Führungselemente" mit vielen praktischen Beispielen und Lösungsvorschlägen aus Unternehmens- und Beratungalltag

Rita Strackbein / Dirk Strackbein
Führen mit Power
In stürmischen Zeiten
erfolgreich entscheiden
2005. Ca. 208 S. Geb.
Ca. EUR 34,90
ISBN 3-409-12374-1

Wie Sie eine Kultur des Wollens erzeugen

Die heutige Managementpraxis zerstört nachhaltig die Motivation der Mitarbeiter, die grundsätzlich vorhanden ist – so die These des Autors. Dieses Buch zeigt, wie es gelingt, eine Kultur des Vertrauens und des Wollens zu schaffen. Heribert Schmitz plädiert eindringlich für eine Führungskultur, die Leistung und Innovation wirklich fördert.

Heribert Schmitz
Raus aus der Demotivationsfalle
Wie Sie Motivation, Innovation und Leistung fördern
2005. Ca. 212 S.Geb.
Ca. EUR 34,90
ISBN 3-409-03444-7

Änderungen vorbehalten. Stand: Januar 2005.
Erhältlich im Buchhandel oder beim Verlag.

Gabler Verlag · Abraham-Lincoln-Str. 46 · 65189 Wiesbaden · www.gabler.de

GABLER

Mehr wissen – weiter kommen

Erfolgreicher Wettbewerb
durch Wissensmanagement

Die Bedeutung der Ressource "Wissen" wird in Volkswirtschaften und Unternehmen zunehmend erkannt. Die gesellschaftlichen und organisatorischen Rahmenbedingungen zur Generierung und effektiven Nutzung von Wissen werden in der nahen Zukunft die Wettbewerbsfähigkeit bestimmen.

Anhand einer Vielzahl von Praxisbeispielen macht Klaus North deutlich, wie wissensorientierte Unternehmensführung und das Management von Wissensressourcen erfolgreich umgesetzt werden können.

Die dritte Auflage wurde wiederum durchgesehen und aktualisiert, insbesondere Kapitel 4 wurde wesentlich erweitert.

Der Inhalt:
- Wissenswettbewerb
- Wissen in Organisationen
- Organisieren rund ums Wissen
- Wissen ist menschlich
- Wissen aufbauen und teilen
- Wissen messen und absichern
- Wissensmanagement implementieren

Klaus North
**Wissensorientierte
Unternehmensführung**
Wertschöpfung durch Wissen
3., akt. u. erw. Aufl. 2002
XIV, 340 S., Br.
EUR 35,90
ISBN 3-409-33029-1

Änderungen vorbehalten. Stand: Juli 2005.

Gabler Verlag · Abraham-Lincoln-Str. 46 · 65189 Wiesbaden · www.gabler.de

GABLER

Managementwissen:
kompetent, kritisch, kreativ

Gesetzmäßigkeiten des Unternehmenserfolges

Nur mit hoher Professionalität in der Unternehmensführung können Firmen in Zukunft Erfolge erzielen. Aber: Unternehmen geben Milliarden für die falschen Maßnahmen aus. Meist wird das gemacht, was man gut kann, aber nicht das, was notwendig ist. Dieses Buch zeigt, wie man den Überblick behält und zu den richtigen Entscheidungen kommt. Es bietet eine fundierte Systematik der Faktoren, die Unternehmen zum Erfolg führen.

Wolfgang Strasser
Erfolgsfaktoren für die Unternehmensführung
So werden Unternehmen schneller, schlagkräftiger und wettbewerbsfähiger.
Mit vielen Beispielen und Checklisten
2004. 212 S. Geb.
EUR 34,90
ISBN 3-409-03410-2

BWL-Wissen für Führungskräfte

Ulrich Brecht vermittelt dem interessierten Praktiker BWL-Kenntnisse, die notwendig sind, um ihn bei Entscheidungen zur strategischen Ausrichtung des Unternehmens, der Wahl des betrieblichen Standorts, des Marketing, der Personalarbeit, der Finanzierung sowie bei Beschaffung, Produktion, Distribution zu unterstützen.

Ulrich Brecht
BWL für Entscheider
Kompaktes und umfassendes BWL-Wissen für Führungskräfte
2005. Ca. 288 S. Br.
Ca. EUR 44,90
ISBN 3-409-12742-9

Kompaktes und umfassendes Steuer-Wissen für Entscheider

Das Buch dient der Verbesserung von Entscheidungen ebenso wie der Vorbereitung der strategischen Gespräche mit dem Steuerberater und steigert die Effizienz der Ergebnisse. Mit vielen Mustern, Checklisten und Formularen.

Lothar Theodor Jasper
Steuerrecht in der Unternehmenspraxis
Was Manager und Geschäftsführer wissen müssen
2005. Ca. 256 S. Br.
Ca. EUR 44,90
ISBN 3-409-12587-6

Änderungen vorbehalten. Stand: Januar 2005.
Erhältlich im Buchhandel oder beim Verlag.

Gabler Verlag · Abraham-Lincoln-Str. 46 · 65189 Wiesbaden · www.gabler.de

GABLER